高等职业院校“十三五”校企合作开发系列教材

城 市 森 林

于海龙　主编

U0215374

中 国 林 业 出 版 社

图书在版编目(CIP)数据

城市森林 / 于海龙主编. —北京 : 中国林业出版社, 2017.2(2024.7 重印)
高等职业院校“十三五”校企合作开发系列教材
ISBN 978-7-5038-7883-1

Ⅰ.①城… Ⅱ.①于… Ⅲ.①城市林－高等职业教育－教材 Ⅳ.①S731.2

中国版本图书馆 CIP 数据核字(2017)第 030695 号

中国林业出版社·教育出版分社

策划编辑: 吴 卉　　**责任编辑:** 肖基浒
电　　话: (010)83143555　　**传　　真:** (010)83143516

出版发行: 中国林业出版社(100009 北京市西城区德内大街刘海胡同 7 号)
E-mail: jiaocaipublic@163.com 电话: (010)83143500
https://www.cfph.net
印　　刷: 河北京平诚乾印刷有限公司
版　　次: 2017 年 2 月第 1 版
印　　次: 2024 年 7 月第 3 次印刷
开　　本: 787mm×1092mm 1/16
印　　张: 12.25
字　　数: 306 千字
定　　价: 36.00 元

未经许可, 不得以任何方式复制或抄袭本书之部分或全部内容。
版权所有 侵权必究

前言

本教材除绪论外，共有8章，第一章城市与城市环境，介绍了城市的由来，现代城市的概念，城市污染的出现。第二章森林与城市森林，重点介绍城市森林的概念、类型、范畴以及存在的问题。第三章中国城市生态环境建设历程，介绍了从“无山不绿，有水皆清”到“城市森林”的建设过程。第四章城市森林的功能效应，重点介绍城市森林生态和社会效益，也提到了城市森林经济效益。第五章城市森林建设的基本理论，阐述了“森林生态学”“景观生态学”等的基本理论。第六章城市森林建设布局，着重讲述“布局的原则和依据”。第七章城市森林建设中的植物选择，讲述“森林植物选择的原则与方法”。第八章城市森林建设的植物配置与未来趋势，重点介绍“植物配置原则及方法”，展望“城市森林建设的未来趋势”。

由于编者水平有限，加之编写时间上也比较仓促，教材中会存在这样或那样的问题，敬请读者批评指正。

本教材在编写的过程中，得到武晶老师提供的资料，在此表示感谢！

编　者

2016. 05. 01

目录

第四章 城市森林的功能效应

第五章 城市森林建设的基本理论

第六章 城市森林建设布局

参考文献

绪　论

一、城市森林产生的历史背景

20 世纪以来，随着社会经济的迅速发展，全球城市化的步伐迅速加快。城市的数量不断增加，城市的面积不断扩大，城市的人口迅猛增长。城市化水平的不断发展给人们的生活、生产带来了方便，提高了生产力，促进了科学技术的进一步发展。使人类从原始狩猎为主的社会、以农业种植业为主的社会、以工商业为主的机械化社会，到以信息、知识经济迅速发展为主要代表的现代社会，都标志人类从原始走向现代、从野蛮走向文明。但是现代城市的发展也带来一系列严重的生态环境问题。各种生态危机事件时有发生，如美国洛杉矶光化学烟雾事件、伦敦烟雾事件、日本富山县骨痛病事件、2006 年中国松花江水污染事件等，日常的环境污染问题，更是困扰着人们的生产和生活。

随着城市生态环境问题的不断加重，各行各业的专家和科学工作者都力图从各自的角度来解决问题，如城市规划者从城市的功能定位、城市的规划布局入手，解决城市生态环境问题；机械工作者从城市的噪声源入手，减少工厂的噪声来源，以解决城市噪声问题；化学工作者用氧化、还原的方法来解决城市工厂的水污染环境问题；各国政府的行政管理部门用行政命令和法令来限制各种污染的产生。以上各种方法都在一定程度上解决一些生态环境问题，但是都不能解决全部的生态环境问题，也不能从根本上解决生态环境问题。

随着对全球生态环境问题的深入研究和科学技术的进步，人类终于找到了解决全球生态环境问题的方法，这就是与大自然的和谐共存。和谐共存的理论基础是生态学的整体论(是具有全面了解、完整把握的性质。生物与环境是不可分割的整体，强调了生物与环境所组成的“自然实体”的统一性。各项因子也不是单独起作用的。整体论是 1926 年由司马特(Smute)提出的哲学思想，以后被很多科学家所发展。这一思想说明，客观现实是由一系列的处于不同等级系列的整体组成，如原子、分子、矿物、有机体、人类社会、地球、银河系、宇宙等)、系统论、综合论、限度论、景观论(各种异质要素在限定的空间内按一定比例、层次协同发展，要异质多样性，即不是单一的建筑，也不是单一的森林，更不是单一的市场。要成为建筑、森林、市场、河流水体等多异质有机组合)。这种生态学理念最早出现在中国的春秋战国时期，最具代表性的是老子的道家思想，老子在《道德经》中论述到“人法地，地法天，天法道，道法自然”。意思是：人的做法是效法地上的事物进行，地上的事物是上天的旨意，天是按一定的道理行事的，什么道理呢？道理就是自然规律。现代生态学作为一个学科名词，是德国博物学家海克尔(E. Haeckel)于 1869 年在其所著《普通生物形态学》一书中首先提出来的，并定义为“生态学是研究生物及环境间相互关系的科学”，生态学的这一经典定义，为人类解决人与环境等问题找到了前所未有的方法。英国生态学家坦斯利(A. G. Tansley)的生态系统的提出及前苏联生态学家苏卡乔夫(B. H. Cykageb，1942)所说的生物地理群落，都进一步强调了生物与生物、生物与环境之间功能的统一性、完整性。

在20世纪50~60年代国际上出现了五大社会问题，即①人口激增；②能源短缺；③资源破坏；④粮食不足；⑤环境污染等都与全球森林环境密切相关。进入80~90年代，由于森林在地球上的大量减少，上述问题更为突出，甚至危及经济和人类的生存。因此，人类对森林的认识有了新的飞跃。

在上述大背景下，城市森林作为一个学科名词及一门学科，首先在经济发达的西方国家产生，并迅速在全球兴起。

二、城市森林在国内外发展现状

森林是人类的摇篮。自从人类走出树木参天、花草丛生的原始森林之后，随着社会的发展，城市便开始形成并逐渐成为世界人口的集聚之地。由于城市的发展，城市人口的聚集，城市化、工业化的迅速发展，在城市建设中忽视环境建设，产生了一系列城市生态环境问题，并对人们的身心健康构成了严重的威胁，引起了人们的极大关注。从森林中走出来的人类终于在自然的惩罚下，认识到"城市的发展必然与自然共存"，"把森林引入城市，把城市建在森林中"的理念为人们所接受。

将森林引进城市，使城市坐落在森林之中，使城市居民在享受现代社会的信息便捷、工作高效、生活舒适的同时，享受森林带来的安静、平和、清新、健康的自然环境。城市森林是城市、森林和园林的有机结合，在城市内既有森林的生态环境，又具有园林的艺术效果，满足人们生理、心理以及视听需求。于是，从20世纪60年代中期开始，一些发达国家把森林的建设和发展的研究重点转向城市，并逐步形成了现代林业建设、发展的专门分支—城市森林或城市林业。我国从80年代末、90年代初认识和引入城市森林，并很快得到发展。

(一)国外城市森林业的发展现状

早在1910年，美国就有人提出"林学家的阵地就在城市"的号召。虽然在城市中栽植、管理、培育树木和其他植物具有非常悠久的历史，但过去研究主要集中在个别树木的种植、管理、树木培育和风景设计上，城市林业的概念或者说把城市林木和植物作为一个完整有机的系统进行研究，直到20世纪60年代以前还是空白。

60年代以来，许多科学家根据世界上一些发达国家经济繁荣，生活富足，城市环境却恶化的特点，提出在市区和郊区发展城市森林。北美洲是城市森林业的发源地。1962年，美国肯尼迪政府在户外娱乐资源调查报告中，首次使用"城市森林"(urban forest)这一名词。

自1965年加拿大多伦多大学Erik Jorgenson首次提出城市林业(urban forestry)概念，并率先开设了城市林业课程。城市林业概念提出的近50年来，城市林业作为一个新兴行业得到了世界范围的广泛承认和接受，作为城市林业的经营对象——城市森林的存在成为世界各国政府、林业和环境科学学者的共识。各国相继开展了城市森林培育与经营理论研究和具有各自特色的城市森林建设实践。

1965年，美国林务局的代表在美国国家森林公园白宫会议上，提出了城市森林发展计划。1967年，美国农业和自然资源教育委员会出版《草地和树木在我们周围》一书，提出美国生活方式和对城市环境评价。1968年，美国娱乐和自然学居民咨询委员会主席罗克菲勒尔(S. S. Rokefeller)向美国总统提出关于城市和城镇树木计划报告，鼓励研究城市树木问题，为建设和管理城市树木提供资金和技术，当时的总统接受了这个报告。自此，官方承认了城市林业和城市森林的概念。从1968年以来，美国有33所大学的森林系、自然资源学院和农业学院开设了城市林业课。1970年，美国成立了平肖(Pinchot)环境林业研究所，专门研究城市森林，以改变美国人口密集区的居住环境。1971年，美国国会城市环境林业计划议案，为城市林业提供3500万美元资金。1972年，美国公共法第92～288款支持林务局发展城市林业计划。同年，美国林业工作者协会设立城市森林组，专门组织研究城市森林和有关学科。1972年，美国国会通过了“城市森林法”。以后，许多州修订了各自的合作森林法条款。1973年，国际树木栽培协会召开城市林业会议。1978年以来，美国接连召开了3次全国城市林业会议，研究城市森林的发展。1978年，美国国会通过了“1976年合作森林资助法”，其中第六部分是发展城市森林，对城市森林管理、病虫害防治、森林防火等予以资助。联邦政府授权树木栽培协会，对州林业工作者提供经济和技术援助。1978年，加拿大建立了第一个城市森林咨询处，研究回答城市森林的有关问题。1981年，美国林学会创办了《城市森林杂志》。1992年在法国召开的第14届国际林业大会上，增设了“森林和树木的社会、文化和景观功能专题”，对城市森林的栽培管护、作用和范围进行了广泛的讨论。美国亚特兰大为迎接1996年夏季奥运会实施了27个城市森林研究项目，以改善城市的自然景观和环境质量。

进入20世纪80年代后，世界城市森林发展迅速，发展城市林业已经是许多国家人民的共同愿望，也是当今世界城市建设的一个重要内容，它越来越受到各国政府和公民的高度重视，世界许多国家都将发达的城市林业作为城市繁荣文明、社会富庶进步、人民安居乐业的重要基础和保证，作为城市现代化的重要标志。华盛顿、渥太华、多伦多、莫斯科、巴黎、伦敦、纽约、维也纳、华沙、堪培拉、斯德哥尔摩、布加勒斯特、波恩、哥本哈根、日内瓦、罗马、新加坡、东京等城市无不如此。

从20世纪60年代城市森林开始出现以来，不少科学家撰有专著。如1986年，美国戈瑞(G. W. Grey)著《城市林业》(*Urban forestry*)，并在1992年再版；1996年，他又出版专著《城市森林：综合经营管理》(*The urban forest: comprehensive management*)；1986年，新加坡大学出版《城市和森林》(*Urban and forest*)；1988年，美国威斯康星大学米勒(R. W. Miller)教授著《城市森林》(*Urban forest*)等。这些专著从理论和实践方面，论述了城市森林、城市林业的概念、城市森林的结构、树种选择、规划设计、施工、养护管理和城市森林的法律法规、组织管理、机构、效益、教育和培训等，肯定了城市森林作为林业的一个新领域，发展前景十分广阔。

(二) 中国城市森林业的发展状况

我国是世界上城市最多的国家之一，现有城市668座。随着社会经济的飞速发展，我国城市化进程也在不断加快。新中国成立50年来由于在城市建设中忽视环境问题，使城市生态环境不断恶化，在世界卫生组织1999年评出的全球十大污染城市中，我国的太原、兰州、北京等8个城市榜上有名，并被划入不适于人类居住的城市。由此，具有改善城市生态环境的城市森林概念被林业工作者引进国内，并正逐步被社会各界所接受，建设城市森林解决城市生态环境问题的观点、理论和手段也在城市建设中被逐步加以应用。大力发展我国的城市森林业具有十分重要的意义。

我国最早引入城市林业概念的是台湾省。1978 年，在我国台湾大学森林系首先开设了城市森林课，1984 年该校高清教授著《都市森林学》并正式出版。我国大陆引入和认识城市森林始于 20 世纪 80 年代末 90 年代初。但如果追溯城市森林兴起发展的基础性学科，诸如园艺学、园林学、林学、生态学等的发展，则有着悠久的历史，并且早已形成了闻名世界的中国古典园林，是古代东方园林的代表。早在秦汉时期，就产生了供封建皇帝和少数统治阶级享用的古典园林——主要是把宫廷建筑、山水植物组合成居住游乐场所，从而形成以建筑宫苑为特色的园林。之后经过几千年的演变发展，我国古代园林逐渐产生了几个代表性的类群，如唐宋的写意山水园林、明清宫苑和江南私家园林等，形成了极具东方文化色彩的园林艺术典范。但从根本上讲，这些园林设施基本上仅具有单一的游憩美化功能，而且是仅供少数人使用的。

改革开放以后，随着社会的发展和进步，我国的园林艺术得到了迅速的发展。同时随着城市规模扩大，工业生产的发展，城市生态环境问题也日益显现出来。人们开始认识到城市绿地和园林在保护城市生态环境方面的重要作用，因而逐渐把园林和绿地结合起来，形成了园林绿地学分支学科。园林绿地在规模和功能上都有了根本性的变化，由单一功能转变为复合多功能，规模也从局部的园林景点扩大到街边、工厂、居民区等地。但园林绿地从概念和范畴上看，仍属于园林学的范畴。园林绿地只是城市生态系统中的一些点和面，不能形成一个完整的、有机的城市绿色生态系统。而城市森林业的内涵已远远超过城市园林绿化的范畴。城市森林业正是把过去在其他学科中，呈孤立的点和片分布的林木等其他动植物及其相关设施，纳入一个整体的全局性的动态系统中，在更积极的意义上探讨城市各类森林、树木、绿地及其他植物构成形式(公园、森林公园、自然保护区、街区绿化点、街道绿化带、庭院绿化、工商业区绿地、道路绿化带、城郊隔离片林等)，对调节城市生态系统能源、物流、环境质量、居民身体健康、心理状态等方面的作用，以及对这些城市森林、树木、绿地及其他植物的栽培、养护、管理和经营。因此，我国从 20 世纪 80 年代末到 90 年代初开始引入城市林业的概念，并开展了一些有益的探索。

20 世纪 80 年代末，林业部门和园林部门不谋而合地分别提出城市林业和生态园林的口号，园林要冲出城区发展到郊野，林业要渗入城市并为城市服务。1986 年，中国园林学会在温州召开的城市绿地系统植物造景与城市生态学术讨论会上提出生态园林这个名词；1988 年，抚顺市提出建立森林城市方案，但并未实施；1989 年，上海提出建设生态园林的设想和实施意见，并在黄浦区竹园新村、普陀区甘泉新村、浏河风景区、外滩、宝山钢铁总公司试点；1989 年中国林业科学研究院开始研究城市林业的发展状况；1990 年 9 月，国务院研究发展中心在上海举办了生态园林研讨班，对生态园林的指导思想、原则、理论、标准和类型提出了建议；20 世纪 90 年代初，上海市建委下达了“生态园林研究与实施”的课题；1992 年国家科委和北京市科委联合下达了八五攻关课题“园林绿化生态效益的研究”，由北京市园林科研所和北京林业大学承担，主要研究城市片林、专用绿地和居住区的绿化的生态效应及植物配置的合理性；1992 年中国林学会召开首届城市林业学术研讨会；1994 年成立中国林学会城市林业研究会，中国林科院设立城市林业研究室；1994 年内蒙古自治区科委下达“内蒙古环保型生态园林模式研究”课题，由包头园林所承担，主要研究工厂绿化如何提高环境效益；1995 年全国林业厅局长会议确定城市林业为“九五”期间林业工作的两个重点之一，林业部长徐有芳指出大力发展城市林业势在必行；1996 年，北京市林业局和林业部共同下达“北京市城市林业研究”项目，由北京林业大学、北京林业局共同承担，研究北京市城市林业可持续发展战略，主要包括北京市城市林业概念与范畴的界定，北京市城市林业的结构与功能，北京市城市林业的发展模式，21 世纪北京市城市林业发展规划设想等。这些研究为我国城市林业的发展和城市森林的类型划分、营建、经营管理等在理论上起到了奠基性和开拓性的推动作用，在实践上起到了一定的规范性和指导性的决策作用。

从 1995 年开始，北京林业大学陆续招收了一批城市林业研究方向的硕士和博士研究生，并从 1996 年率先开始为研究生开设城市林业专题讲座。内蒙古农业大学林学院从 1996 年开始为林学、生态环境工程等本科生开设城市林业专业课程。北京林业大学从 2000 年开始在全校开设城市林业选修课。2005 年辽宁林业职业技术学院开始在林学系开设城市森林选修课，2007 年辽宁林业职业技术学院出了一本校内教材，并在林学系开设城市森林课程。

三、中国城市林业的发展目标与对策

城市林业的发展应当服从或服务于国家总体的林业可持续发展，根据《中国 21 世纪议程林业行动计划》，我国城市林业发展的总体目标是，到 21 世纪初，人均公共绿地面积达到 $7m^2$以上；到 21 世纪中叶，人均公共绿地面积达到 $25\sim50m^2$。为此，应该采取的行动和对策是：

①确立城市林业的重要地位，广泛开展生态环境保护和城市林业重要性的宣传和教育活动，逐步建立城市林业公共教育制度，让公众全面了解城市林业的重要作用和多种功能，提高全社会对城市林业重要性的认识，鼓励全民和全社会参与城市林业建设和保护。

②建立必要的机制，把城市林业建设纳入城市建设总体规划之中，并理顺管理体制，把园林部门和林业部门纳入统一的管理体系，协调好林业、园林、环保、城建、市政、国土、交通等各部门之间的关系，确保我国城市林业健康有序地发展。

③扩大城市森林和绿地面积，提高城市森林资源、树木及绿地的数量和质量，利用生物共互利的原理，建立合理的多林种、多树种、多层次的城市绿地及城市森林景观结构，并积极开展城市林业科学研究，建立城市林业可持续发展评价标准及指标体系，同时，加强城市森林、树木和绿地的培育、保护和管理，充分发挥城市森林高效的生态、社会和经济三大效益。

④科学地经营管理城市森林，实施城市森林的分类经营，制定统一的城市林业的产业规模和产业政策，加强高新技术的引进、消化和吸收，开展城市森林资源综合利用和开发技术的研究，积极推行清洁生产，提高城市林业产业发展水平和城市森林资源的利用率，大力发展花卉产业和城市森林旅游业。

⑤加强城市林业的科学研究和教育，培养专门人才；健全科研机构，培养一支既具有古典园林和传统林业科学技术，又掌握现代园林和林业科学技术的城市森林设计、管理队伍。

⑥广筹资金，增加城市森林投入，建立保护城市森林资源、改善城市生态环境的多元化投资机制，制定以政府为导向，以全社会为基础，以银行信贷为补充的投资政策。建立城市森林建设基金，并建立相应的法律、法规来支持城市森林的发展。

⑦完善和制定城市森林发展的有关法律和规章，健全监督检查机构和执法体系，并不断提高执法力度和能力，保证城市林业健康、稳定地发展。

四、城市森林的研究对象及内容

1. 研究对象

台湾高清教授(1984)认为城市森林研究的范围包括："庭院木的建造，行道树的建造，都市绿化的造林与都市范围内风景林与水源涵养林的营造。"而美国规定行道树是城市森林的重要组成部分。美国纽约州的城市森林包括城市范围内的树木和其他植物，市内及其城市周围的林带、片林，以及从纽约到近郊区宽阔的绿带，到卡次基尔、阿迪朗克和阿勒格尼结合部的森林。英国密尔顿、凯恩斯的城市森林由 3 个自然公园、带状公园和 22 个小灌木林及其他类型的小片林组成。日本横滨的城市森林由 209 个公园、450hm^2郊区森林和行道树组成。墨西哥城市森林包括郊外和市内古老的公园及市区和新区的树木。

因此，城市森林的研究对象，广义上应该包括整个城市区域内构成城市森林的所有植物以及由这些植物组成的各种类型群落、群体，直至整个城市森林系统。具体而言，包括城市孤立木(孤植树)；城市行道绿化带、建筑和栏杆等的垂直绿墙、城市绿化隔离带、公路、铁路两侧绿化带和城市水域(江、河、湖、池、塘、渠、沟)的绿化带；包括城市公园、广场绿地、街头绿地、花坛、屋顶绿化和阳台绿化美化、社区绿化(包括机关团体、厂矿、学校、医院、宾馆、居民区绿地)和郊区的村镇绿化；包括城市农田防护林网；包括城市近郊和远郊的森林公园、自然保护区、水土保持林、水源涵养林、各种经济林、苗圃(花圃)、其他林分等。

2. 研究内容

城市森林是建立在城市——特定的、经过人为高度干扰的立地条件下的生物系统，因而城市森林的研究，首先要建立在能够保证城市有序、稳定、持续发展的前提下，按照生态学理论的要求，把城市看作陆地上的一个独特的生态系统，根据城市不同类型，从宏观上建设、管理和协调系统内各物质组成、成分及相互关系，使其与周围的特殊生境(特殊城镇环境)融为一个有机整体，充分发挥其应有的各种功能效益，并从微观上研究植物(乔木为主)的营造、配置、管护等技术措施，选择适宜当地栽培的优良树种，确定植物的种类、规格、结构、配套措施等，探索树木、花草、野生动物、微生物与城市环境的关系及其适应性、生存、生长发育规律。由于城市最显著的特征就是人口高度密集，人类活动对系统中所有的生物及其生境均会产生极大的影响，因此，城市森林的研究内容当然也包括城市的社会环境，涉及各种管理措施，开发利用和各种效益的补偿，对人们健康及经营活动的影响，有关法律法规的制定等等。

从目前国内外对城市森林的研究总体情况上看，研究的主要内容包括：城市森林的产生和历史渊源、城市森林建设体系的研究、城市森林功能与效应研究、城市森林生态因子的研究、城市森林树种选择研究、城市森林的调查与评估、城市森林规划设计、城市森林生态结构研究、城市森林的经营管理、城市林业的价值体系研究、城市森林的法律法规编制与管理体制研究、对维持森林与自然演替状态的社会反应与公众舆论、城市森林的边际效应，以及适合城市地区的特殊经营技术等。

(1) 城市森林的产生和历史渊源

城市森林的产生和发展是适应客观环境和社会发展需求的，对于城市森林发展历史的回顾，可以对城市森林的作用、在城市发展中的地位以及与其他学科的相互关系方面作出正确的评价，并为城市森林的健康发展提供借鉴。这对我国当前阶段尤为重要，汲取别国的经验，避免他们走过的弯路，从而加速我国的城市森林建设进程。

(2) 城市森林建设体系

从发展城市森林的角度，将我国现有的668座城市，按照自然环境、规模、主要产业结构、社会政治、历史状况及发展方向等进行分类，对城市森林也进行分类结构研究与经营，分别衡量与指导。

(3) 城市森林功能与效应

城市森林的产生与发展是与其显著的、特殊的功能和效应密切相关的。城市森林的功能与效应是多种多样的，包括保障城市生态安全、调节城市小气候、水土保持、防止和降低城市污染、节约能源、缓解温室效应和城市热岛效应、净化城市污水等，创造和改善城市野生动植物栖息、繁育，以及在建筑、美学、游憩、科普教育、陶冶情操等方面的作用。

(4) 城市森林生态因子

主要包括对植物影响较大的城市人工环境和人为因素。重点在于城市森林环境的特殊因素，如林木的生长空间、城市土壤的特殊性状对树木生长的影响、树木对污染物的反应和抗性等。大量密集人群对林木生长产生的影响和可能的防护措施等。

(5) 城市森林建设植物选择

森林是由植物组成的，建设城市森林就必须明确在城市环境条件下，树木、花草对城市环境的适应性及其如何发挥最大效益，研究包括选择优良植物种类、引进、驯化、培育野生的、外地的植物种类等方面。

(6) 城市森林的调查与评估

任何一种资源的管理都是以调查这一资源为起点的，城市森林的经营也不例外。城市森林的调查应包括城市森林类型调查与分类、各种类型的抽样调查、调查结果的室内分析与计算机资料存储、调查结果与报告总结等内容。从美国目前城市森林的调查内容看，主要包括以下9个方面：①找出划分和定义“城市林地”的方法。②为了在人口密集的城市进行林木调查，应研讨和改进目前的地类划分和估测的技术细则。③评估目前森林城市化范围，跟踪都市化林地的变化，评估城市化对森林经营水平和生态系统保存的影响。④为研究生态系统沿城市到农村的梯度变化，核实残留的小块状森林、种类结构和垂直的与水平的植被结构，需要设计一个适合的抽样调查方案。⑤探索用新的指标体系来描述城市森林的方法，比如用叶面积指数和叶体积指数。⑥开发城市树木的全树干生物量模型。这种模型应适合于城市社会环境中的树木，并能通过这些树木的树冠结构和与树干直径相关的树冠生物量作为模型变量进行估计。分树种和径级统计分析树木生物量现实的分布和范围。⑦确定涉及城市林地（如庭院林、水土保持林、小于4046.8m^2（1英亩）的灌木林、沿河沟分布带状或单株的林木）相关的游憩和野生动物生境管理的范围和使用水平。⑧提交分树种和土地使用登记的城市用地中的林木消耗和枯损情况数据及发展趋势数据。⑨评估城市扩展和其他发展对森林资源的影响。提交邻近于已经用于修建永久性或暂时性房屋、野营宿地、游憩场所和工业区等区域的森林面积和蓄积的信息。

关于城市森林的总体情况的调查，如覆盖率、分布格局，一般运用航测遥感技术，准确方便，可以判断针阔叶树种的比例，应用彩色航片还可以调查某个树种的生长情况。

(7)城市森林规划设计

从具体城市具体情况出发，充分考虑城市发展及其对城市森林的功能要求、城市居民的需要，运用城市学、城市经营学、城市生态学、森林生态学、林学、园林学、建筑学等相关学科的理论，扬长避短，长远规划，合理布局，创建功能健全、结构完整的城市森林生态网络系统。美国林业(American Forests)在对数十座城市最近 5 年的树冠覆盖分析基础上建议，城市森林规划中树冠覆盖指标为：城市的树冠覆盖目标应达到 40%，相当于每公顷有 50 棵大树。商业中心区树冠覆盖应力求达到 15%，居民区及商业区外围应达到 25%，郊区达到 50%，这将有利于改善城市空气、水源及土壤的质量。

国内一些城市根据其类型、结构、形成、发展规模以及自然条件，做出了各具特色的城市森林规划，归纳起来，主要遵循以下原则：①自然生态系统与人工绿地生态系统相结合，保护和利用当地原有的自然景观和历史文化古迹，在此基础上创造绿色空间；②乔、灌、花、草相结合，提倡植物多样性；③市区与郊区相结合，城乡融为一体，同步协调发展；④空间垂直绿化与地面水平绿化相结合；⑤室内绿化与外部庭院绿化相结合；⑥遵循生态经济学中共生互利和相生相克的原则、平衡与循环法则以及综合最优效益法则；⑦长远性、综合性与科学性、可操作性综合考虑。

广州市将其城市森林划分为 3 个不等径的同心圆，即城区森林、近郊森林和远郊森林，每个部分由一些特定单元组成。长春市制定了“森林城”的建设规划，在建设内容上包括市区、郊区、县 3 个层次；在 3 个层次中，又有公共绿地、绿色长廊、边界防护林、风景区、森林卫星城镇等十大绿化工程。

(8)城市森林生态结构

包括植物群落中合理的植物种类、规格、结构和配套设施的研究及各种生物群落的变化规律、稳定性及其与自然环境、物流、能流、人流、污染流的关系和生态、社会、经济效益。

(9)城市森林的经营管理

城市森林的经营与管理是一个重要的研究内容。美国目前成功地建立了城市行道树的编目与分级系统。该系统管理的中心就是利用每年对林木的调查资料和数据库信息，编制预定的管理计划，而不是根据当时的情况临时决定管理维护的内容。行道树编目分级系统是建立在每个树种调查的基础上的，需要对每株行道树的具体情况进行详查，包括其位置、生长状况、维护记录等。所有的资料输入计算机中可随时查询并决定当年的工作量。目前全美有 23% 的城市具备计算机管理系统。城市森林的经营管理还包括城市森林的施工、具体管护措施，如修剪、施肥、移植、灌溉等，经营与利用各部分的技术措施，力求以最小的投入实现城市生态系统稳定与可持续发展。

1997 年，中国林业科学研究院热带林业研究所首先将 GPS 技术引进城市林业的研究，建立了广州城市林业管理信息系统(GZUFMIS)。该系统具有采集、管理、分析和更新多种区域空间信息的能力，共分为 6 个子系统，即公园管理子系统、行道树管理子系统、绿地管理子系统、市郊森林管理子系统、管理机构管理子系统、法规文件管理子系统。可以文字、数据、图形、报表、录像和声音等方式输入、存储、显示、输出绿化系统各类信息，并能及时查阅、检索、修改、删除各类信息。中国林业科学研究院资源信息研究所开发研制了“城市林业资源地理信息系统”(Urban Forestry Source Geographic Information System，UFSGIS)，实现了城市林业空间数据与属性数据的有机结合，使城市林业的研究由定性向定量化发展有所突破，UFSGIS 在郑州金水区和卫星城荥阳市北郊乡林业规划中得到了应用，为城市林业管理信息系统示范提供理论与技术依据。

(10)城市林业的价值体系

城市森林所具有美化环境、改善城市居民居住条件等方面的功能以及其本身作为产业的性质均使城市森林具有经济价值。它被看作市政府的不动产业而且是随时间的推移而增值。一般估计美国城市财产中约有 1/6 是树木，其价值高于市政府在学校、下水道、街道和供水方面的投资。城市森林的价值，在美国是用两种形式体现的，即法律价值和经济价值。计算其价值的方法常用其能产生的产品价值或投资维护的代价来计算。目前在美国被广泛接受的方法是 CTUAC(树木和风景评价委员会)指定的评估公式来计算。对评估的植物首先确定其基本价还是最高价，以此乘以树种、生长情况、所处位置的系数最终获得应有的价值，这样使树木的价值有一种标准可循，来体现她的价值时比较容易裁定。如按照 Kielbaso 的估计，全美行道树价值约 30 亿美元，加上庭园和公园的树木约值 3000 亿美元。

(11)城市森林的法律法规编制与管理体制

城市森林的营建与管护等活动都要以维护和保证居民的安全和保证健康卫生的居住环境为目的。因此，所有的经营活动都要有相应的规范。如美国 68% 的城市制订了各种关于树木的法规，一般包括以下条款：立法的目的、法律上的技术术语、执行委员会的组成及职责权限、所制定的内容、维护的标准、定罪和处罚的标准等。

(12)公众对维持森林与自然演替状态的反应

瑞典的许多城市森林被列为保护区，目的是保护生物的多样性，但这样的措施是否会失去或降低森林的游憩价值，颇受公众的关注，因此，居民对城市森林经营的反应成为主要的研究课题。

(13)城市森林的边缘效应及适合城市地区的特殊经营技术

主要包括城市森林的林中空地大小、形状，空地的生态效应、景观价值，林缘的设计与经营技术等。

复习题

1. 简述城市森林产生的历史背景。
2. 中国最早实施森林城市有哪些城市?
3. 20 世纪 50~60 年代产生的五大社会问题是什么?
4. 简述中国城市林业的发展目标与对策。
5. 简述城市森林的研究内容。

第一章
城市与城市环境

人类从迁徙游走转为定居，由村落走向城市，在城市中繁衍生息，造就了5000多年的城市发展史，并奠定了城市作为人类主要聚落形式的基石。如今，世界人口的一半以上和中国人口的三分之一以上已经居住在城市，他们在享受丰富多彩的现代化城市文明的同时，却与自然环境疏离得越来越远，精神感到压抑和茫然，备受混凝土建筑的困扰。原因就在于城市这个“家园远不够理想、不够完善，甚至充满了矛盾和问题，存在着畸形和病态”。

站在21世纪的起点上，我们不能不做一次世纪的反思。什么是城市？城市应该建成什么样子？如何解决现有的城市问题？怎样才能创造出理想的城市人居环境？

第一节　城市的产生和发展

城市化是一个国家现代化水平的重要标志，是人类文明进步的必然结果。

一、城市的产生

城市作为人类聚居地的一种形式是在人类社会第二次大分工的过程中形成的。人类第一次大分工出现了农业和畜牧业，大约开始于1万年前的新石器时代，这一时期可称之为早期的农业时期。第二次大分工出现了商业和手工业，居民点随之产生了分化，形成了以农业为主的乡村和以商业和手工业为主的城市，称之为早期城市时期，这一时期大致开始于五千年前的美索不达米亚、中国以及印度。18世纪在欧洲和北美洲开始的工业革命，把人类社会带入了现代技术时期。

人类历史上最早一批城市出现在公元前3500—前3000年，先是在尼罗河流域，然后是在两河流域。在尼罗河和两河流域文明共同影响下，公元前2000年左右，在小亚细亚和地中海东部沿岸也开始出现城市。与此同时，印度河流域也出现了城市的曙光。世界文明发源地之一的中国，是一个历史悠久的文明古国，延续5000多年所创造的辉煌灿烂的古典文化，对人类的文明与进步曾经做出过巨大的贡献。一个文明发祥地能不能称得上城市，要看它是否具有固定居民点、大型神庙建筑、防御性设施以及手工业作坊、集市等要素。中国城市的起源，大约可以追溯到5000多年前。目前考古界公认中国最早的城市坐落在山东省日照市五莲县丹土村，距今有4000多年的历史。而2002年7月考古工作者对正在发掘的安徽省含山县凌家滩原始部落遗址的初步分析表明，这里可能是中国最早的城市遗址，这表明中国早在5500年前就出现了城市，从而使中国城市的历史又向前推进了1000多年。在黄河中下游地区，距今4400—4000年前曾有六座古城，它们是河南登封王城岗、淮阳平粮台、郾城郝家台、安阳后冈、山东章丘城子崖和寿光边线王城岗。一般认为这6座古城只具有城堡形态，离城市的标准尚有不少距离。但是在河南偃师二里头距今约3600年前的宫殿遗址中，发现有青铜器、玉器、兵器等，说明当时已形成国家，一般认为是迄今所发现的最早的城市遗址。城市的产生，是人类社会由原始时代进入文明时代的一个重要标志。它是人类文明的结晶，又是人类文明进一步丰富、发展的重要基地与舞台。

在中国历史上，“城”和“市”最初是两个不同的概念。“城”是指四面围以城墙、扼守交通要冲、具有防卫意义的军事据点，是一种防御设施，是奴隶制国家为了维护其政治统治和进行军事防御而建造的一种防御设施，正如中国古书上所言“城郭沟地以为固”“筑城以卫君，造郭以守民”。“市”是商品交换的固定场所，是指交易市场。“市”与“城”开始形成时并非聚于一体。后来，“城”里居住的人口逐渐增多，“市”便在“城”内和“城”郊出现，二者渐渐融为一体，成为真正意义上的城市。

原始社会，人们以渔猎和采集野生植物为生，过着筑巢穴居的生活，根本无城市可言，这时人类的生态景观处于原始阶段或称渔猎阶段。随着生产力的不断进步，在原始社会后期发生了以农业和畜牧业为标志的第一次社会大分工。为了适应这种新的生产和生活方式，逐渐形成了原始群居的固定居民点，这使人类进入了早期的农业阶段。此后，由于金属工具的使用，劳动生产力进一步提高，有了产品的剩余，于是开始出现了产品的交换，这时人类社会产生第二次社会大分工，即商业、手工业的分工，居民点随之分化，形成了以农业为主的乡村和以商业、手工业为主的城市。

这一时期的城市因受生产力发展水平的限制，可以提供城市居民的剩余农产品有限，总的特点是城市数目少、规模不大，城市人口占总人口的比重很小，城市多集中分布在灌溉发达、有利于农业生产和便于产品交换的河流沿岸地带，但城镇中的建筑物密度及人口密度都非常高。一些考古发现证明两千年前的古代城镇的人口密度竟高达197 000～332 000人/km^2(《简明不列颠百科全书》，转引自：宋俊岭等，1984)。古代的城市不仅是商品市场和贸易中心，而且是政治、军事和文化中心，均建有城墙以防御外敌。一直到18世纪，城墙都是城市的象征和重要的组成部分。城市结构由中心向外，官宦贵族、高僧、富贾居住在城市中心，社会地位越低下者，越远离城市中心居住。

中古和文艺复兴时期的城市仍然沿袭农业村舍的结构特征：沿一条街道，或十字交叉的两条街道，按环形向外延伸，其中街道只是供人们往来行走的小路，而不是供交通运输的大道。随着人口的增加，城墙不断外展，但仍然很少有发展到2000 m以上长度的，这一时期城镇人口规模一般在数百人至4万人。但也有一些例外，如欧洲的巴黎、威尼斯、布鲁日人口均超过10万，伦敦、罗马、那不勒斯、科隆、佛罗伦萨、根特等人口在4万~5万。与西欧城市相比，当时的伊斯坦布尔、北京的人口达70万，大阪、东京、京都、开罗的人口达30万~70万，显示了更高的城市水平。中古和文艺复兴时期的城市生活有一个特点，即当时的家庭不仅包括自家的共同居住的两三代人，而且还常常包括家仆和工匠，社会组织以家族为基础形成新的联系形式。

1784年，蒸汽机的发明标志着资本主义产业革命的开始。蒸汽机提供了集中动力，创造了工业在城市中集中的可能。大工业带来了城市的扩大，城市人口急剧增加，城市的迅猛发展和巨大变化超过了以往任何时期，从工业化的先驱国家英国来看，从1801—

1851 年的半个世纪里，5000 人以上的城镇从 106 个增加到 265 个，城镇人口比例由 26% 上升到 45%。1891 年时城镇数目达到 622 个，城镇人口占到 68%。最能说明问题的是，1920 年到 1970 年全欧洲城市人口从 1.04 亿增加到 2.93 亿，增加了 182%。美国情况也大体相仿：1800 年城市人口只占 6.1%，1970 年则占 73.5%。所以有人认为城市化，或者说“狭义的城市化”是从工业革命开始的(许学强等，1996)。

二、城市的发展

“城”和“市”结合在一起，既反映了城市的来源，又反映了城市两种最古老的功能，即作为一定区域的政治中心与经济中心；与这两种功能相适应，文化中心的功能也伴随产生。在城市诞生初期，城市的结构与功能是比较简单的。城市的类型比较单一，城市的规模较小，城市人口在社会总人口中所占的比重不大。因此，城市在整个社会生产和社会生活中的主导作用也比较有限。随着社会生产力的发展，科学文化的进步与社会制度的变革，城市规模不断扩大，城市数量不断增多，城市的类型日益多样化。

人类社会发展的各个时期都有其不同的特征，在人类社会与自然环境的生态关系间，以及在人们生活条件和健康疾病状况等方面都是不同的。现在只对城市化过程特别是现代技术时期以来城市人口集中给人类社会和生物圈之间的平衡所带来的影响作些讨论。

1. 现代城市的定义

早期的城市，由于战乱纷纷，“城”的防御功能十分突出，经济自给性强，“市”的贸易功能不够发达。随着社会的进步和经济发展，“市”的功能后来居上，成为城市的主宰和灵魂；而作为军事据点和防卫意义的“城” 的功能则被淡化。

现代城市已远非古代城市所能比拟，更非“城”与“市”的简单叠加，其规模之庞大、功能之多样、结构之复杂令人叹为观止。究竟什么是城市？法国著名地理学家菲利普·潘什梅尔教授曾说过：“城市现象是一个很难下定义的现实”，尽管如此，国内外学者仍试图从不同的角度来定义城市。

——美国一位社会学家曾说，城市是一个有相当大的面积、相当高的人口密度、居住有各种非农业专门人员的地域综合体。

——法国一位地理学家认为，城市既是一片景观，一片经济空间，一种人口集群；也是一个生活中心或劳动中心；还可能是一种气氛，一种特征或一个灵魂。

——英国经济学家巴顿则指出，城市是一个坐落在一定地域范围内的，由住房市场、劳动力市场、土地市场、运输市场等各种经济市场相互交织形成的网络系统。

——德国地理学家拉采尔指出，城市是指地处交通便利环境、覆盖有一定面积的人群和房屋的密集综合体。

——意大利学者波贝克则认为，城市寻求交通方便的有利环境，是对应于交通经济一定发展阶段的产物。

——中国学者李丽萍在《城市人居环境》中认为，城市就是指非农业人口聚居地，是一定地域范围的政治、经济、文化、科技、教育中心。

到底什么是城市？我们抛开“城”与“市”的字面含义，抽出“城”与“市”的现代实质，我们发现“城”是建筑(广义的建筑)，是发达的建筑，是相对集中的建筑。“市”是贸易，是交换。贸易、交换是人的行为，就目前多数情况下，只有人与人在一起才能进行交易。

所以，“市”可以理解为人的集中。因此，我们将城市抽象概括为，现代的城市是指建筑(包括道路)相对集中，人口众多，交通便捷，贸易频繁，信息发达的区域。它是经济社会发展到一定阶段的产物。

2. 城市化的概念

城市化一词是指“人口向城镇或城市地带集中的过程”(《简明不列颠百科全书》，转引自宋俊岭等，1984)，或者指“人口向城市地区集中和农村地区转变为城市地区(或指农业人口转变为非农业人口)的过程”(《中国大百科全书·地理学》)。这个集中过程表现为两种形式：一是城市数目的增多；二是各个城市人口规模的不断扩大，因而不断提高了城市人口在总人口中的比例。

城市人口的比重增大是城市化的一个重要标志，因此常用非农业人口占总人口的比例来表示城市化水平。城市化也包括城市地区居民的生活、居住方式等变化及其衍生的后果。为区别起见，有些学者用“城市态”一词来称后一概念。

城市通常是按照人口统计学的标准划分的，规定一个最低的居民数量作为划分城市的标准。联合国为了便于进行国际的对比研究，曾建议把集中居住的，人口达2万以上的地点都作为城市看待，以供各国在进行人口调查或其他官方调查时作为统计标准。但迄今为止，各国沿用的统计标准很不一致，如美国和墨西哥以超过2500人、日本和英国以超过3500人、苏联以超过1000~2000人、印度以超过5000人的居民点作为城市或城镇。而按我国城市的标准，市的人口一般应在10万人以上，镇的人口应在2000人以上。市区和近郊区非农业人口50万以上的城市为大城市，20万~50万人口的城市为中等城市，10万~20万人口的城市为小城市。此外，学术界习惯将人口超过100万的城市称为特大城市。到1999年，我国共有大、中、小城市668个(《中国可持续发展战略报告》，2001年)。

三、未来的城市

城市化的发展受生产力发展水平、社会劳动分工深度以及生产资料所有制性质等多种因素制约。农村人口向城市人口转变的这一过程虽然和城市兴起同时出现，但从城市化发展的历史看，工业革命前和工业革命后的城市性质、规模及其发展的特点显然不同。因此，现代城市化或称狭义城市化，主要指工业革命之后的城市发展和城市人口集聚的过程。

城市化和工业化这两种社会过程是互为因果的，两者都可以引起对方发生螺旋式的上升。同样，城市化进程同其他领域的发展过程也存在着密切联系。劳动分工发达之后，必然会刺激人在生产及分配关系中的通信联系，而交通和通信的新发展反过来又会使城市发展进入更高级更复杂的阶段。19世纪时，交通还比较落后，因而城市人口大多集中在工厂附近的步行范围之内，居住密度很高。马拉车、火车、电车使用之后，人口开始疏散，城市逐步扩展。汽车时代的到来，使公路系统发展很快，人口疏散的范围就更大了。交通发展的直接结果是城市人口规模的扩大，以及社会生产力的空前提高，而城市的发展又要求进一步发展交通。

20世纪以来，随着生产力的发展，产生了一系列的科技革命。继工业化之后的现代化，不仅在生产的量和质上发生巨变，而且为城市化发展带来了新的内容。20世纪50年代到70年代初期，资本主义国家的经济增长极快，殖民地、半殖民地国家取得政治独立以后，经济上也有一定发展，这一切都大大加快了世界城市化的进程。在工业化初期的1800年，世界城市人口约占总人口的2.4%，到1925年时占到21%，1950年时比例增加到29.2%，至1990年时激增到42.6%，到2000年，世界有近一半的人口居住在城市里，发达国家有近75%的人生活在城市中。

20世纪50年代以来，我国城市化进程由于受到不同时期政治和经济发展的影响，具有显著波动起伏的特征，总的来说城市化水平提高的速度比较慢。但是我国是世界上人口最多的国家，城市化水平每上升一个百分点，就意味着要增加100万~200万的城市人口。因此，新中国成立以来我国城市的数量及人口增长的速度还是相当快的，与此同时，城市规模体系的结构也有较大的变化。40多年内大城市及中小城市数量增加的速度非常快。1996年，100万人口以上的特大城市已达34个，50万~100万人口的大城市44个，中小城市数量急剧增加，我国建制镇的数量已超过1万个。

随着现代工业向城市集中和现代科学技术的发展，加大了整个社会的生产、流通、交换的容量和提高了其活动的频率。因此，现代城市生产、生活的各种物质供应量、消耗量与日俱增，联系范围、规模日益扩大，活动频率不断提高，为此，现代城市十分重视发展交通和通信设施。由于现代化交通的发展以及城市中心人口过分集中和用地紧张、环境污染等原因，促使人口和企业逐渐向城市四周扩散，引起城市中心人口的减少和郊区城市化的新趋向。

另一方面在中心城周围开辟卫星城，形成新的住宅区和工业区，它们与中心城市组成城市群，开始了城市发展的巨型化阶段。在这个阶段中，许多城市连同它们的广大郊区同时发展、扩大，最后连成一片绵延不断的广大城区。J·戈特曼(J. Gottmann)在《大都市带》(1989)一书中指出，目前世界上已有6个大都市带，即：美国东北部大西洋沿岸大都市带、日本东部太平洋沿岸大都市带、欧洲西北部大都市带、美国五大湖沿岸大都市带、英格兰大都市带、中国长江三角洲大都市带。如果加上正在形成的美国西部沿岸大都市带、巴西南部沿海大都市带、意大利北部波河平原大都市带，以及中国珠江三角洲大都市带，目前世界上大都市带已增加到10个。这些大都市带的共同特征是：具有良好的地理位置和自然条件，它们都位于适合人类居住的中纬度地带，具有适于耕作和交通联络的广阔平原，都是国家或洲际大陆，乃至全世界的政治、经济中心，在政治、经济上起着中枢的作用。此外，它们多呈带状的空间结构，多数沿长轴呈带状发展。大都市带总有一条产业和城市密集分布的走廊，通过发达的交通和通信网络相联系。同时大都市带内除城市用地外，还相间有大片农田、林地，作为获取新鲜农产品、提供游憩场所和改善环境的空间。

第二节　中国城市生态环境的现实问题

城市化促进了社会各要素的聚集，也为城市获取整体高效益创造了前提条件。城市活动的社会化，是城市获取整体高效益的重要因素。在城市适度聚集的基础上，分工越细、协作越广，即社会化程度越高，城市的经济、社会、环境效益就越好，这是城市由低级向高级走向现代化的一条客观规律。因此，今天的城市形态和性质，与产业革命以前相比发生了巨大变化，城市的概念也远远越过“城”和“市”。城市已成为在国土范围内，一定地域的政治、经济、文化中心，是非农业人口占绝对多数的聚集地。20 世纪 60 年代初，随着《寂静的春天》和《设计结合自然》书籍相继问世，以美国为代表在全世界掀起了考虑人居环境质量进行城市建设的热潮。20 世纪 70 年代以来，全球人口猛增，资源锐减，城市化水平迅速提高，住房需求暴涨，环境生态恶化，各种城市问题愈演愈烈。城市的生态环境问题已经成为城市化的一个重要组成部分，它是现代社会所面临的一个巨大威胁。刚刚过去的 20 世纪是伟大进步的时代，又是患难与迷惘的时代。人类利用自然和改造自然取得了骄人的成就，城市的物质文明得到了显著提高，同时也付出了一定的代价。恩格斯早已指出，人类不能陶醉于对自然的胜利，每次胜利之后都将是自然界的报复。直到今天，人们才开始在严峻的事实面前逐步觉醒，城市的大气污染、水体污染、土壤污染、噪声污染等环境问题都严重威胁人类健康，致使城市环境与人的心理和生理要求相悖。近代工业文明，满足了人们对物质需求的欲望，却使城市生态环境遭到严重破坏，可以毫不夸张地说，从来没有任何一种文明能创造这种手段，不仅能够摧毁一个城市，甚至可以毁灭整个地球。人们越来越意识到生态环境建设的重要性，良好的城市生态环境是人类生存繁衍和社会经济发展的基础，是社会文明发达的标志，是实现城市可持续发展的根本保证。健全城市生态安全体系，倡导城市生态文明，实现城市的可持续发展，使子孙后代能够有一个永续利用和安居乐业的生态环境，已成为时代的迫切要求和人们的强烈愿望。

人类赖于生存的地球只有一个。20 世纪中期，人类从太空中第一次看到了地球。在宇宙中，地球是一个脆弱的小圆球，显眼的并不是人类建造的高楼大厦，而是一幅由云彩、海洋、森林和土壤组成的图案。就是在这样的地球环境中，才有了人类。人类既是它的环境创造物，又是它新的环境的创造者。环境给予人类维持生存的东西，并给他提供了智力、道德、社会和精神等方面获得发展的机会，人类在地球上漫长和曲折的进化过程中，已经达到了这样一个阶段，即由于科学技术发展的进一步加快，人类掌握了大量的方法并在空前的规模上增大了其改造地球环境的能力。如今人类生存的环境已经不是单一的自然环境，而是由自然环境和人工环境两个方面组成。

自然环境(natural environment)是指一切可以直接或间接影响到人类生活、生产的自然界中的物质和能量的总体。主要包括空气、水、生物、土壤、岩石矿物、太阳辐射等。自然环境还可以从各种不同的角度作进一步的分类，按要素可分为大气环境、水环境、土壤环境等；按地理纬度可分为低纬度环境和高纬度环境等；按生态特征可分为陆生环境和水生环境等；按人类对其影响程度可分为原生环境和次生环境。在这些次生环境中，有的日益适应人类生存的需要并促进了社会的发展，有的则反过来束缚并制约着人类社会的继续进步和发展，如工业污染，森林植被被破坏，水源干枯，土地退化等。次生环境亦可称为人工环境。

人工环境(artificial environment)是指人类在开发利用、干预改造自然环境的过程中构造出来的有别于原有自然环境的新环境，或称次生环境。例如，农田、水库、林场、牧场、城市等。开始利用、干预改造自然的活动，是人类最基本、最主要的生产和消费活动，是人类与自然环境间物质、能量和信息不断交换的过程和空间被改造的过程。例如，资源由自然环境中提取出来到以"三废"形式再排向自然环境，一般可分为提取、加工、调配、消费和排放五个阶段，正是通过这些活动将原始生物圈导向了技术圈，并在自然环境的基础上创造出了人工环境。这些人工环境和原有的自然环境融为一体，反过来又成为影响自然环境及人类持续发展活动的重要因素和约束条件。在多种多样的人工环境或次生环境中，城市建设是人类与自然环境相互作用最为密切的人类活动，自然环境条件深刻地影响着城市建设，城市建设所形成的人工环境或次生环境又反过来对人类的发展起着显著的作用。

一、大气污染

(一)概述

人类生存完全依赖于空气，一个人1天大约需要1kg食物，2kg水和13kg的空气，而这13kg空气的体积为10 000L。一个人可以7天不进食，5天不饮水，但大脑缺氧8min，就会死亡。一个城市环境、空气质量的好坏与居民身体的健康是息息相关的。

空气是一种气体混合物，其主要成分是：氮78.09%，氧20.94%，氩0.93%，二氧化碳0.03%。

所谓大气污染(air pollution)是指大气中污染物质的浓度达到有害的程度，以至破坏生态系统和人类正常生存和发展的条件，对人和物造成危害的现象。大气污染由污染源、大气团和受影响者三个环节组成。

大气污染造成的公害事件时有发生。例如，1930年比利时发生马斯河谷事件，主要污染物是二氧化硫和氟化物，数十人死亡。20世纪40年代初期，伦敦的光化学烟雾，主要污染物是二氧化硫和粉尘，大气中二氧化硫的浓度达到1.34mL/m^3，超出卫生标准的几十倍，粉尘浓度达4.46mg/m^3，持续时间达4~5天，造成数千人死亡。其危害之严重、死亡人数之多，使世界震惊。在50~60年代，随着世界各国工业突飞猛进，大小公害事件也此起彼伏，层出不穷，从而引起各国的重视。70年代以后，各国加强了城市大气的治理，公害事件才得以减少。

(二)空气污染源与污染物

1. 污染源

空气污染源分点源和面源。空气污染点源是指集中在一点或可当作一个点的小范围内向空气排放污染物的污染源。它是大气污染物来源之一，工业污染源大多为空气污染点源。空气污染面源是指一个面积大小不可忽略的范围内向空气排放污染物的污染源。

如居民普遍使用的取暖锅炉、炊事炉灶等。其数量大，分布面广，一般较难控制。城市大气污染物除了小部分来自自然源外，主要来源于人类生产和生活活动。城市中大气污染物的来源有两种：一为固定源；二为流动源。

固定源是指污染物从固定地点排出，如各种类型的工厂、火电厂、钢铁厂等。流动源主要指汽车、火车、轮船、飞机，它们与工厂相比虽然是小型的、分散的、流动的，但数量庞大，活动频繁，排出的污染物也是不容忽视的。中国国产汽油车，如北京吉普车废气排放值为：一氧化碳79.41g/kg、碳氢化合物4.61g/kg、氮氧化物0.92g/kg。

2. 污染物

城市的污染物种类很多，已经产生危害或已为人们所注意的有100种左右。主要污染物有颗粒状污染物、二氧化硫、二氧化碳、一氧化碳、二氧化氮、碳氢化合物和光化学烟雾以及含氟和氯的废气等。

(1)颗粒状污染物

颗粒状污染物有许多种，按照习惯可划分为：

①降尘：直径大于10μm的微粒，在空气中很容易自然沉降。

②飘尘：直径小于10μm的微粒，它在大气中长时间飘浮而不易沉降下来。飘尘中，粒径在0.25~10μm之间的固体微粒称为云尘。

③粉尘：工业生产中由于物料的破碎、筛分、堆放、转运或其他机械处理而生的直径介于1~100μm之间的固体微粒，其化学组成相当复杂，有镉、铬、铜、铁、锰、钛、锌等，还有许多非金属氧化物、各种盐类及有机化合物。

④烟尘：由于燃烧、熔融、蒸发、升华、冷凝等过程所形成的固态或液态悬浮微粒，其粒径多大于1μm。

⑤烟雾：其原意是空气中的煤烟和自然界的雾相结合的产物，推而广之，人们把环境中类似上述产物的现象统称为烟雾。比较典型的烟雾有两种：

a. 伦敦型，煤尘、二氧化硫和雾相混合并伴有化学反应产生的烟雾；

b. 洛杉矶型，汽车排气和氮氧化合物通过光化学反应形成的烟雾。

⑥烟气：含有粉尘、烟雾及有害有毒气体成分的废气。

据统计，上述颗粒状污染物约占整个大气污染物的10%，其余90%全部为气态污染物。

(2)气态污染物

气态污染物的种类也很多，按其成分分为无机气体污染物和有机气体污染物两部分，前者最多。

气态污染物最主要的有：

①硫氧化物：大多数是二氧化硫，部分是三氧化硫。来自含硫的化石燃料燃烧的废气，它们和固体微粒结合有特别的危险性。全世界每年向大气中排放二氧化硫1.5×10^{8}t，中国每年向大气中排放二氧化硫1800×10^{4}t，超过世界平均数近1倍。

②氮氧化物：主要是一氧化氮和二氧化氮，它们是在高温的条件下，空气中的氮和氧化合生成的。因此，以高温燃烧过程为特点的汽车发动机和以矿物燃料为动力的发电站都容易生成氮氧化物。

③碳氢化物：含有碳原子和氢原子的物质，主要是化石燃料不完全燃烧的产物。

④碳的氧化物：一氧化碳是一种无色、无味、无臭的气体，可使人眩晕、昏迷，甚至可降低血液中的输氧能力而引起死亡。是碳氢化合物不完全燃烧的产物，80%的来源是汽车尾气的排放。

⑤微粒：如上所述，微粒有尘、烟、雾3种。大于10μm的固体微粒由于重力作用可以降落到地面，又称降尘。小于10μm的固体物质能在大气中飘浮较长时间，如粒径1μm的可在空气中飘浮20~100天，小于0.1μm的甚至可飘浮5~10年，这类称作飘尘。自然界的火山爆发、森林火灾、海水喷溅、人为的燃烧、研磨、工业粉碎、汽车轮胎的摩擦、喷雾以及扬尘等都可以引起空气中微粒的产生。降尘可以为人们上呼吸道纤毛所阻拦，危害不大，飘尘则可能进入肺细胞并吸收进血液循环。由于飘尘的成分十分复杂，可能是有毒重金属的微粒，甚至是某些致癌物质的微粒，威胁人类的健康。

⑥3，4-苯并芘：简称B(a)P或BP，是燃料及有机物质在4000℃以上热解、环化、

聚合生成的一种芳香族类化合物，其分子结构式为 5 个苯环，是一种对人及动物有较强致癌作用的化学物质。3，4-苯并芘在自然界中有微量存在，主要来源于工交化石燃料的燃烧。汽车废气是重要来源，城市空气中 5%～42% 来源于汽车废气。1981 年，对中国北京、抚顺、青岛、太原、杭州、昆明、广州、西安、宝鸡、银川、包头等 11 个城市监测表明，超过了国际抗癌组织委员会推荐 0.1μm/100m^3的 10 倍以上。

3. *危害及特点*

大气污染轻者可以使人体感到不舒服，重者可以造成人体的中毒，甚至死亡。据世界银行报告，中国一些主要城市大气污染物浓度远远超过国际标准，在世界主要城市中名列前茅，位于世界污染最为严重的城市之列。目前，中国已成为世界 SO_2 排放的头号大国。研究表明，中国大气中 87% 的 SO_2 来自烧煤。近几年，中国主要大城市机动车数量大幅度增长，机动车尾气已成为城市大气污染的重要污染物，使大气中 NO_x 严重超标。排放的铅也是城市大气中的重要污染物。自 20 世纪 80 年代以来，由于汽油消费量年均增长率达 70% 以上，仅在 1986—1995 年 10 年间，中国累计约 1500t 铅排放到大气、水体等自然环境中，并且主要集中在大城市。因此，对居住城市的儿童、交警和清洁工的身体健康造成不良影响。中国城市的大气污染在过去的长时间里是以煤烟型为主要特征，污染物的排放主要来源于煤炭的燃烧，燃煤排放的污染物占全部排尘量的 80%，SO_2 占 90%。由于 SO_2 的大量排放，酸雨污染面积在不断扩大，有的城市酸雨出现的频率达到 90% 以上，成为世界酸雨污染最严重的地区之一。

中国城市大气污染有几个特点：一是北方城市的污染重于南方城市，北方城市烟尘污染较重，特别在冬季，表 1-1 为 SO_2、NO_x 与颗粒物污染的城市排序表，而南方城市的 SO_2 污染较重；二是冬春季较重，夏秋季较轻；三是大城市的污染发展趋势有所缓解，中小城市的污染程度在加重；四是污染程度与人口、经济、能源、交流密度呈正相关。按城市功能分，从空气污染总体程度排序，工业城市污染居首位，交通稠密城市污染次之，综合性的混合城市稍低于交通城市，风景旅游城市和经济尚不发达城市污染最轻。

表 1-1 大气污染城市排位

污染物	污染较严重的城市排位情况
二氧化硫 SO_2	北方：太原、济南、乌鲁木齐、本溪、邯郸、天津 南方：贵阳、重庆、黄石、长沙、柳州、无锡
氮氧化物 NO_x	北方：唐山、沈阳、鞍山、济南、包头、天津 南方：上海、攀枝花、南京、南昌、武汉、杭州
颗粒物	北方：吉林、秦皇岛、西安、济南、乌鲁木齐、北京 南方：黄石、贵阳、重庆、南昌、宁波、温州
降尘	北方：本溪、包头、乌鲁木齐、唐山、鞍山、郑州 南方：黄石、上海、南京、长沙、衡阳、南昌

二、城市热岛效应

“热岛效应”(heat island effect)是城市气候最明显的特征之一。城市热岛效应是指城市气温高于郊区气温的现象。1918 年，霍华德在《伦敦的气候》一书中就论述了伦敦城市区的气温比周围农村高的现象，并把它称为“城市热岛”。

城市本身就是一个热岛，城市的热岛效应是城市气候最明显的特征之一。一般大城市年平均气温比郊区高0.5～1℃，冬季平均最低气温约高1～2℃。最突出的例子是巴黎，据德特未勒的研究，巴黎城市中心1951—1960年的年均气温比郊区高1.7℃，市中心年平均气温12.3℃，市郊区年平均气温仅10.6℃。年平均气温等温线围绕市中心呈椭圆形分布。

城市热岛现象的存在使城市的气温比郊区普遍提高，并形成了城市中春夏早，秋冬迟，严寒日少，夏季高温日多，初夏日来得早等现象。中国城市热岛强度的年变化，大都是秋、冬季偏大，夏季最小。例如，天津市热岛强度全年平均为1℃，其中夏季平均为0.9℃，春季平均为0.4℃，最强的热岛效应出现在冬季，可达5.3℃。经有关部门测定，中国北京市城区年平均气温比郊区高0.7～1℃，夏季个别日数一般市区平均温度比北京气象台高0.5～0.8℃，最高温度高0.8～2℃，最低温度高1.4～2.5℃，北京市的高温中心在城区南部。沿东西长安街呈东西长、南北短的椭圆形闭合中心。在石景山的首钢也存在一个高温区，这是由于首钢高炉释放的热量特别大所引起的。20世纪70年代的北京市平均气温比50年代高出0.9℃。由于人口密集、建筑密集、工业密集而形成的城市热岛效应可见一斑。

城市的热岛效应随城市化的程度提高而不断加剧。在同一季节，同样的天气条件下，城市热岛强度还因地区而异，与城市规模、人口密度、建筑密度、城市布局、附近的自然景观区以及城市内局部下垫面的性质有关。城市热岛产生和形成的条件主要是以下几个因素：①城市下垫面的性质特殊。城市中下垫面主要由一些具有发射率小，吸收率大，储热量多的砖石、水泥等建筑材料形成的建筑群。城市下垫面建筑材料的热容量、导热率比郊区农村自然界的下垫面要大得多。②由于城市上空大气中有二氧化碳和污染物覆盖层，善于吸收长波辐射，使城市夜间气温比郊区高。③城市中的建筑物、道路、广场不透水。一般城市不透水面积约在50%以上，而上海高达80%。降水之后，雨水很快通过排水管网流失，因而热量很少被用于水分的蒸发。④城市中有较多的人为热进入大气层，特别在冬季，北方地区燃烧大量的燃料采暖。⑤城市建筑密集，阻碍了城市地面长波辐射的损失，通风不良，不利于热量的扩散。

三、城市气温的逆温现象

在大气圈的对流层内，气温垂直变化的总趋势是随着海拔高度的增加，气温逐渐降低。这是因为大气主要依靠吸收地面的长波辐射而增温，地面是大气主要的和直接的热源。

气温随海拔高度的变化，通常以气温的垂直递减率，即垂直方向每升高100m气温的变化值来表示。整个对流层中的气温垂直递减率平均为0.6℃/100m，在对流层上层为0.5～0.6℃/100m。

事实上，在近地面的低层大气中，气温的垂直变化比上述情况要复杂得多，垂直递减率可能大于零，可能等于零，也可能小于零。等于零时气温不随高度而变化，这种气层称为等温气层；小于零时表示气温随海拔高度的增加而增加，这种气层称为逆温层。

逆温的形成有多种原因，在晴朗无风的夜晚，地面和近地面的大气层强烈冷却降温，而上层空气降温较慢，因而出现上暖下冷的逆温现象，这种逆温称为辐射逆温。地形特征也可使辐射冷却加强，如在盆地和谷地，由于山坡散热快，冷空气沿斜坡下滑，并在盆地和谷地内聚积，较暖空气被抬至上层，形成地形逆温。当高空有大规模下沉气流时，在下沉运动终止的高度上可形成下沉逆温。这种逆温多见于副热带气旋区。在两种气团相遇时，暖气团位于冷气团之上，可形成锋面逆温。

逆温现象是城市的又一突出表现。城市的人工下垫面在夜间辐射冷却比上部大气要快些，从而造成地面温度迅速下降、近地面气流上热下冷的现象。人们称之为城市逆温现象。在局部地形条件下，如山谷、河谷中，地形本身造成的逆温现象与城市逆温现象叠加，使得逆温现象更加突出。

据刘攸弘等人(于志熙，1992)研究，广州市全年都可能出现逆温，接地逆温10～12月频繁出现，悬浮逆温集中在1～4月。接地逆温强度大于1.0℃/100m时，市区二氧化碳日平均浓度就会超标，可见逆温与大气污染程度的恶化有十分密切的关系。兰州市一年中有310天是逆温，占全年日数的86%。

逆温层的存在，阻碍了城市释放的有害烟气的扩散，加重了城市空气污染程度，对城市人居环境危害甚大。例如，位于黄河谷地中的兰州市，城市上空的逆温层厚度达510m，这也是造成兰州市空气严重污染的一个重要原因。又如，北京的燕山石化总厂布局在一个丘陵山谷中，四周为山，空气极不易扩散，影响职工的身体健康。

因此，为改变城市环境条件，降低人口密集城市的逆温，除在城市规划布局时合理布置城市用地，控制城市规模外，要增加城市森林面积和水体面积。

四、城市水污染

(一)水环境概述

生命起源于水环境中。和大气环境一样，由于水环境是生物赖以生存的最为重要环境因素之一，是地球表面重要的组分之一，因此也把水环境称为水圈。水环境是指地球上分布的各种水体的综合体。水环境主要由地表水环境和地下水环境两部分组成。地表水环境包括河流、湖泊、水库、海洋、池塘、沼泽、冰川等；地下水环境包括泉水、浅层地下水、深层地下水等。其中海洋是水环境中的主体，世界海洋约占地球总面积$5.1\times10^8km^2$的70%，太平洋、大西洋、印度洋和北冰洋平均深度3800m，四大洋共分有54个海，总体积约为$1300\times10^6km^3$，占地球自由水的97%以上。海洋是人类生活环境风云变幻的渊源，海洋更有浩瀚的自然资源。目前已发现的海洋生物约有20万种，海洋中的石油蕴藏量在1000×10^8t以上，海洋中还有多种矿物源与化工资源，人类对海洋的开发有着广阔的前景。

水环境(water environment)是构成环境的基本要素之一，是人类社会赖以生存和发展的最重要场所，也是受人类干扰和破坏最严重的地区。水环境的污染和破坏、水源短缺已成为当今主要的环境问题之一，水贵如油，并不是农民在“求雨”焚香祷告中的专用名词。21世纪，随着世界性的缺水，不仅会直接阻碍着经济的稳定和发展，而且将危及整个人类的生活。特别在城市化、工业化程度较高的城市区域，这一问题尤其突出。因此，研究城市水环境的特点和变化规律显得尤其重要。

水在自然界中以及人类生态系统中是循环使用的。水每次重复使用后都会有各种污染物而降低水质，这种水质的下降有时是暂时的，自然生态系统的净化作用可使其恢复。但常常有的污染物质不能净化，自然界不能降解而使水质变坏。

城市水环境是一个城市所处的地球表层的空间中水圈的所有水体、水中悬浮物及溶解物的总称。城市所处的水圈的水体又包括河流、湖泊、沼泽、水库、冰川、海洋等地面水以及地下水等，它又构成一个城市的总体水资源。其中对城市经济系统和人类生活关系最密切的是具有一定质量和足够数量的淡水资源。

城市化这个特定的区域中，水环境亦有着其水文特征。一般地，由于城市区域的表面从植被覆盖变为不透水的混凝土或沥青覆盖的路面、屋顶面等，改变了其表面特征，使城市区域降雨的分配与郊外显著不同。

城市水资源是指在当前技术条件下可供城市工业、郊区农业和城市居民生活需要的那一部分水。通常理解为可供城市用水的地表水体和地下水体中每年得到补给恢复的淡水量。但近年来也将处理后的工业和城市生活污水回用于工业、农业和生活杂用水作为城市水资源的组成部分。城市水资源是制约城市发展的重要因素，对城市生产和生活具有重要影响。目前中国的工业日缺水达 800×10^4t；例如，拥有 2000 多万人口的特大型都市墨西哥城，饮水使地下水位每年下降 3.4m，已经不同程度地波及到生活用水和工业用水，政府在一份报告中承认："水将成为限制经济发展的要素。"

中国水资源总量为 28 000 $\times10^8$ m^3/a，居世界第 6 位。但人均水量仅 2730m^3/(人·a)，列世界第 88 位，相当于世界平均水平的 1/4，且时空分布不均匀，南多北少，东多西少，春夏多，秋冬少。中国有 2/3 土地年降水量不到 200mm，浪费又严重。农业用水量占 65%，但灌溉方法落后，农业用水利用率 30%~40%（发达国家 70%~80%）。中国工业用水浪费也很严重，如生产 1t 钢铁需用水量 25~30m^3，而发达国家只需 6m^3。中国可供利用的水资源为 11 000 $\times10^8$ m^3/a，而中国水资源已开采水量 5000 $\times10^8$ m^3/a，其中农业用水占 65%，工业用水占 13%，生活用水占 20%，现在中国缺水量为 1600 $\times10^4$ m^3/d，在现有的 668 座城市中有 333 座城市不同程度缺水，其中 108 座城市严重缺水。另外，中国黄河在上游水量不断减少，下游灌溉引水和城市供水不断增加的情况下，致使黄河下游的断流日趋严重，黄河 1996 年断流时间达 136 天，1997 年断流时间则达 160 天，断流河长 700km，约占黄河郑州以下总长 90%，有专家断言"黄河将在 21 世纪成为中国的内流河"。根据 1996 年公布的对 528 座城市供水的统计，中国共有自来水厂 1329 座(其中地面水厂 783 座，地下水厂 546 座)。综合生产能力 9060.73 $\times10^4$ m^3/d，售水量 216.9 $\times10^8$ m^3/a(其中工业用水 93.8 $\times10^8$ m^3/a，生活用水 108.3 $\times10^8$ m^3/a)。年末用水人口 1.48 亿人，自来水普及率 90.7%，平均用水单耗 199.7L/(人·d)。有 36 座城市的最高供水量超过 50 $\times10^4$ m^3/d，13 座城市的最高供水量超过 100 $\times10^4$ m^3/d。中国城市缺水相当严重，如华北平原需水量为 372 $\times10^8$ m^3，供水量只有 306 $\times10^8$ m^3，尚缺 64 $\times10^8$ m^3，天津引滦入津，大连碧流河水库引水也只能解决当务之急。且中国工业用水重复使用率不高，仅 20% 左右，而美国 1985 年为 75%，日本为 70%，水资源重复利用率有待提高。

（二）城市水污染

城市水污染（water pollution）是指有害物质进入水体的数量达到破坏城市水资源使其丧失使用价值或对环境和生物造成不利影响的现象。城市水体的污染主要来源是工业废水与生活废水。

清洁的淡水对于人类的生存和城市的发展是必不可少的物质，并且，随着社会文明的发展，对水质的要求也越来越高。

城市的水污染来自于城市的生活污水和工业废水，水污染已经使许多城市的生态环境受到了不可逆转的破坏。中国的水资源总量虽然丰富，但人均水量并不多，只及世界平均水平的1/4，是严重缺水的国家。随着人口的增长和经济的发展，城市缺水的问题日趋严重，一半以上的城市缺水，缺水成为城市发展的一个限制因子。中国约有300多个城市缺水，严重缺水的城市达100多个，而严重的水体污染又进一步加剧了水荒。由于全国80%左右的污水未经处理而直接排入水域，造成全国1/3以上的河流、90%以上的城市水源污染，50%以上的城镇水源不符合饮用标准。据对全国130万家污染企业和城市污水排放量的测算，1998年度水排放量为394.4×10^8t，其中工业废水200.4×10^8t；生活污水194×10^8t。与1997年相比，工业废水排放量下降了11.6%，而生活污水排放量增加了2.6%。2001年，全国工业和城镇生活污水排放总量为428.4×10^8t，比2000年增加3.2%。其中工业废水排放量200.7×10^8t，比2000年增加3.5%，城镇生活污水排放量227.7×10^8t，比2000年增加3.0%。废水中化学需氧量(COD)排放总量1406.5×10^4t，比上年减少2.7%。其中工业废水中COD排放量607.5×10^4t，比上年减少13.8%；生活污水中COD排放量799×10^4t，比上年增加8.0%。2001年，全国工业废水排放达标率为85.6%，其中重点企业工业废水排放达标率为86.9%，非重点企业工业废水排放达标率为73.9%。

在城市日渐缺水的同时，城市的扩大也造成城市区域的水污染日益加剧。首先是工业废水污染。例如，昆明市(不包括市辖县)，1994年所排放的工业废水5397×10^4t，其中符合排放标准的仅为2353×10^4t，即有56.4%的废水直接排放到河流、湖泊中。其次，生活污水的排放也不容忽视。1994年，昆明市污水处理后排放的2008×10^4t，还有5054×10^4t未经处理就排出。这些污水或经下水道流入河流、湖泊而污染地表水，或进入土壤中污染地下水。滇池的污染，使水生生物散失，水体失去原有的提供饮用水和养殖功能，并使周围的生态环境变坏，高原明珠已经失去其昔日的光辉。

人类生活中使用的化学品日益增加(洗衣粉、洗涤剂、洗衣液等)，随生活废水排出形成水污染，加之城郊农田的农药、化肥使用量不断增加，中国城市区域的地面水污染普遍严重，并呈恶化趋势。在中国监测的136条流经城市的河流中，有50%已无法农灌，符合地面水Ⅱ类标准的仅有18条。全国城市附近的湖泊，富营养化程度不断加重。一些湖泊是污染严重的水体，且危害到附近地区人们的健康，影响和制约了社会经济的发展。

五、酸雨污染

酸雨(acid rain)是空气污染的另一种表现形式，通常将pH值小于5.6的雨雪或其他方式形成的大气降水(如雾、露、霜等)统称为酸雨。一般的降水由于空气中有CO_2生成的碳酸饱和水溶液，pH值可以达到5.6。SO_2等致酸污染物引发的酸雨是中国大气污染危害的又一重要方面。酸雨的毒害比SO_2毒害要大，当空气中硫酸雾达到0.8mL/L时，会使人患病。酸雨还影响动植物生长，使水体酸化，还会腐蚀金属、油漆、含碳酸钙的建筑材料。

目前中国酸雨正呈急剧蔓延之势，是继欧洲、北美之后世界第三大重酸雨区。20世纪80年代，中国酸雨主要发生以重庆、贵阳和柳州为代表的川贵地区，酸雨区面积为

$170\times10^4km^2$，到90年代中期，酸雨区已发展到长江以南、青藏高原以东及四川盆地的广大地区，酸雨面积扩大了$100\times10^4km^2$，危害面积已占全国面积的29%左右，其发展速度十分惊人，并呈逐年加重的趋势。酸雨的危害是多方面的包括对人体健康、生态系统和建筑设施都有直接和潜在危害。据南方八省研究表明，酸雨每年造成农作物受害面积$1260\times10^4hm^2$，经济损失42.6亿元，造成的木材经济损失18亿元。从全国来看，酸雨每年造成的直接经济损失140亿元。中国华东、中南、华南已经出现酸雨。北方的青岛也出现了酸雨。广东的广州、韶关、汕头、肇庆等地区均出现酸雨，且持续多年，有发展的趋势。青岛市酸雨pH值年平均最低值可达4.6。

酸雨的形成主要受空气中气溶胶（TSP）的影响最大。TSP在空气中滞留的时间较长，吸附大气中各种气体组分，在降雨形成过程中，TSP受降水洗脱，其中的可溶性物质使降水组分发生变化，直接影响降水的酸碱性。以酸雨中离子成分分析来看，引起酸雨的主要离子有：SO_4^{2-}、NO_3^-、Cl^-、F^-，这些阴离子的浓度与主要阳离子如NH_4^+、Ca^{2+}相比明显较多，因此，使降水pH值降低。

中国酸雨的特点有：①在空间地理分布上南方比北方严重，尤以烧高硫煤的西南城市为重，如重庆和贵阳近年降雨的年平均pH值在4.5以下；②在时间分布上有季节性，冬天和春天比较严重，如厦门地区春雨的酸化最为严重，其pH值均在4~4.7范围内，并以pH值为4.5左右的样品较多，酸性降水频率也很高，均在60%~94%之间（表1-2）；③酸雨逐年严重的趋势；如上面所举的广东地区雨水酸化现象逐年加重的例子；④以硫酸型为主，如青岛地区降水中SO_4^{2-}占总离子含量的37.6%。

表1-2　厦门市历年不同季节降水酸度及酸化频率

年份	pH及频率（%）	春雨	梅雨	台风雨	秋冬雨	全年
		2~4月	5~6月	7~9月	10~1月	
1983	pH	4.74	4.90	5.33	—	4.70
	频率	88	72	83	—	82
1984	pH	4.32	4.63	5.13	—	4.87
	频率	62	51	40	—	52
1985	pH	4.64	5.8	5.24	4.76	4.85
	频率	86	17	53	20	57
1986	pH	4.62	5.48	6.40	5.68	5.09
	频率	69	32	0	33	46
1987	pH	4.65	4.65	4.69	5.14	4.78
	频率	85	76	80	67	76
1988	pH	4.36	4.57	5.57	4.53	4.60
	频率	84	63	41	38	60
1989	pH	4.48	4.52	4.86	—	4.56
	频率	68	81	75	—	73

注：引自欧寿铭等，1996。

六、土壤污染

自然环境中的土壤是地壳表面的岩石经过以地质历史时间为周期的长期风化过程和风

化产物的淋溶过程而逐步形成土壤。再经过植物对土壤中养分的选择吸收，以残留物形式归还地表，通过微生物分解还原进入土壤三个环节，形成了具有肥力的土壤，它由矿物质、有机质、水分和空气4种物质组成，其团粒结构，成为地球上绿色植物生长发育的基地，也是人类基本生产资料与劳动对象。但是城市区域内的土壤由于深受人类各种各样的活动影响，其土壤与自然生态系统中的土壤却差别较大。本节仅从两个方面简单论述城市的土壤特点。

(一)城市化对土壤性质的影响

城市在发展过程中，一般是从占据土地开始的。由于人类在城市的活动方式和内容多样，所以城市土壤的形态也多样。在5大成土因素中，人为活动对城市土壤的形成影响最大，且城市化水平越高，人类活动的影响也越大。

城市化地区只有公园或林地才有可能存在与自然土壤相接近的土壤。日本学者沼田真曾用细菌总数作标志物，比较了城市土壤与以自然林木为主的公园土壤，结果是：城市土壤与自然土壤不同，具有明显的特异性质。例如，形态方面土层分化程度较低，含有机碳量低，细菌总数较少等。1998年，管东生等人曾对广州城市绿地土壤特征开展过较为详细的研究，研究结果表明，行道树土壤与公园和大学校园树林土壤有明显的不同，前者由于人为压实降低了土壤的孔隙度，从而降低土壤持水能力和通水性能，增加植物根系生长的阻力；同时普遍存在pH值太高及有机质、氮和磷含量低等特点。

表1-3　广州城市绿地土壤剖面化学性质的变化

植被	土壤层次	pH值	有机质(g/kg)	全氮(g/kg)	全磷(g/kg)	碳氮比
行道树	A	7.23	19.0	0.73	0.24	15.2
	B	7.17	14.5	0.64	0.24	16.6
	C	7.45	14.9	0.34	0.20	25.2
公园和大学校园树林	A	4.33	43.4	1.42	0.19	14.1
	B	4.74	12.4	0.60	0.16	11.3
	C	4.58	6.6	0.68	0.08	9.3

注：引自管东生，1998。

(二)城市土壤受污染的特点

城市的土壤环境，由于受到人为活动的影响，发生了很大的变化。

城市化、工业化对城市地表所覆盖土壤的改造，不但破坏了自然土壤的物理、化学属性以及改变了原来的微生物区系，同时还使一些人工污染物进入土壤，并因土壤的污染引起农作物受害和减产。

董雅文等曾对江苏南部太湖地区的土壤与苏州、无锡、常州三市的某些土壤进行对比研究，研究结果发现3个城市土壤中的重金属元素Zn、Pb、Cu元素和As含量平均值比该区的背景值分别高2~5倍、8~12倍、2~5倍、40~70倍。在由水电工程引起城市化的宜昌市，城市文教区和园林区土壤中Zn、Cu、Ni的分析结果表明前者土壤中的含量高于后者，在宜昌市人群活动频繁的中山路小学、市政府院内Zn的含量已接近无锡市的水平。

1991 年，王德宜等对长春、武汉、兰州和青岛 4 个城市土壤中铅含量与市郊土壤铅含量进行研究，发现市区土壤中 Pb 的含量均比市郊高。

1999 年，中国政府已经做出停止生产和使用含铅汽油的决定。这一重要的环境保护举措，将对中国城市的土壤及相关的环境保护和居民健康的维护起到重要的作用。

1996 年，刘廷良、高松武次郎等就如何区别土壤中金属元素是来源于污染还是来源于母质进行了研究，样点为日本 7 个城市的公园，研究结果表明，城市公园土壤中重金属元素的富集是由非点源污染所造成的，如汽车、市政建设工程等，其累积程序反映了近几十年来人为活动的影响。采用 X 射线光谱法测定了一些日本城市公园土壤样品中的 Pb、Zn、Cu、Cr、Ni、As、Fe、Ti、Mn、K、Ca、Rb 和 Sr 共 13 种元素，结果发现 Pb 和 Zn 的含量在土壤剖面中从上到下有明显下降的趋势，这说明在这些上层土壤中，Pb 和 Zn 的异常含量来源于人为活动的污染。一般认为，Pb 的污染主要来源于汽车尾气，而汽车轮胎的添加剂中含有 Zn，所以轮胎磨损产生的粉尘，是土壤 Zn 污染的来源。综上所述，在日本，由于经济的发展，城市的土壤受到了不同程度的重金属元素污染，尽管日本已于 1975 年完全停止使用含铅汽油，但它所造成的污染仍然存在。

土壤受城市化因素影响的问题，在中国研究得较多的是大城市工业化对近郊区土壤的污染以及污染对环境的影响。北京地区由于污水灌溉引起重金属对土壤和农作物的污染，污染区主要集中在东南部工业区，该区高碑店污水处理厂经过一段处理的污水直接灌溉农田。北京西郊灌区和房山石化灌区则主要是酚氰对土壤的污染。污水所含成分复杂，随污染物性质的不同，对土壤、农作物的危害程度亦有所不同。含有三氯乙醛等有机物的污水极易引起急性中毒，含有无机物如重金属、氟化物、硝酸盐和有机氯农药等的污水往往在土壤、农作物以至地下水中形成残留和累积，从而导致人畜慢性中毒。

利用城市工业化污水进行灌溉引起土壤的重金属污染，在空间上呈现如下特点：靠近污水源头和城市工业区的灌区，土壤污染最重；远离污水源头和城市工业区的灌区，土壤几乎不受污染，其中多种重金属含量与本底土壤的平均含量大体相近。城市污灌区土壤和作物受害的程度主要取决于污水中污染物质性质和浓度、灌溉的方式(污灌、清灌和污灌、以清灌为主、常灌溉、间歇灌溉)，被灌溉土壤物质成分的背景值以及环境容量。采取不同的灌溉方式，Hg、Cd、Pb、Zn、Cu 的污染水平是不同的。

土壤是无机物与有机物的复合体，有相当高的净化效率。美国学者发现美国某种土壤含有大量有机物，pH 低，因而有吸收一氧化碳的能力，土温 30℃时达到最高吸收水平，通过用蒸汽灭菌，或施加抗菌素和 10% 盐水，使之具有嫌气性条件后，吸收能力则受阻碍。土壤吸收一氧化碳是因有好气性微生物的缘故，据报道已成功地分离出 16 种具有从空气中除掉一氧化碳能力的霉菌。美洲大陆土壤表面吸收一氧化碳能力达 6×10^8t 以上。这个数字是全世界一氧化碳产生总量的 3 倍。此外，还判明土壤也吸收乙烯、二氧化碳、二氧化硫等。据推测，美国每年散布的 1500t 乙烯垃圾，约 1/2 是由土壤中的微生物给分解掉的，并且土壤还能通过化学作用处理 SO_2、NO_x 等。

城市工业污水多数不经处理或经过某些处理就任意排放，因此引污灌溉基本上是利用原污水。污灌不适当造成土壤污染和作物减产，是城市工业化对土壤影响的直接后果。长期污灌或污灌量过大而超过土壤的净化能力，尤其在地势平坦、洼地众多地区就有可能污染地下水。

七、噪声污染

噪声(noise)从广义上说是指一切不需要的声音，也可指振幅和频率杂乱、断续或统计上无规律的声振动。什么声音是不需要的，要有一定的评价标准。就人而言，一种声音是否是噪声是由主观评价来定的。评价标准包括烦扰、言语干扰、听力损伤、工作效率降低等。噪声对物理结构和设备的影响可建立在完全客观的基础上。例如，对飞机结构来说，“不需要”意指不希望使飞机结构因受强烈声波的影响而经受疲劳，或使飞机的导航电子设备工作不正常而导致失效。噪声对环境是一种污染，必须加以控制。噪声的大小，以“dB”数表示。人耳刚刚能听到的声音为0dB，卡车疾驶产生90dB的噪声，喷气式飞机直降时达140dB。80dB以下的噪声不损伤人的听力，90dB以上的噪声将造成明显的听力损伤，120dB是听力保护最高容许限，120~130 dB的噪声使人耳有痛感，噪声达到140~160dB时会使人的听觉器官发生急性外伤，鼓膜破裂出血，螺旋体从基底膜剥离，双耳完全失聪。

中国大约有2/3的城市居民生活在超标的声环境中，其中，生活噪声影响范围呈扩大趋势。噪声的心理效应反映为噪声引起烦恼和工作效率降低。噪声超过60dB时，工作时就易感到疲倦。强噪声可使交感神经兴奋、失眠、疲劳、心跳加速、心律紊乱、心电图出现缺血征兆和血管收缩，还会出现头昏、头痛、神经衰弱、消化不良和心血管病等。

就城市噪声而言，主要有交通噪声、工业噪声、建筑施工噪声和其他的社会生活噪声等。1991年，中国国家环境噪声监测网的52个城市的区域环境噪声监测数据表明，有32.7%的城市平均噪声水平超过60dB(标准值)；57.1%的城市平均噪声水平处于55~60dB；仅有10.2%的城市平均噪声水平低于55dB。

住宅区噪声状况：特殊住宅区噪声超标最严重。1991年度，中国城市的特殊住宅区噪声超标率为100%。有60%的城市特殊住宅区噪声超标5dB以上，而超标10dB以上的城市达20%，最严重的超标达16dB。

居民文教区噪声状况：1991年度，中国有97.1%的城市居民文教区噪声超标。

工业集中区噪声状况：与历年的情况相同，工业集中区是中国城市中噪声超标最低的城市功能区。1991年度中国城市工业集中区的噪声平均超标为25%，仅有12.5%的城市工业集中区噪声超标5dB以上。

交通干线道路两侧区域噪声状况：道路交通噪声是中国城市最主要的噪声源。在城市道路交通噪声水平长期居高不下的情况下，交通干线道路两侧区域的声环境质量最难改善。1991年度有64.5%的城市交通干线两侧区域的噪声超过该区域标准值，最高的超标9dB。

2001年，对273个城市进行了道路交通噪声监测，其中9.5%的城市污染严重，16.5%的城市属中度污染，48.7%的城市属轻度污染。2001年，监测区域环境噪声的176个城市，等效声级范围在47.2~65.8dB(A)，6.3%的城市污染较重，49.4%的城市属中度污染，33%的城市属轻度污染。

八、光污染

城市建筑物的玻璃幕墙、釉面砖墙、磨光大理石和各种涂料等装饰，经阳光强烈照射，明晃白亮、炫眼夺目，即产生白亮污染。专家研究表明，长时间在白色光亮污染环境下工作和生活的人，视网膜和虹膜都会受到不同程度的损害，白内障的发病率高达45%。夏天，玻璃幕墙强烈地反射进入附近居民楼房内，增加了室内温度，影响了正常的生活。有些玻璃幕墙是半圆形的，反射光汇聚还容易引发火灾。烈日下驾车行驶的司机会出其不意地遭到玻璃幕墙反射光的突然袭击，眼睛受到强烈刺激，很容易诱发车祸。城市里人工白昼现象也很严重，夜幕降临后，商场、酒店上的广告灯、霓虹灯闪烁夺目，令人眼花缭乱。有些强光束甚至直冲云霄，使得夜晚如同白天一样，使人难以入睡，扰乱人体正常的生物钟。人工白昼还会伤害鸟类和昆虫，破坏其夜间的正常繁殖过程。此外，城市彩光污染也不容忽视。据科学家研究表明，光污染不仅有损人的生理功能，还会影响心理健康。

九、固体废物

城市固体废物目前主要有两种：一是生活垃圾；二是工业废弃物。

中国城市垃圾有四个特点：数量剧增，成分变化，占地剧增，处理难度加大。在中国，平均每人每天排出量约为1kg，因居民中多数还以煤为日常主要燃料，特别是北方城市冬季取暖，煤灰量特大，要占垃圾量的70%~80%。随着城市规模的不断扩大，消费水平的提高，造成垃圾数量增加，垃圾处理问题变得日趋尖锐，垃圾任意堆放，往往侵占土地，污染环境，影响景观，并且传播疾病，对人体造成危害。

城市的固体废物主要包括了城市的垃圾、工业和城市建筑工程排放出的废渣及少量废水处理的污泥，这些固体废物随城市的发展及人民生活水平的提高，排出量日益增加，日积月累，占地堆积，而且有许多有毒废物，造成大气、水和土壤的环境污染，以致影响整个环境的整洁美观。中国年生活垃圾排放量为$5000\times10^4\sim7000\times10^4$t，并在以每年10%的速度增长。城市工业废渣和生活垃圾等废物的排放日益增多，无害化处理率和综合利用率却很低，历年累计堆存量估计已达70×10^8t以上，许多城市周围排满了一座座垃圾山，严重影响市容和城市建设。作为西部城市的云南省1996年有统计的垃圾粪便清运量为127×10^4t，而无害化处理量仅为33×10^4t，仅占25%，垃圾围城现象已经十分普遍。全国工业固体废弃物，1997年产生量为10.6×10^8t，其中乡镇企业固体废弃物产生量4.0×10^8t，占总产生量的37.7%。危险废物量1071×10^4t，约占1.0%。2001年产生量为8.87×10^8t，工业固体废弃物综合利用量为4.7×10^8t，综合利用率为52.19%。全国工业固体废弃物的累计堆存量已达65×10^8t，占地51 680hm^2；其中危险废物约5%。

国家环保总局对全国生活垃圾处理设施进行了调查、监测，共调查各类处理场545座，监测107座。截至2001年年底，全年清运生活垃圾、粪便1.64×10^8t，全国有2/3的城市陷入困扰之中。污染来源主要是工业固体废弃物、废旧物资、城市生活垃圾。

中国传统的垃圾消纳倾倒方式是一种“污染物转移”方式，而现在的垃圾处理技术和规模远不能适应城市垃圾增长的要求，大部分垃圾仍呈露天集中堆放状态，对环境的即时和潜在危害日趋严重，不仅侵占大量土地，对农田破坏严重，还严重污染空气、水体，甚至引起垃圾爆炸事故发生。

十、生物多样性降低

生物多样性是生物进化的结果，是人类赖以生存的基础，一个物种一旦消失，就不可能重新出现。自然生态系统是生物与环境之间长期相互作用、相互适应的产物，它在维持生态平衡、生物多样性保存方面发挥着重要的作用。随着城市化进程的加速，人类正在不自觉地破坏自己赖以生存的自然生态系统，与人类的生存发展有着极为密切关系的生物多样性受到严重破坏。20 世纪 70 年代以来，科学家们发现，由于工业化的发展，环境的污染，人们对自然资源的盲目开发和滥用，自然界的生物正以空前的速度在减少，全球大约有 15%~20% 的物种在消失。城市化过程造成了以森林为主的自然生态系统不断被肢解和蚕食，使城市化地区的生物多样性受到破坏。城市地域生物多样性受到威胁的原因是多方面的，但最主要是来自于人类活动。济南市在 1958—1991 年的 30 多年时间里，市区的鸟类共消失了 4 目 8 科 33 种，而仅增加了 2 科 18 种，不仅稀有种消失率高，而且随着自然生态系统的破坏，一些优势种成为稀有种甚至消失，这种变化的根源就在于城市化导致了鸟类生存的自然生态系统失衡。在自然生态系统中，虽然昆虫和植物是捕食与被捕食的关系，但一般达不到危害的程度，这得益于生物多样性和物种之间的相互制约。植物群落丰富的自然生态系统为多种昆虫提供了食物来源，也促进了鸟类等天敌动物的大量繁衍，由此带来的多种营养结构和食物链，在食物和天敌两个方面限制了单个种类昆虫的过量繁殖。随着城市化进程的加快，破坏了这种自然生态系统的平衡，城市里建成的人工生态系统植物种类单一，通常是单一的食物链，以植食性昆虫居多，而缺乏以昆虫为食的二级取食者，故有可能引发病虫害的大面积爆发。因此，只有依靠人工措施才能维持这种脆弱的人工生态系统的平衡，但依靠化学农药灭虫的城市，不仅造成严重的环境污染，也杀死了天敌，导致恶性循环。

城市中这些问题的实质在于：

①城市中物质流动基本上是线性的，物质流动链很短，经常是资源直接到产品和废物。大量的资源在生产过程中不能完全被利用，而以“三废”的形式输出，不仅资源利用效率低，同时还污染了环境，不能像一般自然生态系统那样，一个环节的原料，物质可以得到分层多级利用。

②城市中的生产、生活等一切活动需要大量的能源。其中，利用自然资源的份额较少，大部分是人工附加能源，且又以矿物能源为主。煤炭和石油等燃料消耗了大量氧气，加重了大气污染，能源使用的浪费使得环境问题更加严重。

③城市中各部门分割，行业间常常缺乏自觉地相互合作，各自为政，各行其是。例如，搞建筑的不管环境，搞交通的不管绿化，只追求局部效益和部门最优，缺乏自然生态系统中那种互利共生的关系和追求整体最适的特点。

④城市生产多着眼于局部产品，看重当前经济效益。例如，为了取水、排水方便常把工厂建在河流沿岸，为了市场需要也可以不顾环境污染和潜在的危害，忽视河流整体功能和城市生态系统的最终效益。

⑤城市生态系统中消费者和生产者的比例常常失调。在城市生态系统中，消费者生物量总是超过初级生产者生物量，生态锥体是倒置的，稳定性很差，对外部资源环境有较大的依赖性。由于城市生态系统中的初级生产者——植被，不仅可直接或间接地提供人的食物，同时对于维护人们的生存环境也很重要，因此必须维持一定的比例。

⑥城市中密集的人口，鳞次栉比的房屋，把人们集中在一个相对密闭的有限空间内，盛行的空调和人工照明，五光十色的霓虹灯以及各种高效方便的自动车辆使人陶醉在舒适

和人造美中，这一切都是人类在进行着自驯化(self-domestication)(中野尊正、沼田真等，1986)，结果是人和自然的隔绝，以及人际关系的疏远和紧张。

如何发挥城市的积极有益方面，克服其消极不利影响，正是当今城市发展中面临的实际问题。这些问题的解决，需要改善城市生态系统的结构，提高城市生态系统的功能和调节其各部分之间的关系。这也就是城市林业研究的目的。

第三节　人们对生活、工作环境美的追求

在城市中，人类的生存和发展都离不开人们直接赖以生活的环境。从衣食住行到生产劳动和社会活动，往往都是在特定的人工环境中进行的。人对环境的需求主要体现在居住环境、交通环境、工作环境和休闲环境上。

一、居住环境

居住几乎与日常生活是同义语。海德格尔为居住这一概念提供了最宽泛的定义，他把居住等同于人存在于地球之上。这说明，居住是人所特有的存在形式，人怎样居住，也反映了人怎样生活。居住使人与环境产生了密切的生理、心理和社会的联系。居住环境一般是指住宅、居民楼和居住小区。

人的居住需要集中地说明了人对居住环境的依赖和需求。在这些需求中，既有物质层次和生理性的，也有精神层次的和心理的、社会文化的需要，它们将随着经济和科技文化的发展呈现出更加丰富多彩的内容。随着经济和科技文化的发展，人们对居住日益增长的要求之一就是居住应与良好的大自然保持一定的联系，有充分的自然采光和清净的通风条件，有阳台或庭院能够引入绿色植物和花卉，住宅的庭院应有绿地和树木，使人能够经常接触到大自然，保持身心的健康和舒适。

绿色植物具有柔软的质感、生动的形态和悦目的色彩。它不仅给人提供了丰富的自然美，而且还随着季节的变化给人以不同的色彩感受。五彩斑斓的花卉点缀于居室、阳台、庭院可给人以大自然的气息。植物从发芽、抽枝、展叶、开花直至结果等不同阶段的生命韵律，给人以大自然的动态美。我国古代文人墨客常把花卉人格化，从联想中产生某种意象和审美境界。如荷花出淤泥而不染，是花中君子；梅花傲冰雪而开放，风韵高洁；玉兰花洁白清逸，如亭亭玉立的少女。绿色植物可以通过光合作用吸收二氧化碳放出氧气，从而改善空气的新鲜程度并调节空气中的湿度，改善小气候。植物的绿色对人体大脑皮层有良好的刺激作用，可以使植物神经系统得到松弛。有些植物如冬青、醉蝶花、金石柑子等能吸收空气中的一氧化碳、二氧化碳及甲醛气体；而石榴、紫薇、玉兰、木槿、美人蕉、金菊、鸡冠花、天竺葵等对二氧化硫、氟化氢等有毒气体有一定的抗性和吸附作用；丁香花中的丁香酚有杀菌作用。

劳作了一天的人们，回到居住的居室中能够松弛紧张的大脑，呼吸到清新的空气和享受到美的熏陶，是人们特别是现代人对环境美的刻意追求。

二、交通环境

道路(包括公路、水路、铁路和空中航线等)是连接不同场所内外空间的线形单元，

构成人类生存空间的重要环节。道路不仅把不同功能的空间联系了起来，同时也起着把空间间隔开来的作用。水上、陆地、空中和地下交通的发展，使城市形成了一个立体化的交通网络，这是一个时空连续的动态空间，它使城市不断获得新的生命力。

当你骑着自行车上班，遇到扑面而来的沙尘吹得你睁不开眼时，你是什么心情呢？也许你会在心里诅咒这该死的风沙是从哪来的，为什么就没人治理它；当你在夏天顶着烈日行走在一条没有林荫的道路上时，你也许会埋怨为什么不种一些行道树；当你坐着公交车，呼吸着令人窒息的、被污染的空气时，你的心情又会怎么样呢？当你行走在郊外满目碧绿、鲜花盛开的原野时，你可能会流连忘返；当你在夏季汗流浃背地一头钻进浓荫蔽日的大树下歇凉时，你会为绿树的伟大和默默的奉献而感叹；当你信步在幽静的林荫道上，两侧高大的行道树苍翠欲滴，树下芳草如茵，花团锦簇，花香扑鼻，你可能会心旷神怡。

城市中的道路交通是人与人之间的纽带，是连接你、我、他的桥梁，交通环境的状况通过人的视觉、嗅觉、听觉和触觉传递给大脑，给人以反应。良好的交通环境给人以美好、乐观和愉快的感觉；反之，恶劣的交通环境则给人以沉闷、悲观和压抑的反应。

三、工作环境

工作环境为人们从事生产提供了场所和空间。塑造美的工作环境，可以为人们提供有利于身心健康和精神愉悦的工作条件，从而保证、提高工作效率和持续发展。

工作场所的绿化对于创造清洁、优美的工作环境具有突出而重要的作用。高大的乔木具有茂密的枝叶，可以降低风速，使飘浮在空气中的灰尘沉降地面，还能吸附、滞留大量粉尘。立体绿化可以扩大人的绿色视野，减轻视觉疲劳和调剂心情。绿色植物通过光合作用吸收二氧化碳，放出大量氧气保持空气的清新。绿化带可以降低工业噪声，阻挡噪声的传播，绿地同时还有吸声和减速振的作用，从而创造幽静的环境，增加空气的洁净度。

国内的许多先进行政、企事业单位都相当注重花园式工作环境的建设，建设良好的工作环境已成为当今社会所追求的一种时尚。

四、休闲环境

休闲是人们工作之余、假日之时放松身心、体验乐趣的方式。随着城市化进程的加快，人们渐渐厌烦了城市这个高度人工构建起来的环境，而向往和追求“回归大自然”的恬静生活，寻找绿色空间和清新的娱乐场所。森林公园、狩猎、观光农业、观光林业等的应运而生就是人们追求“回归大自然”的产物。

休闲场所的有无，休闲环境的好坏，直接或间接地影响着人们的身心健康。人们愿意在花前树下相约或交谈，因为它为人们创造了轻松、温柔、舒畅的环境氛围。

复习题

1. 最早的城市出现在哪个地区？
2. 在中国历史上，“城”和“市”最初是什么？
3. 现代城市的定义是怎样的？
4. 何谓大气污染？主要有哪些物质？
5. 中国城市大气污染有几个特点？

6. 何谓城市热岛效应？
7. 简述城市逆温现象的产生。
8. 什么是城市水资源？
9. 什么是城市水污染？
10. 什么是酸雨？
11. 城市化对土壤性质的影响主要因素是什么？
12. 土壤污染物主要来源是什么？
13. 什么是噪声？对人有哪些危害？
14. 城市噪声主要有哪些？
15. 简述光污染对人的危害。
16. 城市固体废物目前主要种类和城市垃圾的特点。
17. 简述绿色植物美感作用。
18. 人对环境的需求主要体现在哪 4 个方面？

第二章
森林与城市森林

由于城市的发展，产生了一系列生态环境问题，而将森林引进城市，使城市坐落在森林之中，使城市居民在享受现代社会的信息便捷、工作高效、生活舒适的同时，享受森林带来的安静、平和、清新、健康的自然环境。城市森林是城市、森林和园林的有机结合，在城市内既有森林的生态环境，又具有园林的艺术效果，满足人们生理、心理以及视听需求。第一章我们介绍了城市，那么什么是森林？什么又是城市森林呢？

第一节　森林的特征和森林的概念

一、森林的概念

(一)森林的特点

①大量的树木群生在一起是森林的重要特征，而且是基本特征。没有大量树木的群生，就构不成森林(独木不成林)。

②森林受环境制约又影响(改造)环境是森林最根本的本质特征。不是任何环境下都能形成森林，但森林是可以改变环境的。

③森林内部的生物具有多样性，它们的关系错综复杂。

各种生物(植物、动物、微生物)既是森林的组成，又互为环境，是森林的内部特征。

④林木之间既矛盾又统一。彼此都是森林重要的组成分子，又互为竞争对象和环境。造成矛盾统一的森林生态系统整体。

下面把“林木”与“孤立木”作比较(同树种，同年龄，同地方)：

林木：树高大，通直，冠小集中于顶部，枝下高甚高，树干上下径的差小，根系不发达，浅，结实较晚，质量差。

孤立木：树低矮，弯曲，冠大几乎布满树干，树下高甚低，树干上下径的差大，根系发达，深，结实较早，质量高。

表 2-1　林木与孤立木比较表

林　木	孤　立　木
树高大、通直	树低矮、弯曲
冠小集中于顶部	冠大几乎布满树干
枝下高甚高(约 3/4)	枝下高甚低(约 1/4)
树干上下径的差小	树干上下径的差大
根系不发达、浅	根系发达、深
结实较晚、质量差	结实较早、质量高

(二)森林的定义

综上所述在自然状态和人工栽植后形成的自然状态下，森林的定义为：以乔木和其他木本植物为主体，具有一定的面积、空间和密度；它们彼此之间及与其他生物和非生物环境之间，密切联系，互相作用，共同形成的矛盾统一体。

二、森林的组成

根据森林定义，森林是由植物、动物、微生物和非生物的环境因子组成。我们重点讲植物。

(一)森林的植物成分

森林中的植物种类十分丰富，按它们在森林内所处的层次和作用，分为以下几个成分：

1. 林木

林木指森林内所有乔木树种(乔木：具有明显直立的主干而上部有分枝的树木。主干通常在3m以上。又分为大乔木、中乔木及小乔木等)。它们是森林的主体，决定着森林的外貌和内部基本特征。对森林的经济价值和环境影响起主要作用。在林木中数量最多的称为优势树种(生态上称建群种)，且经济意义最大，确定为主要经济对象的，称“目的树种”。

2. 下木

下木指林内的灌木和在当地的立地条件下长不到乔木层高度的树木(灌木：不具主干，由地面分出多数枝条或虽具主干而高度不超过3m的树木)。下木能抑制杂草，为幼苗幼树蔽荫，减少地表径流和蒸发，增强森林的防护效能。

3. 幼苗和幼树

在林地上的乔木树种的幼小植株，把一年生植株称为幼苗；二年生以上但未达到主乔木层高度一半的幼小树木，称为幼树。它们的数量、种类和生长状况关系到森林未来的发展和前途。

4. 活地被物

活地被物(相对死地被物)是指生长在森林的最下一层，覆盖在土地表面上的草本、地衣、苔藓植物的总称。活地被物的种类、密度和生长状况，直接影响着林内土壤的小气候及幼苗、幼树的数量和发展。

5. 层间植物(层外植物)

森林中的藤本植物、寄生植物和附生植物等没有固定的层次。统称为层间植物。

(二)森林的动物成分

在森林中动物包括下列：

1. 无脊椎动物

无脊椎动物指体内没有脊柱的动物。

①原生动物门(微生物)(土壤中)；②扁形动物门(土壤中)；③线形动物门(微生物，土壤中、寄生生物)；④环节动物门(土壤中、空中)；⑤软体动物门(土壤中)；⑥节肢动物门(土壤中、空中)。

2. 有脊椎动物

有脊椎动物指身体背侧有一条由多脊椎骨构成脊柱的动物。

脊索动物门(脊椎动物亚门)(空中)。两栖类纲:蛙、蟾蜍;爬行类纲:蛇;鸟类纲:鸟;哺乳类纲:原兽亚纲;后兽亚纲;真兽亚纲:食虫目、皮翼目、翼手目、贫齿目、鳞齿目、兔形目、食肉目、偶蹄目、奇蹄目、蹄兔目、管齿目、长鼻目、海牛目、灵长目。

(三)森林中的微生物成分

森林中的微生物主要有细菌、黏菌、放线菌、真菌(部分)、藻类(部分)。另外,还有原生动物。微生物是在显微镜下才能看到的生物,是低等生物,是植物和动物的原始细胞或组织。

(四)森林中的非生物成分

森林中的非生物成分指光、温、气、水、土壤、岩石等生物赖以生存的环境因素。它们既是森林的成分,又是森林赖以生存的条件,同时还是森林可以改造的对象。

第二节 林分的结构特征

按照森林的定义,森林是很庞大的生物群落。它有繁多的森林类群,为了正确认识和培育森林,根据其特征把森林划分为一些具体单位,这些单位就称为林分。

林分是指林学特征基本相似,与周围其他森林有显著差别的森林地段。林分的林学特征主要有:

一、林相

林相是森林的外貌,主要指林冠层的垂直分布状况。按林相可分为单层林和复层林。

凡林木的高度相差不大,基本上形成单层林冠,就称为单层林,一般由同龄纯林构成。

凡林木的高度相差较大,树冠分布明显地分成两层以上层次的,称为复层林。多数为异龄林或混交林。

二、树种组成

树种组成是指森林中的林木是由哪些树种组成的,即组成林分的乔木树种及其数量上的比例。由一个树种组成的森林称为单纯林(或纯林),如10落。由两个或两个以上树种组成的森林称为混交林,5落5白。如果混合林是由耐阴树种和喜光树种组成的常为复层林。

三、林分的郁闭度、疏密度、密度

林分的郁闭度、疏密度和密度,都是反映单位面上林木数量的指标,但意义不同。

1. 郁闭度

郁闭度是表示树冠水平覆盖的程度。它是林冠水平投影面积与林地总面积之比,以十分数表示。

注意:林冠水平投影面积不一定等于树冠水平投影面积之和。

2. 疏密度

疏密度是说明现实林木利用土地、空间的程度。它是实现林分的 m^3/hm^2 (G/hm^2) 与相同立地条件下的“标准林分”的 m^3/hm^2 (G/hm^2) 之比，用十分数表示。

标准林分是指当地同一优势树种蓄积量最大的林分。标准林分的蓄积量(断面积)可查有关的标准表。

3. 密度

密度指单位面积上林木的株数，用株/hm^2 (km^2) 或株/亩表示。

上述三种数量指标虽然都能反映森林疏密程度，但它们之间并不成正比例，三者的用处也有不同。密度大小在幼、中龄林阶段十分重要，它决定着成林速度、自然稀疏现象的早晚和强度。可为这个阶段合理调整林分密度提供依据。郁闭度的大小直接影响林内的生境条件，对森林的更新和林木的生长发育都有很大的影响，是控制间伐量、决定经营措施的一个重要依据。疏密度侧重于说明林分的生产力，控制林分的疏密度作为重要的营林手段来提高林分的生产力。

四、林分年龄结构

1. 林龄

林龄一般是指林木的平均年龄(主要树木的)。按年龄结构的不同可分为同龄林和异龄林。林分内林木年龄相同或差距在一个龄级以内的，称为同龄林，年龄相差一个龄级以上的，称为异龄林。

2. 龄级

龄级指林分中林木的生长发育特点相近，从而可采取相同经营措施的年龄阶段。通常用罗马字Ⅰ、Ⅱ、Ⅲ等表示。生长慢的 20 年划分为一个龄级，如红松；生长中等的 10 年划分为一个龄级，如山杨；生长快的 5 年划分为一个龄级，如刺槐；竹林 2 年划分为一个龄级。

3. 龄组

龄组是将林分内生长发育特点相似的几个龄级合并在一起，从而可采取相近经营措施的年龄阶段。按龄组划分的林分可分为：幼龄林、中龄林、近熟林、成熟林、过熟林。

五、林分起源

林分起源指林分初始形成的方式。按林分的来源可分为天然林和人工林。按林分的繁殖方式可分为实生林和萌生林。

由种子繁殖而形成的林分，称为有性繁殖林，也称实生林或乔林。如红松、落叶松、油松等多数针叶林都是实生林。一般来说，实生林早期生长慢，寿命长，木材致密，宜培养大径材，森林的抗性也较强。

由营养器官(根、茎、叶等)繁殖而形成的林分，称为无性繁殖林，也称萌生林或矮林。无性繁殖的方法很多，如萌芽、根蘖、分根、地下茎、埋条、插条、压条、埋干、插叶等。在自然条件下，萌芽和根蘖繁殖很普遍。如杨、柳等多数阔叶林都是萌生林。萌生林初期生长快，寿命短，材质疏松、宜培育中、小径材，林分的稳定性较差。明确林分起源，对确定经营目的和制定经营措施有着重要的作用。

六、林分的地位级和立地指数

地位级和立地指数都是反映一定树种在一定立地条件下生产力高低的指标。

1. 林分地位级

林分地位级是林分生产力的指标，反映林分在该立地条件下生长的适宜程度。地位级一般分为五级，由高到低，用罗马数字Ⅰ、Ⅱ、Ⅲ、Ⅳ、Ⅴ等表示。地位级越高，说明在这块土地上生长的树种越适宜，其立地条件越好，自然生产力也高。反之，则立地条件差，生产力低。评价地位级的高低是用林分平均高来衡量。在一定的年龄段，林分平均高越高，地位级越高；反之，则越低。地位级可以从《地位级表》中查得。

2. 立地指数

立地指数也是表示林地生产力高低的一个指标。它是以树种的规定年龄的优势木平均高的绝对值作为表明林地地位级高低。立地指数越高，说明该树种越适宜，反映林地生产力越高；反之则低。立地指数可用立地指数曲线或立地指数表表示。

林分的主要结构特征，是在自然状态下划分林分的依据，也是研究林分经营方法和经营措施不可少的。

以上讲的主要是针对森林提供木材的经济价值而对森林的论述和评价。那么作为以维护生态环境、改善生态环境为主要任务的城市森林应该怎样定义和评价呢？

第三节　城市森林的范畴与特点

由于城市的发展，产生了一系列生态环境问题，而将森林引进城市，使城市坐落在森林之中，使城市居民在享受现代社会的信息便捷、工作高效、生活舒适的同时，享受森林带来的安静、平和、清新、健康的自然环境。城市森林是城市、森林和园林的有机结合，在城市内既有森林的生态环境，又具有园林的艺术效果，满足人们生理、心理以及视听需求。

一、城市森林的概念及研究范畴

(一) 城市森林的概念

城市森林是一门发展迅速、前景广阔的边缘科学。它是由林学、园艺学、园林学、生态学、城市科学等组成的交叉学科并且与景观建设、公园管理、城市规划等息息相关。内容涉及广泛，以城市森林培育、经营和管理为核心和重点。自 1965 年加拿大多伦多大学的伊克·杰根森(Erik Jorgenson)首次提出城市林业的概念，伊克·杰根森(Erik Jorgensen)认为“城市林业并非仅指对城市树木的管理，而是对受城市居民影响和利用的整个地区所有树木的管理。这个地区包括服务于城市居民的水域和供游憩及娱乐的地区，也包括行政上划为城市范围的地区”。城市林业概念提出的近 50 年来，城市林业作为一个新兴行业得到了世界范围的广泛承认和接受，作为城市林业的经营对象——城市森林的存在成为世界各国政府、林业和环境科学学者的共识。各国相继开展了城市森林培育与经营理论研究和具有各自特色的城市林业建设实践，但各国对城市森林的定义各有不同。

美国学者尤恩才(Rowantree，1974)指出：如果某一地域具有 5.5 ~ $28m^2/hm^2$ 的立木地径面积，并且具有一定的规模，那么它将影响风、温度、降水和动物的生活，这种森林可称为城市森林。米勒(Miller，1996)认为城市森林是人类密集居住区内及周围所有植被的总和，它的范围涉及市郊小区直至大都市。美国林业工作者协会对于城市森林的定义为“城市森林是森林的一个专门分支，是一门研究潜在的生理、社会和社会福祉学的城市科学，目标是城市树木的栽培和管理，任务是综合设计城市树木和有关植物及培训市民。在广义上，城市森林包括城市水域、野生动物栖息地、户外娱乐场所、园林设计、城市污水再循环、树木管理和木质纤维的生产”。他们认为城市森林是在城市规划、风景园林、园艺、生态学等许多学科的基础上建立的，因而包括了对城市内及其周围所有的森林、树木和相关植被的综合设计、营造和管理。戈比特(Gobster，1994)把城市森林定义为“城市内及人口密集的聚居区域周围所有木本植物及与其相伴的植物，是一系列街区林分的总和”。

德国佛勒克(Flack，1996)提出了广义的城市森林的概念，即“城市森林是包括城市周边与市内的所有森林”，但此定义不包括传统的城市绿地、公园、庭园、行道树等。

台湾大学高清教授认为城市林业是一门新兴的科学，其范围包括庭院园林的建造，市区行道树、都市绿地及都市范围内风景林与水源涵养林的营造和管理。城市林业是传统林业的凝练与升华，它广泛参与城市生态系统中物质、能量的流动和转换。

针对具体国情，我国国内的学者也纷纷从不同的角度提出了不同的城市森林概念。如郝敏等(1995)认为城市周围或附近一定范围内以景观、旅游、运动和野生动物保护为目的的森林均称为城市森林。张庆费等(1999)认为城市森林是建立在改善城市生态环境的基础上，借鉴地带性自然森林群落的组成、结构特点和演替规律，以乔木为骨架，以木本植物为主体，艺术地再现地带性群落特征的城市绿地。王木林(1997)等认为“城市森林是指城市范围内与城市关系密切的，以树木为主体，包括花草、野生动物、微生物组成的生物群落及其中的建筑设施包含公园、街头和单位绿地、垂直绿化、行道树、疏林草坪、片林、林带、花圃、苗圃、果园、菜地、农田、草地、水域等绿地”。王木林(1998)认为被城市利用的防护林、水源涵养林、风景林、生产林地及城市所依托的森林很多是在城市管辖范围之外，但在减免城市灾害、提供用水、游憩和旅游、调节气候、维护城市生态环境方面作用巨大，也属于城市森林。朱文泉等(2001)认为城市森林不能单纯考虑其结构，它所发挥的生态效益是问题的关键，因而认为城市森林是在功能上发挥巨大生态效益，位于人类聚居区内及周围的所有植被。刘殿芳(1999)认为，就“城市森林”的本身含义，从有利于直观认识和便于实践与普及出发，可理解为生长在城市(包括市郊)的对环境有明显改善作用的林地及相关植被。它是具有一定规模、以林木为主体，包括各种类型(乔、灌、藤、竹、层外植物、草本植物和水生植物等)的森林植物、栽培植物和生活在其间的动物(禽、兽、昆虫等)、微生物，以及它们赖以生存的气候与土壤等自然因素的总称。而且认为城市的园林(人文古迹和园林建筑除外)、水体、草坪以及凡生长植物的其他开放地域均应纳入城市森林总体，成为其中的一个组成部分。它是一个与城市体系紧密联系的、综合体现自然生态、人工生态、社会生态、经济生态和谐统一的庞大的生物体系。

就目前大家认同的程度来看，以美国林业工作者协会城市森林组下的定义比较全面，并比较切合实际。归纳起来，所谓城市森林是指在城市及其周边生长的以乔灌木为主体的绿色植物的总称。

而城市林业则又根据分析问题的角度不同，分为狭义和广义两种概念。

狭义的城市林业概念是：城市林业是林业的一个专门分支，它是研究培育和管理那些对城市生态和经济具有实际或潜在效益的森林、树木及有关植物，其任务是综合设计和管理城市树木及有关植物，以及培训市民等。

广义的城市林业概念是：城市林业是研究林木与城市环境（小气候、土壤、地貌、水域、动植物、居民住宅区、工业区、活动场所、街道、公路、各种污染等）之间的关系，合理配置、培育、管理森林、树木和植物，改善城市环境，繁荣城市经济，维持城市可持续发展的一门科学。

根据上述分析，考虑中国自然条件和城市环境现状及其特殊性，结合中国城市发展的趋势和特点，笔者认为：

城市森林是指在城市及周围环境地域内，以乔木和木本植被为主体，以改善城市生态环境为主目的，促进人与自然协调，满足社会和谐发展需求所构成的森林生态系统，是城市生态系统的重要组成部分。

具体是指城市地域内的各种树木及其相关植被。它对城市环境有明显的改善作用，能平衡和补偿城市环境负效应，并相对于城市建设用地在面积上占有优势，是中国森林生态网络体系建设的重要组成部分。因而，城市森林的组成成分包括城区全部的绿地和各种水体，郊区的片林、护路林、河道林、农田防护林、水体等。对于每一种类型来说，城市森林是其从属的环境母体，它们共同构成一个以城市为服务对象、以林地为核心的森林生态系统。

（二）城市森林的范畴

城市森林是“以服务城市为主旨的林业”，它是园林与林业融为一体的林业；是城市效区一体化，集生态、经济、社会效益为一体的林业。它既是园林的扩大和延伸，又是传统林业凝练与升华。目前，对于城市森林的范畴，国内外学者的论述有所不同，但基本观点是一致的：凡是城市范围内森林、树木及其其他植物生长的地域，以及地域内的野生动物，必须相关设施等都属于城市森林的范畴，主要包括城市水域、野生动物栖息地、户外娱乐场所、城市污水处理厂、公园、花园、植物园，城市街、道、路旁的树木及其他植物；居民区、机关、学校、医院、厂矿、部队等庭院绿化；街头绿地、林带、片林、郊区森林、风景林、森林公园，以及为城市造林绿化提供苗木、花草的苗圃、花圃、草圃等生产绿地等。

一般来说，城市森林的范畴有两种划分方法：

1. 按地域及内容划分

凡是城市范围内的树木及其他植物生长的地域，以及在该地域的野生动植物，必需的设施等都属于城市林业的范畴，包括公园、花园、动植物园、街道旁的树木、住宅区等场所的绿地，近郊区的片林以及远郊区的国家森林公园和自然保护区等。

2. 按游览的时间划分

国外许多专家学者还从游览时间上给城市规定了范围，认为城市林业的范围是由市内出发，当日可返回的旅游胜地均在其中。美国学者认为城市林业包括乘小汽车从市内出发，当天到达，并能返回的范围内游览地都属城市林业的范围。瑞典科学家认为城市森林范围是从市内骑自行车或滑雪出发，当天到达游览区后，于当日可返回市内的所有娱乐区域都视为城市林业的范畴，并规定从市中心外延30km以内的森林都属于城市森林。

二、城市森林的特点

城市森林作为一种与城市密切相关的森林类型，无论是在组成上还是在功能上，都表现出不同于一般森林类型的特点，具体表现在以下方面。

1. 城市森林的服务对象是城市，要满足城市的多功能需求

城市森林是地处城市为高密度人口提供环境服务、对城市环境的重要补充，也为提高城市综合竞争力具有重要促进。城镇的环境状况具有高度的异质性，不管是历史悠久的文化名城还是新兴的工业城镇，都可以根据主要用途的差异把整个城区划分成不同的功能区，也可以根据污染程度的差异划分成不同类型的污染区，如热岛核心区、粉尘污染区等。这种城镇内部生态环境的异质性要求与之相匹配的城市森林，能够提供特殊的生态功能，例如，具有较强的抗污染能力，甚至是抗某种特定的污染物能力。同时，城市居民对城市森林的需求也是多种多样的，要能够提供丰富多彩的景观效果，提供旅游休闲的森林环境，提供科普教育的基地等。因此，在城市森林建设中要突出生态功能，同时也要兼顾游览观光等多种功能。

2. 城市森林所处的地域是人口最为稠密的，与人的关系最为密切

城镇人生活在一个生物种匮乏，自然因素奇缺的高度人工化环境中，生活的快节奏和长期远离自然的孤寂，使现代的城镇人更渴望自然的气息。在充斥着人造景观的都市里，城市森林绿地是唯一可以使人体验和谐安详的自然气息的场所，它可以为老年人提供散步休闲的场所，为年轻人提供谈情说爱的地方，为孩子们提供玩耍嬉戏的场地。城市森林与人的关系最为密切，它的建设使森林不再是遥远的自然，不再只是假日郊游或远足的奢求，直接改善人们的居住、工作、休闲环境，从而有益于人的身心健康。

3. 城市森林与其他地域的森林类型相比，受人为因素影响最大

城市森林分布的地域是人口最为集中、人类活动最为频繁的，因此受人为因素的影响也最大。主要表现在：

(1) 林地内人为活动频繁

许多林地因为城市居民从事体育锻炼、野餐、野宿、采挖野菜野果等活动而受到不断的人为干扰，产生林地土壤板结，地被植物减少或死亡，树木受伤害，生活垃圾增多而污染林地环境等问题。

(2) 人工雕琢的痕迹多

许多林下的草本、灌丛被割除，植物的枯枝落叶被清除，树木被修剪成各种形状等，特别是市区内的一些林地，植物组成简单，纯林、纯草类型比重大。同时，为了增强视觉美化效果，根据树种的季节变化特点进行人工搭配或调整林分的植物组成结构的做法也非常普遍。

(3) 人工植被比重大

由于城市建设用地的需要，城市地区的许多自然森林植被遭到破坏，重新进行人工造林的比重很大。在我国，城市周围的土地基本上是农业生产用地，保留的林业用地十分有限，人工造林是城市森林建设最主要的方式。

(4)引进的外来物种比较多

由于城市生态环境的异质性和对城市森林功能需求的多样性，一般仅仅依靠乡土树种是难以满足这些要求的。城市森林的许多树种是根据景观效果、净化污染等特殊环境需求引进的。

(5)生物多样性相对较低

城市森林生态系统包括动物、植物、微生物等多种成分，植物物种多样性是前提和基础，但更重要的是群落的多样性、生态系统多样性。城市森林由于所处的环境人为活动频繁，林分结构相对简单，呈现相对隔离的间断分布，因此严重降低了保持和增加生物多样性的能力。尽管城市森林生物多样性少，但生物多样性相对杂乱(既有当地物种，又有外来引进物种，多数是人工栽培物种)。

4. 城市森林受外界不利环境条件压力大

城市森林除了受人为活动的强烈影响以外，还要承受城市的大气、土壤、水等污染及热场等特殊环境所造成的压力。生长在城市地域内的树木和森林，除了要承受干旱、病虫害、火灾、风灾等常规自然灾害的威胁以外，还要面对相对恶劣的城市环境。城市大气污染物(SO_2、NO_x、HF、Cl_2、粉尘等)、土壤污染(Hg、Pb、Cd、Cr、Ni 等土壤重金属污染和土壤板结等)、水体污染、酸雨以及城市热岛效应等，都会对树木的生长、群落的稳定造成很大的影响。

5. 城市森林的维护费用相对较高

城市森林中人工林的比例很大，土壤、水分、大气、温度等环境条件不同于一般的天然立地条件，特别是一些景观视觉效果的保持需要特殊的管护，因此整个林分需要较长时间的人工维护，水资源消耗也较多。同时，城市里的林木需要经常进行病虫害防治，会影响交通、电力、建筑、居民人身安全等，也需要额外的修剪管护等工作，投入的人工费用较高。

6. 城市森林包含的内容很广

从国内外对城市森林概念的界定来看，它已不仅仅指一般意义上的森林。狭义上讲，城市地域内以林木为主的各种片林、林带、散生树木等绿地构成了城市森林主体，而广义上看，城市森林作为一种森林生态系统，是以各种林地为主体，同时也包括城市水域、果园、草地、苗圃等多种成分，与城市景观建设、公园管理、城市规划息息相关。

第四节　城市森林的定位与生态建设的必然

一、城市森林的基本定位

21 世纪是人类寻求社会、自然和谐、有序发展的世纪。为适应城市生态环境保护和建设的需要，保护现有城市绿地、水面(水系)，尽可能合理利用土地资源，全面提高城市发展品位，满足社会发展和城市人口增长对森林环境和回归大自然的迫切需求，在新世纪要建设小康社会。城市森林建设应该有一个基本的定位，具体包括：

1. 城市森林是现代林业的重要内容和发展方向之一

城市森林建设作为现代林业的组成部分，必须以可持续发展理论为指导，以生态环境建设为重点，以产业化发展为动力，以全社会共同参与和支持为前提，实现资源、环境和产业的协调发展，环境效益、经济效益、社会效益的高度统一。城市森林在实现城市社会经济和生态环境可持续发展中发挥着不可替代的作用。城市森林所面临的机会和挑战是前所未有的，城市森林的发展目标已经成为环境、经济和社会诸多目标的综合体现。一切不符合可持续发展前提的林业建设、森林培育技术和生产工艺都将被淘汰。

2. 城市森林建设要与现有的城市特点和需求相结合

城市森林建设是一项涉及多部门、多行业、多学科的系统工程，充分调动好各方面的积极性非常重要。城市森林建设大体上可以划分成两个部分，即建成区和郊区（包括近郊区和远郊区），建成区城市森林建设，要注重与园林部门相结合，达到景观效果与多种生态功能的有机融合；在郊区则要强调生态功能，兼顾经济功能和景观效果，使这些地区的城市森林建设有利于引导城市旅游、休闲、生态农业、房地产业等相关生态产业的发展。

3. 城市森林是城市有生命的基础设施建设

随着城市化进程的加快和城市范围的不断扩大、功能的不断完备，现代城市对环境建设的要求越来越高，城市森林建设要通过多种模式增加城市的林木覆盖率，在整个城市范围内形成合理的布局。城市森林是城市环境的本底建设，是生态、经济与社会效益相互促进的城市生态系统主体，成为城市的基础设施建设之一。

4. 城市森林的主体应该是以生态效益为主的生态公益林

随着城市经济的飞速发展和城市化进程的不断加快，城市生态问题日益突出，大气污染、风沙危害、水资源短缺、水土流失等越来越成为威胁城市和城市居民生存的主要问题。城市森林作为城市生态系统的重要组成部分，不能单纯从资源或类型的角度去理解，而是一种包含众多人为建筑景观在内、受多种因素干扰的新型森林生态系统。它的环境服务功能是第一位的。它是城市与自然和谐、有序共存、发展的重要链条之一，在城市生态系统发展的动态自我调节中，特别是在改善城市小气候、防止大气污染、杀菌防病、净化空气、降低噪音等方面发挥着重要的作用。可以说，城市森林在城市生态环境保护方面有着特殊的地位，因此，要强调保护原有的地带性天然植被，人工林也应该是近自然的模式，这种近自然模式就是提倡建设以群落建群种为主，借鉴地带性自然森林群落的种类组成、结构特点，尊重群落的自然演替规律。

5. 城市森林建设要与城市范围内的其他生态系统建设相结合

城市森林是现代城市环境建设需求与森林具有多种功能特性的交叉发展的一门新学科。现代城市森林不是城市与森林的简单拼凑，而是二者达到合理布局、密切结合形成的一个全新的森林生态系统。现代城市森林建设要与湿地、河流、湖泊、农田等生态系统的建设结合起来，充分发挥各种城市森林类型的多种功能，使城市环境得以显著改善，形成一个可持续发展的城市与森林的统一体，促进城市生态系统的良性循环。

6. 城市森林建设的理论体系将进一步得到加强和完善

任何一个学科或行业的有序健康发展，都必须以坚实的科学理论为基础，城市森林建设也同样，其基础理论的研究在 21 世纪将得到进一步的加强。城市森林的建设必须充分融入社会—经济—自然复合生态系统中，深刻把握城市发展框架下的林业、工农业、交通运输业、电子、金融等各行各业的行业特点与需要，从系统和整体上把握城市森林生态系统与城市生态系统的关系，对城市森林建设和发展理论、城市森林生态系统结构与功能、城市景观生态等进行深入的基础性研究，如合理的城市森林布局、规模和林种、绿地及各种植物群落适宜比例的研究；各种城市生物群落的演替变化规律、稳定性及其与自然环境、城市人工环境、城市物质流动、能量流动及人口流动等关系的研究；城市森林的多功能综合目标及生态、社会与经济效益协调发展的战略研究等。

7. 城市森林建设要注意高新技术应用和多学科融合

城市森林的发展一方面依赖于对出现问题的研究向纵深发展，另一方面借助于相关科技的进步与应用，特别是一些高新技术的应用，从而拓宽城市森林研究的范围。同时，各学科之间的相互渗透和技术之间的融合，也为城市森林的发展开辟了广阔的前景。树木、花草等植物是组成城市森林的材料，因此，生物工程技术、基因工程在城市森林中有着非常诱人的应用空间，树木和花卉新品种的选育、良种繁殖、育苗技术等，以及基因重组、转基因、多倍体育种、航空航天诱变育种技术和通过这些技术获得的具有优良抗性的优良林木花卉品种，无不渗透到城市森林建设的实际工作中，为丰富城市森林植物类型和种类、完善功能结构奠定了丰富的物质基础。现代信息技术导致了城市林业科学技术的倍增效应，日益重视信息占有和利用现代信息技术，已经成为当今世界城市森林建设和发展的又一重要趋势。城市的各种监测及管理系统(如城市森林资源、名木古树、城市大气污染、热场、水污染、绿地管理等)，在进一步提高精度和准确度的同时，将应用“3S”技术、多媒体技术、模拟技术、动态管理技术等建立完整的城市森林资源管理系统，并借助计算机来提高城市森林各种资料的处理和分析能力，为综合地、多层次地进行城市森林空间结构和城市景观分析奠定了基础，使宏观的城市森林资源管理与监测系统跃上一个新高度。

8. 城市森林的设计和管理是以近自然模式为主

现代城市森林建设要借鉴生态系统经营的理论，实行相对粗放式的近自然设计和管护，减少人为干扰，逐步建立城市森林生态系统的自我维持机制。

9. 城市森林建设要同步于城市化进程

城市森林建设既要针对城市现有的状况，同时更要考虑城市的发展趋势和可能产生的新问题进行长远的规划。因此，无论在建设规划、树种配置等技术环节，还是在整体布局的规划上，都要考虑城市未来的发展需要，对于规划的林地和林带要有一些预留空间，这样既有利于其他行业或产业的参与，也可以带动相关产业的发展。

10. 城市森林建设必须生态、社会、经济效益相统一

城市森林在改善城市生态环境的同时，充分考虑其对城市和城市居民的服务功能的发挥。首先，城市居民久居高度人工干扰的城市环境，生活和工作带来的高压使其产生强烈的回归自然的欲望，森林旅游是居民首选的一种放松、调整身心的最简单易行的方式，因而随着森林游憩场所的建立和游憩设施的配套、完善，森林旅游必将成为21世纪最具有活力的产业之一。其次，营造城市森林，带动苗木基地、花卉基地建设以及苗木花卉产业的共同发展，形成苗木与森林的良性发展，并且还带动建设城市动植物基因库、野生生物栖息地等具有科学教育、研究、应用的产业化发展。第三，城市森林建设通过与城市房地产业、森林旅游业、城郊农林业的产业结构调整等相结合，实现三种效益的最佳结合。

二、城市森林是中国城市生态建设的必然

随着全球性生态环境问题日渐突出，人们开始重新审视自己的行为，对原有的社会生

产方式、消费模式进行了日益深入的探讨与反思，对人地关系、人际关系的处理有了更深层次的认识，传统的思想观念逐渐发生改变，可持续发展战略成为世纪之交的全球发展战略。因此，为了避免城市问题的加剧，城市就必须走可持续发展的道路，加强城市的生态环境建设。城市森林建设有利于改善光、热、水、气、土等生态因子，在实现城市社会、经济和生态环境可持续发展中发挥着不可替代的作用。城市森林所面临的机遇和挑战是前所未有的，城市森林的发展目标已经成为环境、经济和社会诸多目标的综合体现。

1. 城市森林建设是现代林业研究的重要内容

现代林业是以满足人类对森林的生态需求为主，多效益利用的林业。保护森林、发展林业，关系到人类的生存和发展，关系到国家的现代化建设大局和可持续发展大计，是一个在国民经济和社会发展中涉及面广、影响层次深的重大问题。城市作为人口主要集中居住的地区，其生态环境的日益恶化已经受到普遍关注。通过建设城市森林来改善城市环境，维持和保护城市生物多样性，提高城市综合竞争力，是城市实现可持续发展的根本保证和迫切需要，是现代城市生态环境建设的重要内容和主要标志，是中国现代林业发展研究的重点之一。

2. 城市森林建设是国家六大林业重点工程的有效补充

21 世纪上半叶中国林业发展确立了以生态建设为主的林业可持续发展道路，建立以森林植被为主体的国土生态安全体系，建设山川秀美的生态文明社会的总体战略思想。提出的天然林资源保护、退耕还林、野生动植物保护和自然保护区建设等宏观生态环境整治的六大林业重点工程，基本上都分布在农区和山区，目前尚未直接涉足生态问题突出、经济发达、人口密度大的城市地区。城市森林建设在我国还处于起步阶段，远落后于欧美发达国家水准，开展城市森林建设对构建完善的国土生态安全体系具有重要作用。

3. 城市森林建设是中国森林生态网络体系建设的重要组成部分

中国森林生态网络体系建设是 21 世纪中国森林生态环境建设的一项重大工程，它由点、线、面组成，是一个完整的巨系统，最大限度地利用时间与空间，面向整个国土生态环境保护与建设，以营建一个覆盖全国、分布均衡、结构合理、功能完备、效益兼顾的森林生态环境，实现国土长治久安和经济社会可持续发展为目标。城市森林生态网络体系作为中国森林生态网络体系建设的组成部分，以林学、园林学、生态学和系统工程的原理为指导，把城市森林生态环境建设作为一个整体，进行系统布局设计。在不同地段，把现有的技术进行组装配套，开展绿化树种、绿地配置模式、经营管理技术等方面的研究，建立相对稳定的城市森林生态体系，用以改善植物空间分布的状况，增加城市森林覆盖率，从而使城市水土流失、粉尘污染、大气污染、热岛效应等环境问题得到控制和改善，使中国城市环境质量得到全面的提高。建设城市森林是中国森林生态网络体系建设的一项具体内容，有利于保证在当前中国城市化进程不断加速的背景条件下，可持续发展战略的顺利实施。

4. 城市森林建设是建设城市生态文明的重要手段

城市生态文明的重要标志就是具有一个良好的城市环境。生态文明是在生态良好、物质生产丰厚的基础上所实现的人类文明的高级形态，是与传统美德相承接的良好的社会人文环境、思想理念与行为方式。城市是人类文化的结晶，森林是人类文明的摇篮。随着人们对生态环境保护意识的增强，对社会可持续发展的向往，人们的思想意识发生了根本转变，人们的发展观念也发生了明显变化，在保护和优化城市自然生态的同时优化城市人文生态，在合理建设城市森林的基础上加强人文资源的开发利用与呵护。也就是说，在保护生态资源和自然环境的前提下，发挥人们的聪明才智，发扬积极进取、开拓创新精神，依靠科技进步，促进城市人文生态与城市自然生态良性互动，再造山川秀美的自然生态与人文生态的有机平衡。建设城市森林就是把人工的自然搬进城市，使人们回到自然，在亲近自然中享受自然，陶冶情操。城市森林在给人带来美的享受的同时，提高了人们的文化素质，增加了人力资本。城市森林本身就是传统文化的载体，并对文化遗产的继承和精神文明建设产生积极影响，它是现代文明的重要内容。

5. 城市森林是体现城市竞争力的重要标志

城市发展是通过物质资本、人力资本、环境资本的协调生产来实现的。人类从环境中获取各种资源，经过生产、加工，转化为人类生活所需的资料，同时把生产、加工的废弃物输入环境。人类在消耗生活所需的资料中维持了自身的生存与繁衍，产生人力资源以支撑物质生产，同时也把消费的废弃物输入环境。环境在接纳物质生产和人口生产废弃物的同时，输出资源与环境。

物质资本、人力资本、环境资本三种生产互为条件、互相制约、相互依赖，并形成循环，任何一种生产的短缺和不足都会给城市的可持续发展带来阻碍。就目前我国城市发展的现状来看，环境资本是三种资本最短缺和不足的，是城市发展的限制因子。物质资本、人力资本、环境资本就像组成一个木桶的三块板，任何一块板长度的不足都将降低木桶的容量，现阶段我国城市发展的环境资本就是决定木桶容量的最短的板，加长这块板，将增加木桶的容量，大大提高城市发展的总体实力，从而促进城市的发展。一个城市发展的总体实力，不仅取决于如上三种资本的存量，而且取决于它们之间的协调状况。城市的竞争力是通过物质资本、人力资本和环境资本的协调生产来实现的。在城市化的不同时期，三种资本的存量是不同的。在城市化的初期，工业不是很发达，人类向环境索取的能力较为低下，环境资本的消耗量也较低，此时物资资本的大小成为一个城市发展、竞争力的最重要资本。进入 20 世纪 50 年代以后，随着人口的增长和城市的发展，人类对环境索取的能力极大增强和无节制地索取，同时输入环境的生产、加工、消费的废弃物也不断增加，逐渐造成自然资源匮乏，生态环境趋于恶劣，使自然物质日渐枯竭，造成了严重的灾难。这时，环境资本就日趋成为社会、城市发展的瓶颈制约，环境资本也就成为制约木桶容量中最短的那块木板。当今世界，城市集中了世界 50% 的人口，城市成了全球最大的人工生态系统，加之人类对城市生态建设的忽略，从而进一步恶化了城市的生态环境。这种现象在许多发展中国家表现得尤为明显，使城市的三种资本处于极不平衡的状态，环境资本存量大大低于物质资本和人力资本，而且随着城市的发展，人口与物质在城市的聚集速率不断加快，这种不平衡有不断加剧之势。因此，也日益成为制约一个国家和地区竞争力的重要内容。城市的发展就更是如此，由于人工生态系统具有明显的脆弱性、依赖性和开放性的特征，使城市的生产处于极不平衡状态，环境生产能力远低于其他生产能力，而且随着城市工商业的发展，人口与物质在城市的聚集速度加快，这种不平衡状态具有不断加剧的趋势。

改善和解决城市生态环境问题的根本在于要纠正人类自身对待环境的非理性的行为，在发展城市、建设城市的过程中尊重客观规律，使物质生产和人口生产遵循生态平衡规律，最大限度地降低人类活动对生态环境的负面影响。

物质资本和人力资本可以从城市之外引入，环境资本则必须依靠自己建设来积累，因此环境资本成为决定城市竞争力的限制因子。森林是地球陆地上最大的生态系统，将森林引入城市，让森林加入城市物质循环、能量流动的过程，势必将大大改善城市生态环境。发展城市森林是积累环境资本的主要途径，它成为现代城市竞争力的重要标志。由于森林在改善城市生态系统结构、功能等方面的重要作用，使森林成为城市形象和城市实力的象征，国外的实践已提供了有力的证明。城市森林能够有效地拉动环境消费，促进城市旅游业的迅速发展，直接增强城市的竞争力。在中国，虽然城市化进程落后于发达国家，也滞后于中国的现代化进程，但正在加快的城市化进程却有可能汲取发达国家的经验和教训，可以避免走先污染后治理再进行环境建设的弯路，发达国家在几百年、几十年的城市发展的实践中才悟出发展城市森林的道理，并创造了许多有益的经验。我们应借他山之石，大力发展城市森林，推进城市的环境建设，并把城市森林纳入城市总体规划，实现跨越式发展，促进城市的可持续发展和城市化进程进入良性循环的健康道路。随着经济全球化的发展，改善生态环境质量，美化城市形象，营造良好的生活、生产和投资环境，已成为提高城市综合竞争力的主要因素和根本保障之一。发展城市森林是世界城市建设不可逆转的潮流。

6. 城市森林是全面实现小康社会的重要特征

小康社会不仅体现在人们的经济收入水平和物质消费水准上，还应满足人们对居住的环境质量和绿色消费的需求。近 5 ~ 10 年是中国进入全面建设小康社会，向第三步战略目标前进的重要时期，为贯彻环境保护基本国策和可持续发展战略，坚持环境保护与经济协调发展非常重要。在经济发展中，通过促进经济结构优化和引导生产力方向，使资源得到永续利用，人民的生活得到改善。改善环境质量，提高人民的生活质量和健康水平是城市森林建设的根本目的。建设城市森林促进经济结构优化，促进环境与经济双赢，倡导生态效率，推动生态工业和循环经济的发展，才能从根本上使废物极小化，解决环境问题。在现代社会中，人们的工作乃至日常生活的节奏明显加快，都市生活环境日趋一致，在激烈竞争的环境中，一切都充满紧张和压力，城区内的森林公园为人们长期紧张的心态的缓解提供了良好的环境。人们进入森林，融于绿色之中，直接感受森林的观赏、娱乐消遣、疗养保健等多种功能，游憩林已成为人们工作之余理想的休闲场所。随着人们生活水平的提高和小康社会的全面建设，人们更加认识到身体健康的重要性，森林的多目标利用就成为城市森林发展的目标。

7. 城市森林是城市可持续发展的需要

城市可持续发展就是指其经济和社会发展不超越环境所承载的能力。随着社会、经济的快速发展和城市化水平的提高，城市面临一系列生态环境问题，如高层建筑林立，人口密集，热岛效应明显，水、土、气受到不同程度的污染。种种生态危机使人们认识到，城市环境问题是城市可持续发展的最大制约因素。城市森林作为城市生态系统中具有自净功能的重要组成部分，在保护人体健康、调节生态平衡、改善环境质量、美化城市景观等方面具有其他城市基础设施不可替代的作用。城市森林作为解决水、土壤、生物多样性问题的重要手段，已越来越受到高度重视，许多国家都把大力发展城市森林作为改善城市生态、提高环境质量的一项重要举措，如加拿大城市模式森林计划、英国城市森林计划、德国城市林业规划、日本城市保安林规划等。中国城市森林建设的总体水平与发达国家相比有着明显的差距。就规模而言，全美约有城市森林面积 $2800\times10^4hm^2$，占全国土地面积的3%；德国64个城市的人均森林面积为 $26m^2$(1988)；前苏联城市森林共有 $1900\times10^4hm^2$(1989)，占城市用地面积的22%；日本强调城市的近郊林及自然公园的建设，全国森林的10%位于城市周围。仅就城市绿化水平而言，中国城市树木的覆盖率、人均拥有绿地面积、城市中(特别是大城市)连片的大块的绿地数量、城市生物多样性(特别是城市野生动物的种类与种群)都比较低，城市的生态环境问题已严重影响了城市的可持续发展。因此，必须通过大力发展城市森林，逐步改善城市的生态环境，实现城市社会、经济的可持续发展。

总之，城市森林建设已成为21世纪城市生态建设的主要途径，发展城市森林是当今社会的主流。世界各国都把发展城市森林作为增强城市综合实力的重要手段，作为城市现代化建设和可持续发展水平的重要标志。把城市森林作为改善城市人居环境，提高人们生活质量和城市形象特征的重要手段，作为评价城市生态环境质量的标志和水准，作为实现环境与发展相统一的关键和纽带。中国的城市森林建设起步较晚，远落后于其他国家发展水平，要赶超发达国家，提高中国城市的综合实力和竞争力，就必须意识到问题的严重性和紧迫性，加大力度发展城市森林，增强环境意识，更新发展观念，建立起有利于环境、资源与经济协调发展的城市森林，改善城市生态环境，努力实现城市经济社会的可持续发展。2002年出版的《中国可持续发展林业战略研究总论》中明确指出：林业发展必须努力实现由以木材生产为主向以生态建设为主的历史性转变，这是中国林业发展史上的一项带有根本性的重大转变。提出了“生态建设、生态安全、生态文明”的战略思想，并把以建设城市森林为核心的“城市林业发展战略问题”列为10大战略性问题之一，其核心就是要加快城市林业发展步伐，建设城区绿岛、城边绿带、城郊森林，使城市生态环境建设由单一绿化型向生态绿化型转变，创造安全、优美、自然、舒适的人居环境。因此，建设城市森林已经成为21世纪城市生态环境建设的重要方向。

第五节　我国城市森林建设中存在的问题

我国属于发展中国家，从全国城市绿化的发展情况来看，仍然属于不发达水平。目前，我国城市平均绿化覆盖率仅为21%，人均拥有公共绿地面积 $5.3m^2$，远远落后于发达国家，也落后于联合国要求的力争世界城市人均绿地面积 $60m^2$，国际标准要求达到的50%的绿化覆盖率。以我国首都北京为例，至2013年年底，城市绿化覆盖率达46.8%，城区人均公共绿地面积为 $15.7m^2$；而世界上绿化较好的城市，人均公共绿地面积较高，比如，“世界绿都”华沙人均公共绿地面积达 $93.6m^2$，堪培拉 $70.5m^2$，斯德哥尔摩 $68.3m^2$，平壤 $47.0m^2$，华盛顿 $45.7m^2$，莫斯科 $44.0m^2$，巴黎 $24.7m^2$，伦敦 $22.8m^2$，布加勒斯特 $21.0m^2$，纽约 $19.2m^2$，差距是显而易见的。

中国现代城市建设正处于一个非常重要的转折点，国家把城市化列入了国民经济与社会发展的战略目标，并越来越重视环境保护和生态建设。2001年5月，国务院发布了《关于加强城市绿化建设的通知》，着重强调“城市绿化工作的指导思想，是以加强城市生态环境建设，创造良好的人居环境，促进城市可持续发展为中心”。国务院这一决策，对于推进我国城市环境建设，优化城市品质，促进社会、经济可持续发展，具有非常重要的意义。然而，从现实情况看，我们有关理论研究和技术准备均很不足，这里面既有社会经济和体制问题，也有人们的观念问题。因此，我们首先要对城市绿化建设存在的主要问题有一个全面清晰地认识，才能更科学地建设城市森林，改善城市生态环境。目前，我国城市森林面临的主要问题是：

一、缺少生态学指导，城市森林发展规划滞后

我国目前城市规划的指导思想，仍停留在工业时代的模式上，特别表现在长期贯彻执行"建筑优先，绿地填空"的思维与工作方式上。城市绿化用地指标十分紧张，绿地经常被规划师用作填充"不宜建筑用地"和建筑物之间间距，并美其名曰"见缝插绿"，很难形成科学合理、符合生态要求和市民生活需求的城市绿地系统。

从 19 世纪中叶的美国开始，西方学者从理论上探索了若干城市绿地系统的规划模式。其中许多模式需要有较大的用地规模，或依赖于一定的气候和社会环境，并不适宜四处套用。但是，在我国却常常见到套用固定模式解释城市绿地系统的现象。例如，在城市周边建设窄窄的二圈绿地，就称之为"绿环式系统"；有一、二块山地插入城市，甚至在城市的下风向，也被称之为"楔型系统"等。

另外，我国在改革开放前由于长期执行了限制城市发展的政策，导致城市化进程滞后。其后果之一是许多城市的绿地面积严重不足，城市生态环境很差。然而，近几年来规划工作又出现了一些不切实际的"绿地效益分析"，较为常见的现象是片面夸大单位面积绿地的固碳制氧生态效能，或者通过将城市远郊乡村绿地纳入计算，来掩盖城市建成区林木覆盖率的严重不足，给政府决策产生严重的误导。因此，许多城市的绿化建设都缺乏以生态学原理为指导的长远发展规划。

从我国城市生态环境现状和城市周边自然环境特点来看，选择建设完善的城市森林体系来改善城市环境、保证城市的可持续发展，是适合中国城市特点的生态环境建设道路。目前，城市森林发展在我国刚刚起步，许多城市虽然对城市森林生态环境建设的发展做了规划，但在主导思想上仍然是对建筑区周围修修补补式的园林设计为主，没有从整个城市生态环境建设的要求来考虑不同类型森林绿地的配置与布局，城市绿化建设仍然在重复过去老城区建设的路子。因此，城市森林建设规划应该是一个基于现实问题和长远发展的超前规划，这样可以尽早协调建筑用地和绿化用地的矛盾，避免一些老城市森林绿地建设先建后拆而造成的经济损失。所以，造成以下问题：

①城市森林、树木和绿地资源总量不足，质量不高。城市公共绿地偏低，远远落后于发达国家，难以满足城市可持续发展的要求。

②城市森林建设尚未完全纳入城市整体规划。城市森林业的发展滞后于城市发展速度，城市绿地和森林被征占和毁坏的情况还比较严重。

③城市森林结构不合理，特别是在树种选配上的树种单一。使许多城市形成"多街一树"的单调景观，立体绿化效果差，因而难以充分发挥三大效益。

④由于认识和技术上滞后，导致我国城市林业经营管理粗放。使城市森林生态系统在生物多样性、持续稳定性及再生能力等方面表现不良，对环境压力的承受力还很脆弱。尤其是由于我国体制上的特点，城市林业涉及林业、园林、环保、城建、土地等多个部门，

在关系及职能协调上尚存在一些问题，如产权、经营管理权属的划分等，给城市林业有序、稳定和持续的发展带来了障碍。

二、城市森林绿地结构单一，生物多样性降低

为了人类的长远健康、幸福和欢乐，人类必须依靠赖以生存的环境并与它和谐相处，明智地去利用自然资源。森林是以乔木树种为主体的一种天然或人工的植物群落，受环境因子的制约并能在一定程度上改变环境，在人类合理经营下能够快速地提供大量优质的林、副产品，并能改变自然面貌和气候条件。城市森林则作为森林在城市这一特殊人工环境条件下的有生命的城市基础设施，它体现了生态优先的原则，使林木在城市这种特殊人工环境下，形成以乔木树种为主体的植物群落，成为“生态健全”的城市环境的重要组成部分和衡量现代化城市的重要标志。它有利于改善日益恶化的城市生态环境和降低城市的热岛效应，是城市人工环境与自然融合的重要生态措施。

城市森林的重要性不言而喻，然而人们对城市森林还认识不足，往往片面热衷于视觉的景观效果、游憩功能。甚至认为森林与城市不能掺和，片面地咬文嚼字，过分强调部门与学科之见，不能够多学科参与，甚至在城市绿化中排斥“城市森林”，不能正确理解与认识在城市环境中，保护生物多样性根本离不开城市森林的客观现实。生物多样性涉及动物、植物和微生物拥有的遗传基因、物种和生态系统，所谓生态系统就是生物和它们生存环境的总和。

城市森林在植物材料应用上，对突出重点和提高多样性方面未做到辩证统一。往往一片林、一条路，一个园选择绿化植物材料比较单一，突出一、二种主要树种后，不注意丰富多彩的植物群落配置，乔、灌、花、草的广泛应用和常绿与落叶植物的搭配，以及在植物保护上，也往往忽视生物多样性。尤其对珍稀植物的重视不够，对植物群落的规划设计单一化，殊不知人类生存所必需的物质主要来源于生物的多样性。生物多样性是工业、农业、林业、畜牧业、渔业、医药业、旅游业乃至文化艺术等各行各业的重要组成部分，生物多样性是生物进化的结果，一个物种一旦消失，就不可能恢复。人类正在不自觉地破坏自己赖以生存的条件，认识生物多样性的重要性需要做广泛的普及工作。

①一个物种可以左右一个国家的经济命脉。如被称作骑在羊背上的国家——澳大利亚，由于通过羊的长期杂交、育种、改良，形成了质优、绒长、纺织性能好的优良毛种羊，使澳毛闻名于世，促进了澳大利亚国民经济的发展。

②一个遗传基因可以影响一个国家的盛衰。如墨西哥原有的玉米、小麦品种在成熟期，多遇大风，往往大面积倒伏，严重减产甚至绝收。为此，通过引进日本的小麦品种，分离出矮秆基因，创造出本国矮秆新品种，经推广应用产量大幅度提高，使墨西哥从粮食进口国变成出口国。

③一个优良生态群落的建立，可改善一个地区的生态环境。一个优良生态群落的建立，不仅可改善一个地区的生态环境，而且还能使经济、生产走向良性循环发展之路。如我国西双版纳热带植物园与地方合作，模拟热带环境推广“人工胶、茶群落”即橡胶树与茶树混交种植，让茶树覆盖橡胶树林下裸露的地面，起到对橡胶树的防护作用。一方面减轻了橡胶树的冻害，另一方面也减少了虫害。因为这一植物群落中有害虫天敌，无需使用农药，茶叶无污染，故取名生态茶，获得了橡胶、茶叶双丰收。这种人工群落现已在海南

岛得到大面积推广。

可见基因、物种和生态平衡与人类关系极大。但人类在漫长的历史长河中，目前应用生物的种类却极为有限，现在人类食用粮食的85%来自于20多种植物。实际上在25万种有花植物中经过驯化、改良，肯定能提供更多的食品。在5000种药用植物中，被广泛应用的才119种，由于发展中国家80%的药物来自野生动植物，可见开发利用前景广阔。

20世纪70年代以来，科学家们发现，自然界的生物由于工业化的发展，环境的污染，人们对自然资源的盲目开发和滥用，使自然界的生物正以空前未有的速度在减少，全球大约有15%~20%的物种在消失。

我国是一个生物种丰富的国家，又是一些重要物种的原产地。然而，在城市绿化中被利用的种类很少。绿化植物材料单调，植物群落结构单一，在保护繁育濒危的动植物方面也缺少有力措施，在植被复层混交、垂直绿化等方面未得到足够重视。

三、对森林生态效益重视不够，森林生态体系亟待完善

城镇绿化中引进一些适宜的树种是非常必要的，但相比之下使用乡土树种更为可靠、廉价和安全，因此这两者都应该受到重视。北方城镇受自然环境的影响，常绿树种资源有限，在冬季缺少绿色。因此很多城镇都非常注意常绿树种的引进。当然，从丰富城镇景观的角度来说，这是理所当然的做法。但如果我们转变一下观念，为什么北方城镇一定要像南方城镇那样四季常绿呢？使用一些具有北方特色的树种不是更能够体现北方的地域特点吗？退一步来说，即使有些常绿植物引种进来了，许多都处在濒死的边缘，更不要说发挥生态效益了。相反，一些具有鲜明地方特色的落叶阔叶树种，不仅能够在夏季旺盛生长而发挥降温增湿、净化空气等生态效益，而且在冬季落叶阔叶增加光照，起到增温作用。许多城市在绿化建设中，热衷于引进外国植物及新品种，却忽视乡土植物，尤其是“建群种”的应用。

在植物景观设计和生态环境建设中，不重视植物的生物学和生态学特征，片面追求视觉效果和美化效果，导致城市森林景观单调，缺乏自然特性，生态效益低下，不能充分发挥单位面积上应有的森林生态效益。从全国城镇绿化的现状来看，除了城镇森林公园、城郊片林等原生绿地体现了多树种、多层次的乔灌草结合的复层结构以外，在街道、广场、居民区、厂区等人工设计、构建的绿化模式中，品种单一，抗逆性差(病虫害、污染等)，甚至是仅为造景而造景的现象非常普遍，这类设计忽视了植物本身的生物学、生态学特性，与城市森林绿地建设自然化、生态化的趋势是背道而驰的。

另外，我国现阶段的城市绿化体系还不完善，基本上是局限于城市的建成区或近郊区的范围，难以满足城市生态环境建设的要求，更不能适应城市化的发展趋势。以北京为例，据中国环境监测站2002年3月26日透露，连续两次袭击北京的沙尘天气，给北京留下的沙尘高达5.6×10^4t。因此，北京的沙尘暴治理仅仅依靠北京市内的绿化建设是不行的，必须突破城区范围，加强郊区甚至北京外围地区的森林植被建设。沙尘进入北京地区的气流主要有3条路径：内蒙古善达克沙地→河北坝上→北京及周边地区；内蒙古朱日和→洋河河谷→永定河河谷；桑干河河谷→永定河河谷。

这些地区历史上曾是茫茫塞外草原，自然植物茂密，有“风吹草低见牛羊”的美景。由于近代人口北迁，农耕北上，人口迅速增加，人为的无度索取，导致自然植被难以休养

生息和恢复，土地沙化；还有为追求粮食产量和经济效益，无序地开垦草地、荒地、盲目追求牲畜头数，致使草地严重超载，土地生产力日趋下降。此外，修路、开矿、旅游等开发建设项目在建设中不注意生态保护，也是造成水土流失和土地沙化的重要原因。可见在国土大范围以内建立森林生态网络体系，是支撑城市有一个良好生态环境的重要举措。专家提出以北京为中心，建立“小三圈”和“大三圈”6 个绿色同心圆，设立 6 道绿色防线。沿着河道、公路、铁路、水系沿岸形成多条绿化带，与城区的绿化建设相结合，逐步建立起完善的森林生态网络体系，初步有效地遏制沙尘暴。目前仍存在两个方面的问题。

一是全民对城市森林业的参与和认识不足。目前城市森林业在城市可持续发展的作用还没有引起足够重视，城市绿地和城市森林环境对城市经济社会的影响还没有得到城市居民及全社会的认识，这是城市森林业可持续发展的重要障碍。

二是对城市森林业的宣传、教育不够。到目前为止，除了我国台湾大学高清教授在 1984 年撰写了《都市森林》外；我国内陆有一本《中国城市森林》方面的专著，其他有关“城市森林”和“城市林业”书籍也不少，但能作为教材使用的不多。辽宁林业职业技术学院编了一本《城市森林》自用教材，但在教材的使用方面，也变成了可有可无的选修课。各农业、林业高等院校开设城市森林课程的院校不多，同其他行业的宣传对比相差悬殊。

四、未能充分体现以人为本的中心原则

城市是人类改造自然，利用自然的结晶，是自然景观和人工景观的有机融合，是人类文明和社会进步的标志。千百年来，人类通过自己的聪明才智和开发利用自然的能力，建起了风格各异的城市建筑和日益方便的基础设施，记录了人类改造利用自然的伟业，促进了城市经济、社会的发展。现代城市，则体现了时代文明和科学技术的进步。但是，城市又是现代工业和人口聚集的地区，人口的过度集中和经济的快速发展，造成了城市生态环境恶化，反过来，又严重制约着城市经济社会的可持续发展。随着人民群众物质文化生活水平的日益提高，人们对环境质量要求也越来越高，城市生态环境问题日益成为社会关注的热点和焦点。

我们必须清醒地看到，从总体上城市绿量不足，城市绿化整体水平还不高；园林设计和养护管理水平还比较低；深受市民欢迎的小游园、小公园、小绿地还比较少；侵占绿地和人为破坏绿化成果的现象屡禁不止；绿化指标还比较低；城市绿地系统规划由于人为因素难以落实；在一些城市绿化意识不强，对搞好城市绿化的重视程度不够；绿化资金严重不足，绿化建设计划难以实现，现有的绿化成果也难以得到有效地维护和管理；园林绿化工作的机械化程度低，劳动强度大，职工的工作生活条件还比较差、待遇低，不利于职工队伍的稳定和城市绿化事业的发展。这些问题的存在，必须引起高度重视，这说明我们缺乏以人为本的指导思想。

城市是人类集中生活与工作的地方，城市绿化就是要为市民创造一个优良的生态健全的环境空间，同时也要为市民提供一个休闲、娱乐、活动的空间。城市公园的公益性、服务性较强，不宜过分地强调其经济效益，更不能以任何理由转让、拍卖。公园行业应始终贯彻“为人民服务”的思想，不断提高服务质量与服务水平，加强游园秩序管理、安全管理、落实安全责任制，面向群众，搞好服务，坚决杜绝游乐机安全事故的发生。

现在发达地区和一些沿海地区都拆房还绿、拆墙建绿、搬工厂建绿地，而一些城市，

尤其是一些欠发达地区却在想办法占绿地建房子，占公园搞开发，继续走发达地区走过的弯路。

以人为本的中心原则，就是要在城市绿化中：

①不盲目效仿，坚持科学规划，因地制宜，走特色之路。一些地方盲目照搬照抄，一度出现"广场热""草坪热""大树古树热"等等，这些做法是不尊重科学的。各地应注重发挥本地区、本城市的自然文化等自身优势，不拘一格创造特色绿化，走新路子，上新水平。

②不盲目攀比，坚持实事求是，逐步推进，走全民绿化之路。要按照"一切为了人民""一切依靠人民"和"三个代表"的思路，发动社会力量搞绿化，发动单位、居民从自己的家庭、单位庭院、居住小区开始搞好绿化，这是在城市当中点多、面广、量大的绿化难点。同时，抓好城市全民义务植树工作，注重搞好城市大环境绿化，要"不求快、不求大、不求洋"，尽量少搞一些混凝土建筑小品、雕塑，多建一些受人民群众欢迎的绿地、游园、公园。要求在普遍绿化上下功夫，在提高整体绿化水平上做文章，在大中型绿化骨干工程上求突破。

③不急于求成，走科技兴林之路。现代城市体现了时代文明和科学技术的进步，搞好城市绿化工作应与营造和谐的城市生态环境结合起来，逐步形成经济建设、环境建设与精神文明建设的良性循环，促进绿化事业发展。因此，要把市民的需要作为城市建设和城市绿化工作的第一信号。

当前，随着城市化进程的不断加快。面临的问题很多，城市人口快速增长，造成交通拥挤；城市用地紧张，市民拥有的公园绿地等空间相对减少；规划绿地被占用问题严重，居住区、城市繁华区、商业区的绿量日益减少；城市特色不明显，绿化整体水平不高等问题均比较普遍，迫切需要实践探索有效办法。

五、考虑国情市情不足，绿化缺乏地方特色

搞好城市绿化，是建设充满活力、富有竞争力的城市的重要基础。为了有利于提升城市品位，凝聚人气，吸收人才，促进科技、教育、文化等事业的发展；有利于树立城市对外开放的良好形象，改善投资环境，发展新兴产业，加快城市的经济发展，必须努力搞好城市绿化工作，创造优美、清新、健康、舒适的人居环境，才能更好地满足人民生活水平不断提高的需求。

从目前看，城市绿化要增绿扩量，提高绿地质量，逐步改善城市绿量不足，布局不合理，公共绿地减少的局面，因此必须因地制宜，量力而行，切不可盲目照抄经济发达国家在人少地多、经济实力雄厚基础上形成的人均高指标、高绿化率的目标。我国毕竟有13亿人口，现城市多由农田环抱，必须按照中国的国情，提出适当的绿化用地比例，并采用适合中国绿化布局之手法，以较少的绿地换取城市较大的生态效益。例如，我们一些城市往往忽视林水建设，甚至破坏城市水系，对绿带、绿网的建设不重视，一讲绿化就贪大求洋，盲目学外国，攀比经济发达国家的模式，搞大草坪、大广场。更有甚者，丢掉我国几千年的优良传统，抄袭国外的做法。当然，在一个城市适当搞一处欧式、美式园林也未尝不可，但遍地开花，到处建洋花园，所有城市几乎一个样，那必然会走到了事物发展的反面。

每个城市自然生态的山山水水都包含着许多必不可少的区域性文化要素，即文化生态。正是因为有了文化生态，我们的许多名城和风景区才会成为它们的现时形态。文化生态既表现了一个明确的空间关系，又表现出一种顺时序积淀而成的时间进程。它在物质上体现为自然山水与建筑人居景观的结晶，在精神上，是几千年历史文化的人文结晶。我们学外国的一些表现手法，绝不可丢掉我们宝贵的文化遗产，盲目抄袭欧式建筑、地毯式花坛、几何规则式的绿化带等，否则就导致各地多年形成的中国城市文化特色与地域特征丧失殆尽。

复习题

1. 什么是森林？森林有哪四大特征？
2. 简述森林组成。
3. 什么是林分？
4. 简述林分特征。
5. 什么是城市森林？
6. 简述城市森林业的范畴有两种划分方法。
7. 简述城市森林的特点。
8. 简述城市森林的基本定位。
9. 简述我国城市森林建设存在的问题。
10. 举例说明缺少生态学指导，城市绿地发展规划滞后。
11. 举例说明城市绿地结构单一，生物多样性降低。
12. 论述城市森林是中国城市生态建设的必然。

第三章
中国城市生态环境建设历程

城市的发达程度，往往是衡量一个国家和地区经济、文化、社会发展水平的重要标志之一。随着经济的发展，科学技术的进步，原有的城市规模在不断扩大，新兴城市越来越多，城市化已经成为人类社会经济技术发展的必然趋势。相继出现了旅游城市、工业城市、商业城市、港口城市、历史文化城市、经济发展特区城市等，但不管城市的类型和功能是否相同，城市的兴起和大规模发展在给人们带来方便和舒适的同时，也确实给人们的生存环境造成了许多不良的影响。

首先，城市的发展总是以牺牲自然环境为代价的。城市的发展，虽然只有5000多年，但这一高度人工化的社会生态系统，是对地球环境干扰最强烈、对自然界损害最严重的。“人”成为城市生态系统中的绝对优势生物，城市建筑越来越密集，大量的钢筋、水泥、砖瓦、玻璃、沥青以及人工合成材料，改变了天然的水文、土壤、地形地貌以及地上的一切自然生物，绿色空间和植被大量减少，是导致城市生态系统环境变化的重要原因。其次，由于城市无可非议地具有诸多的优势和方便，使得城市人口高度密集，高楼林立、道路纵横交错、工商企业集中、交通工具多种多样，城市成为一个特殊的生态环境。人们在生产生活中制造的废水、废气、废弃物、噪声、强光等，对环境造成了严重的污染，这不仅影响了经济的发展和社会的进步，也严重地威胁着城市居民的身心健康。

因此，城市居民对于回归较舒适的自然环境的要求越来越迫切，当城市内部的园林、绿地难以满足人们的需求时，发展城市周围的森林及绿地生态系统，发挥其改善人类聚居环境及提供人们野外游憩、娱乐等的社会功能越来越引起人们的重视(伴随着城市化过程而产生的，以创建良好的城市人居环境为目的的生态建设，就自然成为人类社会发展的必然趋势)。

第一节　中国城市绿化建设的发展

城市的发展过程，始终是一个“打破平衡、恢复平衡、再打破平衡”的动态过程。虽然城市规模的自然增长取决于聚集经济效益，但是城市生态环境优化却在于有意识地人为控制和引导。从1898年英国霍华德(E. Howard)的“田园城市”(garden city)、沙里宁的“有机疏散”、十人小组(Team X)的“丛簇模式”到“生态城市”“山水城市”，无不是追求人与城市、自然的和谐共生关系，力图消解城市的混乱、拥挤、环境的恶化等问题，通过合理地规划城市的结构和形态，有效地控制大城市的无序扩张和蔓延，达到城市可持续发展的目标。

中国城市生态环境建设具有悠久的历史，基于我国城市建设的不同阶段，对城市生态环境存在着由认识到重视，在城市生态环境建设中经历了探索、实践和总结的过程。

一、中国城市建设概况

中国古代“天人合一”的哲学观点，决定了中国古代城市从选址到建设都追求与自然的和谐共生。纵观中国古代人居环境发展的历程，园林与城市、造园与建城，始终相互交织，以私家园林和庭院绿化为载体的“城市山林”享誉全球。

20 世纪 50 年代后期，我国逐渐强调“控制大城市规模和发展小城镇”的方针，通过严格的户籍制度，禁止城乡、区际人口的自由流动，保护城市的发展。因此，30 年中(1949—1978)全国城市数量仅增加 61 个，城市化水平提高不到 5 个百分点。

改革开放以来，随着国民经济的迅速发展，城市的发展进入稳定增长期。1978—1997 年，城市数量从 193 个增加到 662 个，城市非农业人口从 7986. 66 万增加到 21 390. 83 万(国家统计局，1990、1999)。大量新设城市的出现，以及各规模级城市增长速度的差别使城市体系的规模结构处于变动之中。城市化迅速发展，城市生活和城市面貌发生了巨大变化，乃至改变了整个中国的面貌，2000 年我国城市化水平达到 36. 1%。

二、中国城市生态环境建设发展历程

在民国时期，1930 年就把孙中山先生逝世纪念日作为全国人民的植树节，开展全国范围的植树活动。1949 年新中国成立初期，这种追求以城市公园的大量兴建和改造私家花园的潮流，遍及大江南北、长城内外。

1980 年 3 月 5 日中共中央、国务院发出关于大力开展植树造林的指示，将大规模地开展植树造林，加速绿化祖国，作为一项重大战略任务。指出“农林牧互相依赖，缺一不可，居于同等重要的地位。水利是农业的命脉，森林能够涵养水源。植树造林是一项根本的农业基本建设，林业没有一个大的发展，我国农业是过不了关的。搞好绿化，对于防治空气污染，保护和美化环境，增强人民身心健康也有着重大意义”。要求“加速城市绿化建设，发动群众大力种树、种草、种花，管理好园林绿地，美化市容。城市附近的国有荒山荒地，要在统一规划下，实行机关、团体、学校、部队等单位分段包干，义务造林，由林业部门组织管护，或者谁造谁管谁有。也可以组织待业青年专业队，参加城市和郊区的绿化工作”。

1. 全民义务植树

1979 年，在邓小平同志提议下，第五届全国人大常委会第六次会议决定每年 3 月 12 日为我国的植树节。

1981 年 12 月 13 日，五届全国人大四次会议讨论通过了《关于开展全民义务植树运动的决议》。这是新中国成立以来国家最高权力机关对绿化祖国做出的第一个重大决议，规定“凡是中华人民共和国公民，男 11 ~ 60 岁，女 11 ~ 55 岁，除丧失劳动能力者外，均应承担义务植树任务。因地制宜每人每年义务植树 3 ~ 5 棵，或者完成相应劳动量的育苗、管护和其他绿化任务”。1982 年 2 月 27 日，国务院常务会议通过了《关于开展全民义务植树运动的决议》实施办法。从此，全民义务植树运动作为一部法律开始在全国实施(表 3-1、表 3-2)。

以河北省为例，河北省林业局绿化办公室统计数据表明，全省有林地面积达到

$365.54\times10^4hm^2$，林木蓄积 $7931\times10^4m^3$，森林覆盖率达到 19.48%，全省完成造林合格面积 $33.09\times10^4hm^2$。每年义务植树者从 1981 年的 900 多万人增加到如今的 3000 多万人。20 年来，全省共有 5.3 亿人次参加了义务植树活动，占全省应尽义务人次数的 85.2%，共植树 21.4 亿株，植绿篱 1250×10^4m，铺草坪 $1266\times10^4m^2$。全省全民义务植树工作逐步走上了"有组织、有基地、有登记卡""法制化、社会化、经常化"、义务植树与重点生态工程相结合的发展轨道。截至 2002 年春，全省各种类型的义务植树基地总数累计达到了 6900 多个，总面积超过 $16.67\times10^4hm^2$，共兴办基地产业 50 多个，取得了良好的生态、社会效益。

表 3-1　新中国成立以来全国义务植树情况

年　度	参加人数（万人）	完成情况		造林面积	
		总株数（万株）	人均株数（株）	本年度（$\times10^4hm^2$）	总数（$\times10^4hm^2$）
1982—1990	18 950	108 500	5.7		
1991	50 000	230 000	4.6		
1992	50 000	240 000	4.8		
1993	50 000	240 000	4.8		
1994	49 279.24	251 723.97	5.1	107.53	477.60
1995	52 141.23	252 732.5	4.85	241.65	381.92
1996	53 518.69	239 554.72	4.5	188.34	424.14
1997	54 227.45	258 859.62	4.8	196.38	601.73
1998	56 432.34	219 573.26	3.89	129.23	587.13
1999	58 652.31	243 900.63	3.62	92.41	587.13
2000	55 867.42	245 870.46	3.696	85.66	601.77

注：引自全国绿化委员会统计数据。

2. *形成城市绿地系统格局*

1990 年前后，许多城市结合各自的城市特色进行了绿地系统规划和实践。如上海市 1991 年开始编制《上海 2050 绿地系统规划》；南京市中心城区由于天然的地理条件和历史人文景观因素形成了条带式绿地系统模式；苏州市、三亚市利用水系网络形成了网格式绿地系统；杭州市利用周围的山、水等地形地貌形成的环绕中心城区的环状绿地系统；深圳市因地制宜利用绿地资源的天然状况形成了并列组团式城市结构间的平行楔状绿地系统；北京市、桂林市提出建设分散集团式城市结构间的放射状楔形绿地系统，将田园的优点引进城市，为城市发展提供秩序和弹性；合肥市利用自然条件和城市历史发展过程形成了环状和楔形相结合的绿地系统模式；江西临川市和四川乐山市沿用城市历史发展过程形成了城镇分散格局构想的绿心式绿地系统格局等。

3. *创建园林城市*

反思我国长期以来的城市建设的得失，很重要的一条教训就是使城市远离了大自然，如果说成功的经验，很重要的一条就是开展造林植树种草养花，大力开展城市园林绿化事业。

为了促进城市绿化事业的发展，改善城市生态环境，美化生活空间，增进人民身心健康，在 1992 年制定并实施了《城市绿化条例》。条例包括总则、规划和建设、保护和管理、罚则、附则共五章。总则第二条明确规定“本条例适用于在城市规划区内种植和养护树木花草等城市绿化的规划、建设、保护和管理”；第三条明确了城市绿化的地位——“城市人民政府应当把城市绿化建设纳入国民经济和社会发展计划”；第七条建立了管理机构“国务院设立全国绿化委员会，统一组织领导全国城乡绿化工作，其办公室设在国务院林业行政主管部门。国务院城市建设行政主管部门和国务院林业行政主管部门等，按照国务院规定的职权划分，负责全国城市绿化工作。地方绿化管理体制，由省、自治区、直辖市人民政府根据本地实际情况规定。城市人民政府城市绿化行政主管部门主管本行政区域内

表 3-2　2000 年全民义务植树统计

省（自治区、直辖市）	完成总株数（万株）	完成情况						与工程造林结合情况			人均植树（株）
		其中						各项生态工程植树总数（万株）	其中义务植树株数（万株）	义务植树所占比例（%）	
		植树（万株）		植绿篱（万延长米）		铺草坪（$\times 10^4 m^2$）					
		农村	城市	农村	城市	农村	城市				
总计	245 870.5	149 251	67 677.06	3315.86	6164.94	2658.82	5525.13	478 736.94	119 053.71	24.87	3.696 2
北京	1074.3		414.69				215	3000	500	17	3.51
天津	1154	1984	70			133.8	232.7				3.7
河北	12 349.5	8799.8	3209.7	30.3	421	16.6	608.3				3.9
山西	8100	4860	3240	1104	3592	359	120.75	12 814.7	6087.9	47.5	5
内蒙古	5726.79										4.53
辽宁	14 200	12 722	1477.8	1132	671.2	79.51	268	19 796	6947	35	7.5
吉林	5596	3451	1479	4.1	36.5	9.7	87.3	14 800	3108	21	4.8
龙江	10 692.9	644.9	2195	203.36	158.22	72.8	436.1	46 008	8131.7	17.1	4.8
上海	1642.72	787	826.7		96.17	194.04				2	
江苏	11 000	8500	1300	250	50	170	150	29 000	5000	17.2	3.5
浙江	6018	32 813	871	61.1	120.2	78.7	301.1	4608	1697.2	36.8	3
安徽	11 400	6000	3500	160	220	10	150	8000	6000	75	4
福建	7419.78	5315.99	1527.44	15.52	37.49	18.55	170.79	5787.4	1215.35	21	4
江西	9850.85	7230.72	1280.71	33.68	15.15	7.77	94.4	12 336.87	4388.14	35.57	4.77
山东	14 039	7800	5200	42.6	63.6	34.7	241.5	12 000	3600	60	3.5
河南	12 300	9303.5	2742	18.5	58.2	7.8	170	159.9	6738.5	42.4	3
湖北	12 667	8439	4230	10.2	17.6	4.5	60.5	9528.22	2480	25	4.7
湖南	12 439.33	8913.59	2313.46	27.43	135.92	48.98	224.32	11 098.3	1895.79	17	3.8
广东	10 712.7	6300	3185.8	89.7	286.7	53	331.7	9401.5	3292.5	35	3.9
广西	7146.55	121.9	4127.4	1.66	6.63	18.19	72.78	3585.6	1792.8	50	3.7
海南	1176.9	613.1	181.7	6.1	11.7	23.2	305.5	1977.3	256.6	13	5
四川	15 431	5450	9860	8.2	62.5	13.6	156.8	28 340	15 431	54	3.64
重庆	7100	6860	240	3.8	15.2	4.5	129	23 600	916	0.04	4.7
贵州	4231	3300	773		15	90	53	28 664	2646	9.2	3.8
云南	13 948.6	12 145.6	1803	91.52	18.15	1206.2	121.2	17 873.06	4086.4	22.9	607
西藏	655	550	105					1667	655	39	3.8
陕西	9018.1		8963		25		30.1	101 000	20 000	20	6.17
甘肃	8223	6821.62	1401.28	22.09	18.98	4.68	155.15	51 734.1	8223	15.9	6.3
青海	1261.44	614.6	307.4		5.6		333.84	1995.74	887.7	44.5	4.6
宁夏	1875	1657.92	217.08		0.61		32.87	1657.92	1657.92	100	6.6
新疆	7421	6786.1	634.9		5.62		272.43	2554.23	1419.21	45.56	9

注：引自全国绿化委员会统计数据。

城市规划区的城市绿化工作”。《城市绿化条例》的制定和实施，标志着我国城市绿化工作走上了正轨。

1992 年，建设部在全国范围内开展园林城市的创建活动，得到了各地政府的积极响应。到 1998 年，全国城市绿化覆盖率达 26.56%，人均公共绿地面积达到 6.1m^2，北京、合肥、珠海、杭州、深圳、马鞍山、威海、中山、大连、南京、厦门、南宁、青岛、濮阳、十堰、佛山、三明、秦皇岛、烟台 19 个城市先后被评为“国家园林城市”，上海市浦东区被评为“国家园林城区”。全国城市文明程度有很大程度地提高，市容市貌大有改观，城市生态环境明显改善。

为做好创建国家园林城市工作，进一步规范国家园林城市的申报、考核及有关管理工作，2000 年建设部制订并颁发了《创建国家园林城市实施方案》《国家园林城市标准》。在《创建国家园林城市实施方案》中明确提出“以党的十五大精神为指导，认真贯彻落实党中央、国务院关于城市生态环境建设、城市可持续发展、城市建设及城市绿化工作的方针政策，以提高城市生态环境质量为目标，调动全社会力量参与城市园林绿化建设，创建国家园林城市，实施城市可持续发展和生物多样性保护行动计划，不断提高城市规划、建设和管理水平，促进经济、社会发展”的指导思想。在《国家园林城市标准》中规范了组织管理、规划设计、景观保护、绿化建设、园林建设、生态建设、市政建设等内容及评定指标。在规划设计上要求“完成编制城市绿地系统规划，获批准并纳入城市总体规划，严格实施规划，取得良好的生态、环境效益”“城市公共绿地、居住区绿地、单位附属绿地、防护绿地、生产绿地、风景林地及道路绿化布局合理、功能健全，形成有机的完善系统”“编制完成城市规划区范围内植物物种多样性保护规划”；在景观保护方面必须“突出城市文化和民族特色”，即保护城市的文脉；在绿化建设方面提出指标管理、道路绿化、居住区绿化、单位绿化、苗圃建设、城市全民义务植树、立体绿化等 7 个具体的建设内容，其中“城市街道绿化按道路长度普及率、达标率分别在 95% 和 80% 以上”“市区干道绿化带面积不少于道路总用地面积的 25%”“全市形成林荫路系统，道路绿化、美化具有本地区特点。江、河、湖、海等水体沿岸绿化良好，具有特色，形成城市特有的风光带”等；在生态建设上要求达到“城市大环境绿化扎实开展，效果明显，形成城乡一体的优良环境，形成城市独有的独特自然、文化风貌”“按照城市卫生、安全、防灾、环保等要求建设防护绿地，维护管理措施落实，城市热岛效应缓解，环境效益良好”等具体条件。

事实证明，创建园林城市，发展城市园林绿化事业，是城市建设发展的必然的阶段性需求，是满足广大居民的需求、改善生态环境及时代发展趋势的需要。

三、不同历史时期的代表理念

1. 无山不绿，有水皆清

“无山不绿，有水皆清，四时花香，万壑鸟鸣，替河山装成锦绣，把国土绘成丹青。”这是中国第一任林业部长梁希先生的名言，是梁希先生的梦，也是中国林业工作者的梦。

20 世纪二三十年代，中国森林生态学还没有形成系统的学科，人们对森林的效益和林业经营的意义认识还比较模糊，经营林业的方法也不科学。但梁希根据观察与切身体会，对森林生态学的观点已有了基本认识，并反复宣传这些观点，提出全面发展林业的经营方向。森林与环境这个生态系统对人类生活密切关系和对经济生活的作用，早在 1929

年梁希撰写的《民生问题与森林》一文中就作过精辟的论述，他指出人类早在猴子时代就生活在森林中，“森林是人类的发源之地，人类所以发展到现在地步，都是森林的功劳”。后来农、林分业，“农家管着‘衣’‘食’，林家管着‘住’‘行’。所以那个时代的民生问题，一半是靠着农业，一半是靠着林业。”到了19世纪，“森林不但管着‘住’‘行’，而且管‘衣’‘食’的一部分。国无森林，民不聊生”。“我们若要教我们做东方的主人翁，我们若要把我们中国的春天挽回来，我们万万不可使中国五行缺木，万万不可轻视森林。”梁希从历史到现实非常深刻地分析了森林和民生的关系，体现出森林综合效益的基本思想。

进入20世纪50年代，梁希把森林的作用提到了更高的地位。多次讲话著文论述森林与农业、森林与工业、森林与环境的多方面的关系，科学地论证森林可以防止旱灾、防止水灾、防止风沙灾害，深刻分析了森林主产物(木材)对工业建设的作用，详细地阐明了森林副产物对人民生活的作用。他特别关心的是森林与农业、森林与水利的关系。1958年，他又在《旅行家》杂志上发表文章，指出“造林就是保水保土的最有效而且最经济的办法”，造林后就会“万山留有甘泉，森林就是水库”。“而且由于山区防止水土流失，还可庇护农田，减免灾害，保障农作物的丰收。”“由于森林资源的增加，出产的木材又可支援工业建设。所以林业建设是国家社会主义的重要建设之一。”他还归纳提出林业的目的就是“一部分为农服务—保护农田水利；一部分为工服务—保证供应各种工业原料及建筑用材”。梁希根据多年观察研究的结论是：“水保是治黄之关键，森林改良土壤是水土保持工作中基本环节之一”“造林是保水保土最有效的途径”“林业是农业的根本”“林业是国民经济建设中不可缺少的重要组成部分”。梁希早年这些对森林的功能和森林作用的理论和基本认识。对当前的林业建设仍有很重要的指导意义。

梁希基于新的林学理论，产生了新的林业经营思想，提出了全面发展林业的经营方向。他针对中国森林资源奇缺，自然灾害频繁的现状，极力主张发展林业不能只砍木头，必须普遍护林，大力造林，增加森林资源，提高覆盖率，全面满足社会经济对林业日益增长的需要。他在许多著作中多次讲到，既要满足人们对林、副产品的需要，又要满足全社会环境美化的需要。他在1948年视察台湾林业时就提出了经营台湾林业“应有一最合理之经营系统，则林木生长可以增进，经济价值可以提高，恒续作业可以保持，使该事业得以发展，经济得以繁荣”。梁希任林业部部长后，在党和政府发展林业的方针指导下，对全面发展林业的经营思想又有了新的发展。1949年，他在一次林业座谈会上提出：“伐木务需依照一定计划，伐木必须注意某地点之应伐与不应伐，而不专顾某地点之便于伐与不便于伐，就是说，按照预定的施业方案进行，才是正理。”在1950年2月首次全国林业业务会议上，梁希根据大家的讨论，并和林业部其他领导人研究，提出了建国初期林业方针任务是：“普遍护林，重点造林，合理经营森林和采伐利用森林。”梁希还多次提出全面营造各林种的计划，其中包括用材林、防风林、防洪林、薪炭林、果木林以及特用经济林等。1950年，梁希又在西北农业技术会议上提出了“有计划有步骤地在西北建设防沙林带和黄河水源林”“在宁夏东边、甘肃北边……筑起一道绿的长城，制止沙漠的南迁”。1951年，他在中国人民政治协商会议第一届全国委员会第三次会议上又提出在西北东北西部造成大规模防沙林带的设想，为今日建设的三北防护林定下了基调。1956年，他在《青年们起来绿化祖国》一文中进一步提出了“要绿化村庄，绿化道路，绿化河岸，绿化城市。要绿化中国的山，从而绿化中国的水”。梁希营林思想的要旨是全面造林，彻底消灭荒山、绿化全中国，争取做到“全国山青水秀，风调雨顺”，从而实现他早年就提出的“黄河流碧水，赤地变青山”的理想。

为了实现这一目标，梁希认为一是要向自然开战，二是要与人们的传统经营方式斗争。他非常明确地反对毁林开荒，指出：“开垦山坡不能增加社会总产量，被开垦的土地充其量不过在最初一、二年内略有增产，可是陡坡开垦必难久保，迟早要造成山坡光，河川恶，坡地变石地，川水变沙田，走到山穷水尽，不可挽救的地步。”1956 年，他在全国人民代表大会一届三次会议上提出建议：“只有搞好山区规划，特别是做好合理利用土地的规划，解决农、林、牧之间的矛盾，才可以给群众指出美丽的远景，才可以防止群众滥垦山地。”中共中央在制定《全国农业发展纲要》时，采纳了梁希的主张。

梁希这一整套关于全面发展林业的指导性意见，经中央同意，由林业部统一安排，在全国加以推行。50 年代，全国林业工作出现了新的局面，中国人工造林面积大幅度增加，人工造林的质量好，成活率高。全国各地群众在那时所造的林木，现在都已郁郁葱葱蔚然成林。

梁希把绿化全中国的愿望和科学道理，用形象感人的词句表达出来。他在《让绿荫护夏，红叶迎秋》一文中，歌颂祖国的明天，歌唱为之献身的事业：“绿化，这个词太美了，山青了，水也会绿；水绿了，百川汇流的黄河也有可能渐渐地变成碧海，这样，青山绿水在祖国国土上织成一幅翡翠色的图案……林业工作是做不完的，绿化要做到栽培农艺化，抚育园艺化；要做到工厂如花园，城市如公园，乡村如林园；绿化，要做到绿荫护夏，红叶迎秋……这样，中国 960 万平方千米的国土，全部都成一个大公园，大家都在自己建设的大公园里工作、学习、锻炼、休息、快乐地生活。”这是多么令人神往的美妙境界。他深知，要想实现这个远大目标，不是几个人、几十个人能完成的，必须唤起民众共同奋斗。因此，要广泛地宣传林业的重要性，要发动人民群众参加植树造林运动，他利用各种场合、机会做林业的宣传普及工作。

1980 年 3 月 5 日中共中央、国务院关于大力开展植树造林的指示，提出“实行大地园林化，把森林覆盖率提高到 30%，是全国人民一项建设社会主义、造福子孙后代的长期奋斗目标。第一步，到 20 世纪末，要力争使全国森林覆盖率达到 20%。要坚韧不拔地抓好西北、华北北部和东北西部防护林体系，华北、中原、东北等地的农田林网化和‘四旁’绿化，南方、北方的速生用材林基地和以木本油料为主的经济林基地，东北等地区的迹地更新等重点建设”。

2. 生态园林

1986 年，中国园林学会在温州召开的“城市绿地系统，植物造景与城市生态”会议，从保护环境、维护生态平衡的观点出发，就园林绿化建设，提出了生态园林的概念。

1989 年初，上海市绿化委员会和上海市园林管理局有关领导和技术干部根据 40 年园林建设经验和问题，学习生态学理论和温州会议的有关论文，研究如何把生态学园林与园林绿化实践相结合，提出了建设生态园林的设想和实施意见，得到上海市领导的大力支持和重视。1990 年上海市科委下达了“生态园林研究与实施”课题，由上海市园林管理局承担。两年中，该课题以生态学、景观生态学、生态经济学等原理为指导，在继承和总结传统园林的基础上，对生态园林的兴起、范围、定义、内容、经济等进行了系统的理论探讨，并建立了试验示范区，为生态园林理论研究和具体实践奠定了基础。1990 年，上海市绿化委员会汇编出版了《生态园林论文集》。1992 年，课题鉴定时，鉴定专家组一致认为该课题的研究为我国园林建设事业开创了新局面；1993 年《园林》杂志社出版了《生态园林论文续集》。程绪珂 1993 年提出“生态园林是继承和发展传统园林的经验，遵循生态学的原理，建立多层次、多结构、多功能的科学的植物群落。建立人类、动物、植物相联系的新秩序，达到生态美、科学美、文化美和艺术美。以经济学为指导，强调直接经济效益与间接经济效益并重。应用系统工程发展园林，使生态、社会和经济效益同步发展，实现良性循环，为人类创造清洁、优美、文明的生态环境”。

建设生态园林就是要继承我国传统园林的精华，达到“古为今用”，也要吸收世界各国风景园林中适合我国国情的有益经验，做到“洋为中用”。在内容上，生态园林建设要求将改善环境的生态效益同社会效益相结合；并紧密结合当地的历史、文化、古迹以及动植物资源；紧密结合生态条件，因地制宜，因城而异，创造具有地方特色和风格的园林，避免千篇一律。要求建设大块绿地，以绿色植物材料造园、造景为主，减少建筑比例，融科学、生态、艺术、文化娱乐、游憩为一体的园林建设，才符合人们对环境的综合需求。

生态园林从客观上打破了城市园林绿化的狭隘的小圈子、小范围的概念，打破了孤立的城市小环境绿化的概念。在范围上远远超过公园、风景名胜区、自然保护区的传统观念，还涉及社会单位绿化、城市郊区森林、农田林网、桑园、茶园和果园等起到调节城市生态环境的一切绿色植物群落。实行城乡一体化的大环境绿化，紧扣改善和提高生态环境的战略目标，形成绿点、绿线、绿面、绿带、绿网、绿片的生态园林体系，逐步走向国土治理，使园林绿化成为人类环境工程中具有相对独立性的一个体系。

生态园林建设的根本目的，一是为人们提供赖以生存的良性循环的生活环境；二是建立科学的人工植物群落结构、时间结构、空间结构和食物链结构，充分利用绿色植物调节生态平衡；在绿色环境中提高艺术水平，提高游览观赏价值，提高社会公益效益，提高保健休养功能等；为社会成员提供更高层次的文化、游憩、娱乐空间和人们生存发展的生态环境。

陈自新(1993)认为，在构成特征上，生态园林具备以下几个基本特征：生态性、景观性、多样性、经济性、综合性。

生态性是生态园林科学性的基础，人工植物群落的生态性是顺应组成群落的植物的适应性和植物之间的竞争、共生及他感作用进行合理配置的科学体现。符合自然植被演替规律，是生态园林建设的基础和核心。

景观性是生态学与美学结合的体现，生态园林的景观性应该体现出科学与艺术的和谐结合。对景观的合理设计应源于对自然的深刻理解并符合自然规律，综合考虑不同土壤、地形、气候等对植物的影响及植物间的相互关系，融合园林美学，从整体上更好地体现出植物群落的美，并在维护这种主体美的前提下，适当利用造景的其他要素，来展示园林景观的丰富内涵。

多样性是尊重自然规律的标志。植物种类的多样性和动物种类的丰富性在生态园林中具有同样重要的地位，对“鸟语花香”的追求一直被人们认为是更胜一筹的园林意境。保持群落内生物的多样性，有助于增加群落的稳定性。

经济性是对生态园林价值的合理认定和延伸。生态园林的经济性是强调体现于园林工程使用时间的长久性。

综合性是人对环境需求的准则。一般所提的生态效益，多是指净化环境的效益，是从改善人体生理健康的角度服务于人类；景观效益也不是孤立地提倡美化，而是通过景观的改变从改善人体的心理机能和精神状态方面服务于人类；游憩效益则是从改善人的行为方式和行为质量方面服务于人类。三者致力的目标，都是追求人与环境的协调，实质上是以人为主体的生态问题。融科学、艺术、文化美为一体的园林建设，才更符合人与环境的关系中人对环境综合因素要求的生态准则。

在建设生态园林的思想和理论指导下，北京、石家庄、重庆、中山、包头、西宁、深圳、青岛等城市陆续开展了具有各自特色的生态园林建设实践，并取得了良好的效果。

生态园林建设在我国城市绿化建设进程中具有划时代的重要意义，可以称之为我国城市绿化由追求美学艺术效果转变为重视绿化的生态功能等综合效益的转折点，是使城市绿化建设成为城市居民服务、提供良好居住环境的手段和措施的里程碑，使绿化与城市成为不可分割的有机体。从此，城市绿化成为城市综合系统中一个重要组成部分。

3. 山水城市

1993 年 2 月 1 日，《光明日报》报道了钱学森同志提出建设山水城市的设想，钱学森同志指出：“我看到北京市正在兴起的一座座长方形高楼，外表如积木块，进到房间向外望，则是一片灰黄，见不到绿色，连一点点蓝天也淡淡无光。难道这就是中国 21 世纪的城市吗！”钱老认为，未来的中国城市，应该发扬中国园林建筑的特色与长处，规划师、建筑师要研究皇帝的大规模园林，如颐和园、承德避暑山庄等，把未来城市建成为一座超大型园林，他称其为“山水城市”。

“山水城市”的概念，指出“人离开自然又要返回自然。社会主义的中国，能建造出山水城市式的居住区”，认为中国的城市应该走山水城市的建设方向和道路。

1993 年 3 月 4 日，《光明日报》以“挥起绿色巨笔改写一片灰黄，建筑界呼吁改善城市生态环境”为题，报道了中国城市科学研究会、中国城市规划学会和中国建筑文协环境艺术委员会在京邀集建设文化界专家讨论山水城市的建设问题，展望了 21 世纪中国城市的发展方向。他们认为，在我国经济加速发展的同时，切实改善生态环境，提高环境质量已刻不容缓。钱学森同志又再次指出：“山水城市的设想是中外文化的有机结合，是城市园林和城市森林的结合。社会主义中国 21 世纪城市构筑应以山水城市为模型，全面改善居民的生活环境。”钱学森同志的这些观点，揭示了具有中国特色的社会主义城市的研究方向和建设方向。

周干峙(2000)认为从理性的角度，山水城市是一种理念，“一个学术思想”，不同于一个具体的设计项目，在一种思想理念下，形式可能是多种多样的。强调城市不能破坏生态环境，不能破坏自然环境，首先就要处理好人工环境与自然环境的关系，处理好山与水的关系。山水城市问题是长远的，不是一时一世的。从历史、文化的角度看，“山水城市”很好地概括了我国的城市特色，我们的城市很少有离开山、离开水的。

吴良镛(2000)认为“山水城市”可以理解为城市要结合自然。强调城市的山水，有生态学、城市气候学、美学、环境科学的意义。山与水是自然的代表，如“青山绿水”勾画出美好的自然环境，反映了人们对美好自然环境的向往和我们改造自然的努力方向。山水城市的提出，还有其特殊的文化意义，即中国山水文化、山水美学的意义。

4. 生态城市

生态城市的提出是基于人类对生态文明的觉醒和对传统工业化和工业城市的反思，生态城市的生态不是纯自然的生态，突破了狭义的生物学概念，而是包含了自然、社会、经济复合协调共生、可持续发展的含义，体现在人与自然、人与人、人工环境与自然环境、经济社会发展与自然保护之间的和谐，寻求建立一种良性循环的发展新秩序；生态城市的城市 已经不是一般概念的城市，而是以一定区域为条件的社会、经济、自然综合体，在地域空间结构上生态城市不是“城市”，而是一定地域空间内的城乡融合、互为一体的区域城市或开放系统。

和山水城市、园林城市等概念不同，生态城市是人、自然、环境和谐发展的形式，是城市物质文明和精神文明高度发达的标志，也是城市经济、文化和科技发展的必然结果。山水城市、园林城市、花园城市以及环境保护、园林绿化建设等与生态城市的目标既有区别，又有联系，它们都有特定的科学内涵、目标定位与建设侧重，从科学的意义上说前者并不等同于后者，但在遏制生态退化、改善城市环境质量、丰富城市景观、提高市民文化素质与生活质量方面都有重要的功效，都能在城乡生态化的进程中发挥重要的作用，都应该加以提倡和鼓励，异曲而同工，殊途而同归，以形成中国百花绽开、万紫千红的城市建设风貌与特色。

中国幅员广大、地域辽阔，生态环境条件千差万别，城市与区域发展水平也相差悬殊，因此，生态城市的规划建设不可能是单一的发展类型和发展模式，应根据不同地区、不同城市(镇)的具体条件，来制定适合于自身特点的生态化发展策略与创建各具特色、多种类型的生态城市规划、建设的发展模式。

生态城市的规划与建设应遵循自然生态规律与城市发展规律，以持续发展为目标、以生态学为基础、以人与自然和谐为核心、以现代技术为手段，综合协调城市及其所在区域的社会、经济、自然复合生态系统，以促进健康、高效、文明、舒适、可持续的人居环境的发展。

湖北省宜昌市从1986—1991年开展了生态城市的试点建设，并取得了良好的效益，马鞍山市也于1996年完成了生态城市规划。近年来，上海、天津、哈尔滨、扬州、常州、成都、张家港、秦皇岛、唐山、襄阳、十堰、日照等市纷纷提出建设生态城市的目标，海南、吉林两省提出了建设“生态省”的奋斗目标，并开展了广泛的国际合作和交流。

生态城市的建设过程，就是一个不断实践、创新和解决矛盾的生态化发展过程，也是生态城市学理论形成与完善的过程。生态城市的建设不仅是自然与社会物质空间的创造过程，更是新文化、新观念、新经济、新秩序的建立过程，因此，生态化的理念应贯彻到城乡规划、建设与管理的全过程，并且需要做出长期不懈的努力。通过生态城市的规划、建设与管理，不仅改造了现有人类住区的弊端，完善人类住区的形式与功能，同时也改造了人类自己。

20世纪90年代初，我国公布了《全国生态环境建设规划》，规划为期50年，要求各地结合实际编制生态环境建设规划。从1995年起，我国开展了生态示范区的试点工作，到1999年，共建立生态示范区222个。

生态热中也有冷思考。虽然在新一轮城市规划中，更多的城市提出了建设“生态城”，但是，重庆大学黄光宇(2001)指出，当前我国生态城市的规划和建设仍处于初始发展阶段，有关生态城市的理论、规划思路、设计方法和管理机制还不够成熟，它需要生态学理论的指导和城市规划、环境保护、园林景观等多学科专家的参与，需要全体市民的积极投入。

5. 森林城市

改革开放以后，随着社会的发展和进步，我国的园林艺术得到了迅速地发展。同时随着城市规划扩大，工业生产的发展，城市生态环境问题也日益显现出来。人们开始认识到城市绿地和园林在保护城市生态环境方面的重要作用，因而逐渐把园林和绿地相结合起来，形成了园林绿地学分支学科。园林绿地不论在规模和功能上都有了根本性的变化。由单一功能，转变为复合多功能，规模也从局部的园林景点扩大到街边、工厂、居民区等地。但园林绿地从概念和范畴上看，仍属于园林学的范畴。园林绿地只是城市生态系统中的一些点和面，不能形成一个完整的、有机的城市绿色生态系统。而城市森林的内涵已远远超过城市绿化园林化的范畴。城市森林正是把过去在其他学科中呈孤立的点、片分布的林木，其他动植物及其相关设施纳入一个整体的全局性的动态系统中，在更积极的意义上探讨城市各类森林、树木、绿地及其他植物构成形式(公园、森林公园、自然保护区、街区绿化点、街道绿化带、庭院绿化、工商业区绿地、道路绿化带、城郊隔离片林等)对调节城市生态系统能源、物流、环境质量、居民身体健康、心理状态等等方面的作用，以及对这些城市森林、树木、绿地及其他植物的栽培、养护、管理和经营。因此，我国从20世纪80年代末到90年代初开始引入城市林业的概念，并开展了一些有益的探索。

20世纪80年代末，林业部门和园林部门不谋而合地分别提出城市林业和生态园林的口号，园林要冲出城区发展到郊野，林业要渗入城市并为城市服务。1986年中国园林学会在温州召开的《城市绿地系统植物造景与城市生态》学术讨论会上提出生态园林这个名词；1988年抚顺市提出建立森林城市方案，但并未实施；1989年上海提出建设生态园林的设想和实施意见，并在黄浦区竹园新村、普陀区甘泉新村、浏河风景区、外滩、宝山钢铁总公司试点；1989年中国林业科学研究院开始研究城市林业的发展状况；1990年9月，国务院研究发展中心在上海举办了生态园林研讨班，对生态园林的指导思想、原则、理论、标准和类型提出了建议；20世纪90年代初上海市建委下达了“生态园林研究与实施”的课题；1992年国家科委和北京市科委联合下达了八五攻关课题“园林绿化生态效益的研究”，由北京市园林科研所和北京林业大学承担，主要研究城市片林，专用绿地和居住区的绿化的生态效应及植物配置的合理性；1992年中国林学会召开首届城市林业学术研讨会；1994年成立中国林学会城市林业研究会，中国林业科学研究院设立城市林业研究室；1994年内蒙古自治区科委下达“内蒙古环保型生态园林模式研究”课题，由包头园林科学研究所承担，主要研究工厂绿化如何提高环境效益；1995年全国林业厅局长会议确定城市林业为“九五”期间林业工作的两个重点之一，林业部长徐有芳指出大力发展城市林业势在必行；1996年，北京市林业局和林业部共同下达“北京市城市林业研究”项目，由北京林业大学、北京林业局共同承担，研究北京市城市林业可持续发展战略，主要包括北京市城市林业概念与范畴的界定，北京市城市林业的结构与功能，北京市城市林业的发展模式，21世纪北京城市林业发展规划设想等。这些研究为我国城市林业的发展和城市森林的类型划分、营建、经营管理等在理论上起到了奠基性和开拓性的推动作用，在实践上起到了一定的规范性和指导性的决策作用。

我国城市森林建设始于20世纪80年代，相对于欧美国家起步较晚，但是也给予了相当的重视。在国家相关部门的推动下，很多城市纷纷响应。为积极倡导我国城市森林建设，激励和肯定我国在城市森林建设中成就显著的城市，为我国城市树立生态建设典范，从2004年起，全国绿化委员会、国家林业局启动了"国家森林城市"评定程序，并制定了《"国家森林城市"评价指标》和《"国家森林城市"申报办法》。同时，每年举办一届中国城市森林论坛。2004年，中共中央政治局常委、全国政协主席贾庆林为首届中国城市森林论坛作出"让森林走进城市，让城市拥抱森林"重要批示，成为中国城市森林论坛的宗旨，也成为保护城市生态环境，提升城市形象和竞争力，推动区域经济持续健康发展的新理念。

由《城市绿化条例》《国家生态园林城市标准》《国家森林城市评价指标》的制定，各方面对森林、生态平衡是城市可持续发展的根本达成共识，而"森林城市"建设对生态平衡的作用是显而易见的，城市森林的理论研究和实践都在不断深化。全国已经有22个城市被授予"森林城市"称号。

我国城市森林发展理念日渐清晰，通过近40年的研究与实践，符合中国特色的城市森林建设指导思想"森林环城、林水相依"的城市森林建设理念得到广泛认同，即实现在整体上改善城市环境、提高城市活力的城、林、水一体化城市森林生态系统。

从1995年开始，北京林业大学陆续招收了一批城市林业研究方向的硕士和博士研究生，并从1996年率先开始为研究生开设"城市林业"专题讲座。内蒙古农业大学林学院从1996年开始为林学、生态环境工程等本科生开设"城市林业"专业课程。北京林业大学从2000年开始在全校开设"城市林业"选修课，2005年辽宁林业职业技术学院开始在林学系开设"城市森林" 选修课，2007年辽宁林业职业技术学院自编一本校内教材，并在林学系开设"城市森林"课程。

第二节 风水园林对城市森林建设的借鉴作用

一、城市选址

人类的文化思想总是与其所在的地理环境中的生活实践相联系的。中国人眼中的现实世界不同于西方人的现实世界，风水正是"中国人的一种认识世界、感知世界和处理现实世界的一种方式(Feuchtwang，1974)"。风水对中国人的生活产生的深远影响，它超越于西方的价值观念和理论体系之外。风水，是原始文化的延续，其中既包括有朴素的合理的内涵，又混杂有非科学的、神秘的内容和外衣。对于风水问题，关键在于从文化的历史发展观点，来取其精华，去其糟粕。从科学的、唯物的观点分析风水这一传统文化，多数学者认为，其内容反映了人类根据气候、地貌、水文、土质、植被等自然条件的特点及其地域的组合，来寻求理想的生活环境与居住区位。

一般认为，风水理论是古代先民在选址和规划经营城邑宫宅活动中的基本追求，是审慎周密地考察自然环境，顺应自然，有节有制地利用和改造自然，创造良好的居住环境而臻于天时、地利、人和，诸吉兼备，达到天人合一的至善境界。

风水说中始终强调一种基本的整体意象模式："左青龙，右白虎，前朱雀，后玄武"。

这一意象模式的理想状态是“玄武垂头，朱雀翔舞，青龙蜿蜒，白虎驯俯”(《葬书》)。就山地而言，这一理想意象模式所对应的理想景观为“穴场坐于山脉止落之处，背依绵延山峰，俯临平原，穴周清流屈曲有致，两侧护山环抱，眼前朝山，案山拱揖相迎”(图 3-1、图 3-2)。

图 3-1　理想风水的意向模式
(引自俞孔坚，1998)

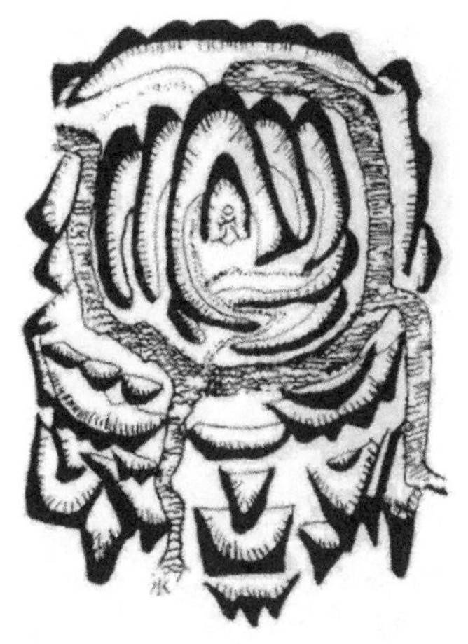

图 3-2　理想风水的景观模式
(引自俞孔坚，1998)

俞孔坚(1998)认为风水表达了中国人内心深处的理想景观图式。在不同的背景下，产生的理想景观模式，如昆仑山模式、蓬莱模式、壶天模式、陶渊明模式、山水画中的理想可居模式和统计心理学模式等，却具有一些共同的结构特征，理想风水模式则综合了上述各种模式的所有结构特征，并通过一些具有象征意义的符号(如亭、塔等)来弥补，强化某种结构。除风水模式外，各种理想景观模式显然都是超越现实的。无论是否带有某种物质与社会的功利性，这些理想尽管都只是虚构的，处于一种不可及的理想状态，它们似乎来源于中国人内心深处的一个共同的图式。而风水模式则表达了这种图式并试图在现实环境中实现这种理想图式，渴望因此会带来现实社会与社会功利目的的最大满足(福禄寿喜，子孙满堂等)。

因此，阴宅、阳宅、村落的选址和规划中，最基本的理想模式为枕山、环山、面屏，并通过一些具有象征意义的风水小品，如亭、桥、阁、塔、门和风水林，池塘等来使自然风水结构达到理想化。

城市的理想风水模式本质上与村落风水模式及葬穴模式无异，《阳宅十书》说：“人之居处，宜以大地山河为主。”地理因素，如地形地貌、地质水文、气候、植被、物产、人口、交通等等，是以农业文明为基础的中国古代城市生存发展之本。负阴抱阳，背山面水，是风水观念中城市选址的基本原则和基本格局。所谓负阴抱阳，即基址后面有主峰来龙山，左右有次峰或岗阜的左辅有弼山，山上要保持丰茂的植被；前面有弯曲的河流；水的对面还有一个对景山；轴线方向最好坐北朝南。不难想象，具备这样条件的一种自然环境和这种较为封闭的空间是很有利于形成良好的生态和良好的局部小气候的。我们都知道，背山可以屏挡冬日北来的寒流；面水可以迎接夏日南来的凉风；朝阳可以采取良好的日照；近水可以方便水运交通和生活、灌溉用水，且可以适合水中养殖；缓坡可以避免洪涝之灾；植被可以保持水土，调整气候，果林或经济林还可以取得经济效益和部分燃料能源(尚廓，1989)。这一点已经有许多学者进行了探讨(戚珩，范为，1989；卢明景，于希贤，1990)。在同一个风水解释和操作模式下，从国家之首都到州府县衙，整个中国大地形成某种风水“分形”格局(图3-3)理想的栖息地景观结构具有以下生态功能：

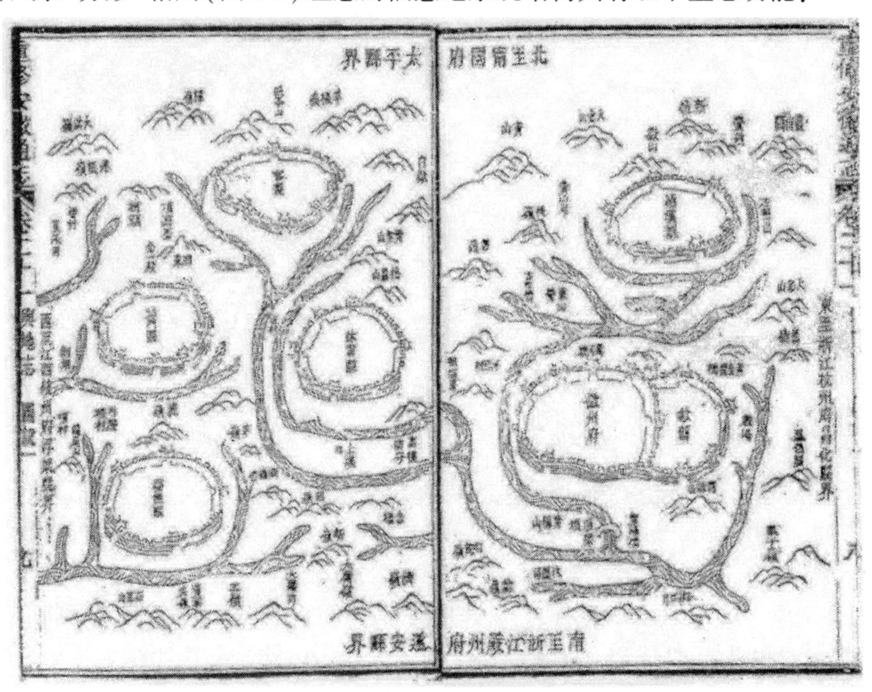

图3-3　安徽省州府县衙景观格局意向解释(清，安徽府志)

(引自俞孔坚，1998)

(1)围合与尺度效应

人类的空间辨识能力是极有限的，一个边界明确，尺度有限的围合空间，可以使人类的猎采活动在一个熟悉的、边界明确的而生态关系相对确定的空间内进行。一个围合的盆地或河谷具有良好的小气候，这对资源的丰富性和再生能力，以及原始人类维持自身的生理代谢平衡都是极有利的。

(2)边缘效应

边缘地带具有“瞭望—庇护”的便利性。由于人类视域的局限性，必须确定其看不见的背后是安全可靠的，并能根据情况进行有效的攻击或逃避。背依崇山俯临平原的山麓正是“看别人而不被别人看到”，易攻易走的最佳地形。另外，边缘地带物种丰富、地形复杂，是采集和狩猎的好场所。

(3)隔离效应

可以排除潜在的危险，控制全局。

(4)豁口与走廊效应

豁口与廊道是物质、能量和信息流动的高效、密集场所，并在空间辨析和捍卫行为中具有关键的作用(俞孔坚，1998)。

二、山与水相结合的自然布局

我国国土的特点是“七山、一水、二分田”，在此总体环境背景下进行城市选址和规划，城市的布局就具备了山与水相结合的自然形式。

云南丽江古城用一种“神奇的构想”，把山和水有机地统一在一起。在古城的大环境上，占尽了滇西北高原的天时和地利，玉龙雪山、长江第一湾、虎跳峡、拉市海、泸沽湖，以及传说中的玉龙第三国、花马国、“香格里拉”秘境，成为其独特的依托；它包容了雪山、峡谷、江、河、湖、海，众多的高原风光。

从古城本身看，在选址上充分利用高原坝子的地理环境和黑龙潭丰富的水源，西枕狮子山，东北依象山、金虹山，从整体上形成坐西北朝东南的格局。以二山为屏，挡住了冬季来自西北的寒风，东南连接辽阔的平川，春迎朝阳，夏驱暑热，“城依水存，水随城在”是古城的最大的特点。古城没有规则的道路网，而是依山就水，不求方正，不拘一格地随地形水势沟渠建房布街，房屋层叠起伏，错落有致；道路亦结合水系坡势而建，曲径通幽，不求平直，形成空间疏朗和谐的街景。在无序中有序，在杂多中求统一。古城依然保持着一种自然形态的平面，是当今世界共同追求的“人与自然和谐”的最古老的版本(图3-4)。

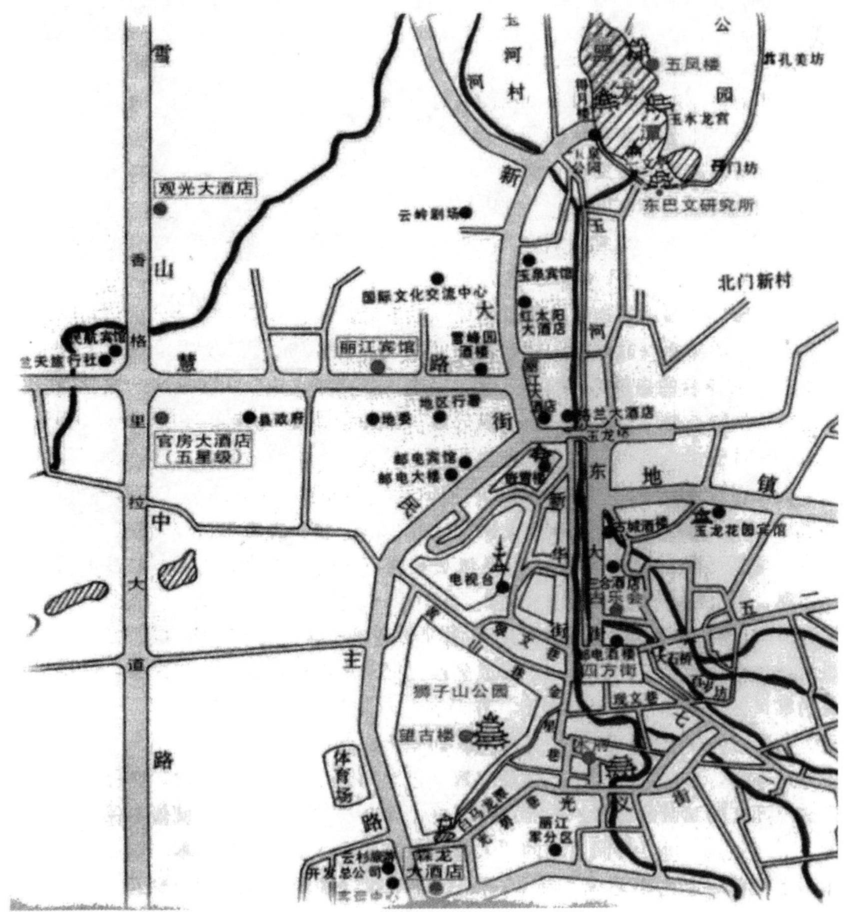

图 3-4　丽江古城平面图

山为水之骨，水为山之魂。在20世纪40年代，俄国人顾彼得(P. Goullart)在他的《被遗忘的王国》一书中写道：“丽江城市布满水渠网络，家家房背后有淙淙溪流淌过，加上座座石桥，使人产生小威尼斯的幻觉。河水太浅太急，根本无法通航。何况丽江没有任何的船。然而这些溪流给城市提供许多便利，为各种用途提供了新鲜水。”丽江水系由龙潭、泉眼、沟渠、水井等组成。龙潭水由北向南曲折蜿蜒而下，至玉龙桥处被分成东、中、西三条支流进入古城区，各支流又分为若干细流，像人的血脉一样，临街穿巷，入墙绕户，流遍全城，形成“主街傍河，小街临水，跨水建筑”的动人景象(图3-5、图3-6)，故有“东方威尼斯”之喻。

图3-5 引龙潭水至玉龙桥，分东、中、西三河进入

图3-6 主街傍河，小街邻水，跨水建筑

在龙潭、泉水处，不许砍伐树木，不许放牧牲畜。古城用一种宗教的神圣来保护水源的生态环境。同时，在面积3.8km^{2}的古城内，飞架354座桥梁，“小桥流水人家”景观随处可见(图3-7)。

(a) (b) (c) (d) (e) (f)

图3-7　穿墙绕屋的水网形成“小桥、流水、人家”景观

在布局上，以四方街为中心，以新华街，东大街，五一街，七一街，光义街现文巷，新华街黄山下段6条主要街道向四面延伸。四方街既是各条街道的起点，又是各条街道的终点。四方街是由店铺围成的一块方形广场，地面铺以五花石，是贸易中心。据说这个贸易广场是由传统的露天集市发展而来。四方街还有洗街的传统和设施。建设者在修四方街之初就已经考虑到其露天集市的特点。街市结束，必然是垃圾遍地，污渍斑斑。于是就根据四方街所在的地势特点，在西侧的西河上修建活动水闸，利用西河与中河的高差冲洗街面。古城的街道全为步行交通。路面一律用红色角砾岩铺砌，俗称五花石，具有“旱不飞灰，雨不泥泞”的特点。石上花纹图案自然雅致，质感细腻，与整个城市的环境十分协调。

1997年4月12日，在意大利那不勒斯召开的联合国教科文组织第21次会议上，丽江古城被列入“世界文化遗产名录”。

“诸湖环抱于外，一镇包含其中”的江苏苏州市同里古镇的总体布局遵循“因水成街，因水成市，因水成镇”的空间组织原则，顺应其网状河流特征形成团形城市，构成丰富的空间层次。古镇外湖荡环列(庞山湖、九里湖、同里湖、南星湖、叶泽湖)，古镇内河巷交叉，水、路、桥融为一体，建筑依河而筑，刻意亲水，与古镇河道和周围湖泊的优美自然地理环境融合在一起。形成街港逶迤，河道纵横，家家临水，户户通舟，“小桥、流水、人家”的自然景观和生活特征，充分体现和反映了人工与自然的和谐(图3-8)。同里古镇水、街相依，可以说水巷和街巷是古镇整个空间系统的骨架，是人们组织生活、交通的主要脉络。不同于丽江的水系，同里的水巷河道是古镇交通的要道，而陆路街巷只是辅助系统。

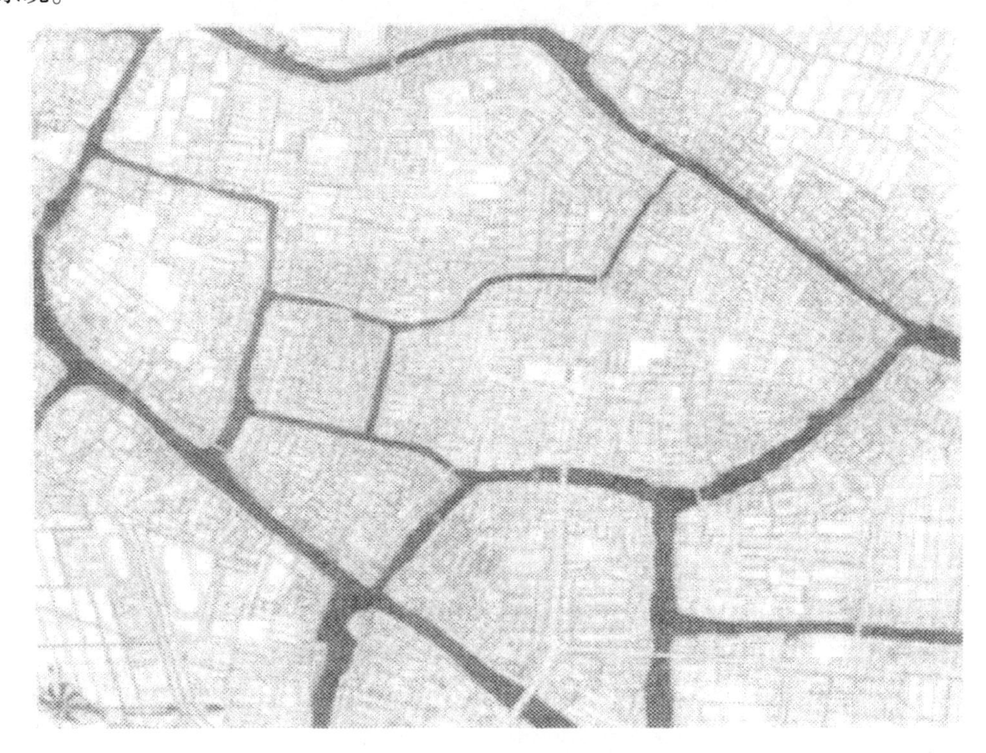

图3-8 同里古镇空间结构形态

三、中国传统造园

中国古代园林，是中国传统文化中的一颗璀璨的明珠，以其独特的民族风格和高度的艺术成就著称于世界，并对欧洲的造园艺术产生深刻的影响。英国建筑师钱伯斯(William Chambers，1723—1796)赞扬中国园林是“从大自然中收集赏心悦目的东西”，“组成一个最赏心悦目的，最动人的整体。”中国园林的艺术境界和表现出的趣味，“是英国长期追求而没有达到的。”

1.“虽由人作，宛自天开”

中国传统的造园艺术最高境界是“虽由人作，宛自天开”。这实际上是中国传统文化中“天人合一”道教思想在园林中的体现。具体而言、是尊重自然、崇尚自然、师法自然、加工自然，再现自然，“外师造化，中得心源”即以自然山水作为创作的模本，但并非刻板的照搬照抄自然山水，而是要经过艺术加工使自然景观升华。这种艺术加工尽管带有艺术家的主观(感情)色彩，但却是自然美景在真实空间里的艺术再现，是对自然美景的倾心追求。曹雪芹在《红楼梦》里有个大观园，其中有一段关于园林的精彩对话。贾宝玉和贾政顶起牛来了，贾宝玉问“古人常云‘天然’二字，不知何意?”旁边的人就说了，自然就不是人工的，人工的就不自然，宝玉说：“却又来了！此处置一田庄，分明见得人力穿凿扭捏而成。远无邻村，近不负郭，背山山无脉，临水水无源，高无隐寺之塔，下无通市之桥，峭然孤出，似非大观，争似先处有自然之理，得自然之气，虽种竹引泉，亦不伤于穿凿。古人云‘天然图画’四字，正畏非其地而强为地，非其山而强为山，虽百般精致而终不相宜”。

2. 寄情山水，天然画图

我国幅员辽阔，山川秀美多姿，自古以来国人就对大自然怀有特殊的感情，尤其是对山环水抱构成的生存环境更为热爱，山与水在风水理论中被认为是阴阳两极的结合。孔子曾指出：“智者乐山，仁者乐水”，把山水与人的品格结合起来。孔子的自然美思想的中心就是自然之美在于“比德”，所比之德是“君子之德”。在人与自然的审美关系中，以生活的想象和联想，将自然山水树石的某些形态特征，看作人的精神拟态，这种审美的心理特点已经成为民族的历史传统了。

先秦的自然美思想，对我国艺术(包括造园)的发展具有很大的作用。正是因为这种“比德”说，是主观感情的外移，重在情感的感受，对自然物的各种形式属性，如色彩、线条、形状、比例、韵律等，在审美意识中就不占主要地位，审美要求在“似”，而不要求“是”，揭示出艺术的本质特征。艺术之妙就妙在“似而不似”(齐白石语)，“真与不真”(歌德语)之间。中国古代的造园艺术，尤其是封建社会后期的园林人工山水的创作，曰山、曰水，不过是一堆土石，半亩水塘，要求的就是“有真有假”，“做假成真”唯其神似，才“虽由人作，宛自天开”，被喻为“咫尺山林”。

空间意识，对于以自然山水为创作主题的山水诗画和造园艺术，具有独特而深远的影响。道家“天地为庐”的宇宙观，是与儒家的“比德”自然美学思想互为补充的空间意识。庄子曾说：“吾以天地为棺，以日月为连璧，星辰为珠玑，万物为齑送……”，把自己与天地浑然一体。这种“天地为庐”的宇宙观，对造园的影响表现在“无往不复，天地际也”的空间意识，在造园中追求使有限的空间达于无限，达到纳时空于自我，收山川于户牖的目的。

造园随着城市经济的繁荣与发展，由自然山林向喧嚣的城市发展，造园的空间越来越小，突破园林的局限，取得视觉空间的扩展和时间上的延续，是中国传统园林建设的重要贡献。这就是全局在胸，在视线上有所引导和规划，在景境上做到“屏俗收佳”的剪裁。往复无尽的空间意识，在园林艺术实践中，形成中国所特有的空间艺术理论“借景”，并有远借、邻借、仰借、府借、应时而借等，在空间意境上积累了丰富的经验和处理手法，如山水景境的创作，“未山先麓”“水令人远”。计成在《园冶》中，“借景”篇，提出“互相借资”“妙于因借”的独到见解，成为造园艺术的一个重要原则。

在中国的造园中，从山水造景到空间的意境，以及一系列空间处理的技巧和手法中，无不包含着动与静的辩证关系。古代造园艺术偏重于感性形态，但在感性的经验中，却又充满着古典的理想主义精神，在艺术思想上提出许多相对对立的范畴，如形与神、景与情、意与境、虚与实、动与静、因与借、真与假、有限与无限、有法与无法等，闪耀着艺术辩证法的光辉。

3. 移天缩地

中国传统园林的一个重要特点是以有限的空间表达无限的内涵。宋代宋徽宗的艮岳曾被喻为“括天下美，藏天下胜”。而圆明园中的“九州清宴”则是将中国大地的版图凝聚在一个小小的单元中来体现“普天之下莫非王土”的思想。明代造园家文震亨也在《长物志》中强调了“一峰则太华千寻，一勺则江湖万里”的造园立意。

4. 诗情画意，丰富的文化内涵

中国美学思想起源于先秦儒道两家的大师，如孔子、老子、庄子，虽然他们是哲学家，但重视的不是求知，而是做人。所以中国的美学思想不重视系统的著作，而重零星的感受；不重理论的分析，而重直观的欣赏；不重逻辑推理，而重联想的丰富。“比德”的自然美学思想，对园林的影响十分大。在花卉欣赏方面，如松、柏、梅、兰、竹、菊等等被比喻有人的品德的植物，很多古代的诗词及民众的习俗中都留下了赋予植物人格化的优美篇章。从欣赏植物景观形态到意境美是欣赏水平的升华。不但含义深邃，而且达到了天人合一的境界。

中国传统文化中的山水画、山水诗深刻表达了人们寄情于山水间，追求超脱，与自然协调共生的思想。因此，山水诗、山水画的意境就成为了中国传统园林创作的目标之一。东晋文人谢灵运在其庄园建设中就追求“四山周回，溪涧交过，水石竹林之美，岩岫之好”；而唐代诗人白居易在庐山所建草堂，则倾心于“仰观山，俯听泉，旁睨竹树云石”的意境。江苏的扬州园林就有丰富的文学扬州山明水秀、风景宜人，素来是人文荟萃之地，风物繁华之城。城里有众多的名胜古迹和雅致园林，是一个在全国具有悠久文化的历史名城，在园林历史上占有很重要的地位。这里历史上园林有一百多个，很多园林都非常悠久，直到今天保存下来的还有一些名园，比如个园、何园、冶春园、翠园、瘦西湖等等，那里有很深厚的中国传统文化底蕴。以个园为例，它的起名就有竹子文化的内涵，一枝叶有三片小叶，形似“个”字，所以以竹叶来命名，使人一下子就想到这里的竹子。一提到竹子，我们就会想到“扬州八怪”之一的郑板桥的竹子画，就会想到“岁寒三友”，就会想到中国很多不同的植被，这是全国极富特色的假山。

在中国文化当中非常注重环境对人的精神影响。有许多文学作品，文章的表达通常是先有景，后有情，然后情景交融，它是这种表述方式。如扬州平山堂，就是与欧阳修有关系，与文化有关系。欧阳修在《醉翁亭记》第一句就提到“环滁皆山也”，还有“醉翁之意不在酒，在乎山水之间也”。山水之间就是说，环境很好，家乡很美，国家很美。激发起我们要热爱家乡，热爱祖国的情绪。所以，建设美好的环境，不光是生活环境很好，还有重要的精神作用。把环境建设好了，人就会振奋精神。这些都是在追求“生态环境”建设中可以借鉴的增加景观的文化内容。

5. 造园手法的高超

在中国古典园林的创作中，首要的工作是相地，即结合风水理论，分析园址内外的有利、不利因素；进而在此基础上立意，确定要表现的主题和内容，因境而成景。再通过运用借景、障景、对景、框景等手法对山、水、建筑、植物进行合理的布局、组织空间序列，最后对细节进行细致推敲。造园师要巧妙地处理山体的形态、走向、坡度、凹凸虚实的变化，主、次山峰的位置，水体的形状及组合，植物的配置与种植方式，道路的走向等等问题。如瘦西湖，从唐代起就认为它的植物配置和景观布局非常好，营造了“两堤花柳全依水，一路楼台直到山”的湖区胜景。

中国传统园林给人的美学感受是多方面、多层次的。如景区的设置，既相对独立，又通过竹林、假山、门洞、漏窗等手段保持一种若断若续的关系，互相成为借景，也为游览中景区的转换做出铺垫。园林中的文化氛围，更是使园林具有无穷魅力的重要因素，如好的景点命名、园的命名。儒家学者向来讲究微言大义，一个好的名字可以意味深长，品尝不尽。如苏州网师园，所谓“网师”是渔父的别称，而渔父在中国古代文化中既有隐居山林的含义，又有高明政治家的含义。点景抒情使眼前的景与心中的情融为一体，园林的艺术魅力无穷。

在社会进步和发展的今天，园林的服务对象已经不是达官显贵或少数的赋闲阶层，已经成为一种城市公益性的设施类型，为城市全体市民服务；同时园林也已经从单纯的景观功能、居住功能，而上升为城市绿地系统的一部分，成为城市绿化建设的一个特殊建设手段，要求更多地考虑发挥其生态功能。但园林作为一种与中国传统文化结合得极其紧密的一种艺术形式，对当今城市绿化规划、设计、施工，以及优美居住环境的创建等方面仍然具有巨大的借鉴和指导作用，对传统园林精髓的深刻理解和学习，仍然是现代绿化工作者提高自身业务基础和能力的一个重要途径。尤其是在当今城市建设中忽视“文态环境”问题日益突出的严峻形势下，传统园林建设沉淀下来的丰富而深刻的民族文化，更是我国传统园林留给我们的丰厚遗产，充分地整理、吸收、利用具有紧迫而现实的意义。

复习题

1. 简述中国城市生态环境建设发展历程。
2. 简述中国生态建设不同历史时期的代表理念。
3. “实现大地园林化”的号召，由谁在怎样的背景下提出来的？
4. 创立“山水城市”的概念由谁提出来的，其内涵是什么？
5. 简述“生态城市”的提出历史背景。
6. 风水园林的历史经验，如何在今天的城市森林建设中加以借鉴。

第四章
城市森林的功能效应

第一节　城市森林生态功能效应影响因素

城市森林是城市生态环境的主体，是评价一个城市环境质量的重要指标。通常认为，不论是一个城市还是一个城市的某一区域，当绿化覆盖率占30%~50%时，才对城市生态系统具有临界幅度的意义，也就是说，达到或超过这个幅度，城市生态环境有望向良性循环发展，如果达不到或下降，城市生态环境就得不到改善甚至不断恶化。因此，长期以来，我们非常重视提高城市绿地的面积，把城市森林覆盖率、绿地率作为评价一个城市绿化水平的主要指标。但从生态学的原理来分析，仅仅强调面积比重是不够的，城市绿地植物群落的功能决定于群落的结构和稳定性，以及绿地在整个城市范围内的空间分布格局（彭镇华，1999，2002）。所以，城市绿化建设要体现"以人为本"的主旨，必须运用可持续发展理论指导城市规划，从总体布局到树种选择与配置，不仅要有"量"的概念，更应突出"质"的要求。

一、生态系统稳定性的影响

处于相对平衡状态的自然生态系统，一般可以在无病虫害、无农药污染和无管理投入的条件下自我维持、自我更新，形成较为理想的结构和发挥巨大的生态效益。因此，城市森林绿地发挥最大生态效益的关键在于构建稳定的植物群落，这样的群落要能够在尽量少的人为干预下建立自我维持的生态机制。要建立起比较完整的物质循环和能量流动途径，特别是通过食物链、食物网形成了对病虫害的防御机制。

城市绿地植物群落的物种组成和配置比例，并不是仅仅根据植物外表的景观特征来进行任意组合的。每种植物都有自己的生态位，都要与群落内的其他植物发生各种关系，他们之间存在着依存、竞争、他感作用等复杂的种内和种间关系，而这将直接影响其生态效益的大小。一般认为，生态系统的复杂性导致稳定性。虽然园林绿化的设计者多是从观赏、美化的角度进行植物配置，但是这些不同的植物种植在一起以后就构成了一个生态系统，可以理解为相当于植被演替的初级阶段。因此，自然生态系统稳定性的生态学过程和机制同样在城市绿地植物群落中发生，进行能流、物流循环的食物链和食物网结构对于维持系统的稳定具有重要作用。如果绿地植物群落结构配置不当，不仅会影响绿地所要发挥的各种功能，甚至可能成为各种病菌和有害生物的滋生地，还会带来植源性污染问题。树种单一、结构简单的绿地，不仅会使生长在绿地内的昆虫、鸟类等种类减少，还有可能引发病虫害的大面积爆发。目前，人们已经注意到这方面的问题，在城市绿地建设中，设计者的生态意识显著提高，在植物材料选择上提高群落的生物多样性，在配置模式上考虑植物之间的关系和生态功能的互补性。比如鸟类的取食偏好、栖息习性，昆虫的取食及寄生习性以及它们与植物之间的关系，土壤微生物的种类变化及其与植物种类的关系，综合考虑这些因素来有意识地在绿地植物群落中配置一些为鸟类和其他动物提供食物的物种，种植一些有菌根和固氮能力的树种，有助于群落逐步建立自我维持机制，提高群落的稳定性。

二、景观分布格局的影响

对于整个城市来说，既要有面积的概念，更要有分布格局的考虑。绿地的建设标准是迄今仍然还在探讨中的有关现代城市的重要问题之一，但就使用最普通的城市 O_2 和 CO_2 平衡所需的城市绿地面积而言，全世界各国主要的大城市绿地面积和覆盖率均远低于所需要的标准(王伯苏，1998)。人们通常用“人均绿地面积”或“植被覆盖率”等指标，包括近来人们热衷于采用的“绿量”来评价城市质量时，通常采用的是总量和平均值，都忽视了偏隅于城市一角与均衡分布所起到的景观作用和生态效益是截然不同的道理。这个问题在城市规模较小、城市工业化水平还不很发达、城市周围的自然环境(包括森林、湿地等)受破坏的程度还不十分严重的时期，对城市生态环境的影响还相对较小。但在全球生态环境问题日益严重的当今社会，城市化水平的提高，城市范围的不断外延，使这些原有的状况发生了根本性的改变。搞好城市绿地系统的宏观布局对改善城市生态环境至关重要。因此，不能用某个公园、居民小区绿化水平的优良与否代表整个城市的水平，不能以远郊绿地来代替城市中心区尤其是城市居住区的绿地指标，也就是说要有一个合理的城市绿地布局，否则就会误导城市绿地标准信息。

过去，人们对于城市园林绿化与建筑比例的确定常常局限于某个小区的尺度内(黎永惠，1985)，主要是修修补补、见缝插针的绿化模式，缺乏长远的、宏观的城市绿地系统建设规划。美国生态学家 R. Forman(1995)提出的“斑块—廊道—本底模式”，为描述景观结构、功能和动态提供了一种空间语言，使城市土地利用规划有了生态学的理论支撑。因此，在城市发展不断向外围扩展的过程中，绿地建设除了传统的公园、居民小区、一般街道的构建模式有所改进以外，还要建造一定面积的林岛，一定宽度的林带，提高绿地分布的均匀性；选择适宜的绿化物种，形成林、灌、草相结合的植被结构，特别是加强城区河流、主干公路沿线的绿廊建设，强化绿地斑块间的空间连接，从而使市内与郊区连为一体，增加城市环境的空间异质性，减少植被中断产生的阻隔，可以有效缓解生境破碎化(habitats fragmentation)对野生动物迁徙带来的不利影响，有利于鸟类向市区输入，捕食害虫，改善城市生态环境。

三、城市森林类型的影响

城市绿化建设要体现“以人为本”的主旨，必须运用可持续发展理论指导城市规划，从总体布局到树种选择与配置，不仅要有“量” 的概念，更突出“质”的要求。不同的绿地类型，其景观效果不同，生态效益也不一样。虽然作为一种人工或半人工的植物群落类型，与自然群落之间存在很大的差别，但它们作为陆地生态系统的组成成分，在宏观上还是属于森林生态系统和草地生态系统这两种主要的类型。这两种生态系统之间存在的功能结构差异，以及它们本身在细尺度下划分的不同类型之间在功能结构上存在的差异，在城市绿地植物群落中依然存在，而且这种差异也导致人们对城市绿地植物群落构建模式存在分歧。特别是近些年来随着草坪热的兴起，人们对城市绿地系统建设模式的探讨更为激烈。

1. 增加生物多样性能力的差异

植被结构多样性是衡量环境空间异质性的指标，而且植物多样性决定动物多样性，也是鸟类等动物生态分布的重要限制因素(Lancaster，1979)，这一点在许多城市绿地系统功能的研究中都被忽视了。在近几年的城市绿地系统建设中，我们现在都讲要提高城市内的生物多样性，而且从多个方面进行了广泛的探讨，但提高生物多样性不是仅仅靠多引进几个树种或多增加几种人工组合就能够实现的，关键是要引入自然生态系统的营养结构和物质循环机制，而植物群落中昆虫、鸟类及其他动物的加盟是不可或缺的。我国鸟类专家对济南、敦化、兰州、北京等城市的研究表明，鸟类生态分布与环境类型密切相关，自然景观变迁后可引起鸟类群落结构及分布发生显著变化(赛道建，1994；孙帆，1988；陈鉴潮，1984；郑光美，1984；魏湘岳，1989)。以济南市为例，在1958—1991的30多年时间里，市区的鸟类共消失了4个目8个科33种，而仅增加了2科18种，不仅稀有种消失率高，而且随着自然景观变迁程度的增加，许多鸟类的生境减少和破碎化，使一些优势种成为稀有种甚至消失，其中食虫鸟类虽然较多，但在水平分布上集中于郊外林区、风景区，市内的种类数量较少；由于城区绿地结构简单，一些栖居乔木树种的鸟类减少，特别是在下木层生活的鸟类消失(赛道建，1994)(表4-1)。

表4-1 济南市鸟类群落食性种类的变化比较

食　性	鱼虾	小动物	昆虫	谷物	杂食
1954—1958年物种数	21	11	62	31	16
1988—1992年物种数	6	4	39	22	15

增加城市绿地结构的多样性是提高城市生物多样性的有效途径。森林作为生产力水平最高、物种组成最为丰富的陆地生态系统，比单纯的草地提供的生境类型要多得多，有更大的容纳量，成为鸟类、兽类和各种昆虫的栖息地。因此，在城市绿化中发展森林绿地，更符合保护和提高城市生物多样性的要求。

2. 改善城市环境能力的差异

草坪的种类单一，提供的生境类型和空间范围都十分有限，其内部所能容纳的其他生物种类和数量也十分有限。而森林则不同，人们把森林看作城市的“肺”。大量研究成果表明，森林在蓄养水分、阻拦风沙、保持水土、防旱防洪、保护生物多样性、调节城市环境和小气候等方面也是其他生态系统无法比拟的，体现了森林的多重价值。据统计，北京现有森林资源的总价值超过2300亿元，其中环境价值(又分为涵养水源价值、保育土壤价值、净化环境价值、防护林环境价值、景观游憩价值和生物多样性价值)为2120亿元，是林木自身价值的13.3倍(李忠魁等，2001)。不同林种的效益是不一样的，据日本计算，1hm^{2}落叶阔叶林每年可以吸收$CO_2$14t，释放$O_2$10t，常绿阔叶林分别为29t、22t，针叶林分别为22t、1t(Kukelmeisister，1993)森林与其他植被类型之间的差异就更大了，据测定，1m^{2}森林所吸收的CO_2、释放出的O_2是等面积草坪的30多倍。

森林可产生较好的绿岛效应，具有明显的降温增湿作用。据测定，1 株直径 20cm 的槐树相当于 3 台 1200W 的空调的降温效果(陈君，2001)。由于树木蒸腾作用，可以使树木周围的空气湿度明显高于远离树林的地方，温度明显降低，其效果因其影响范围和树木种类而异。杨士弘(1994)测定了细叶榕、大叶榕、木棉、石栗、白兰、阴香、红花羊蹄甲、夹竹桃等树种的蒸腾强度和绿地叶面积指数，计算了绿地的蒸腾强度和降温、增湿效能。在气温 30℃时，郁闭度较好的白兰树林和细叶榕树，每平方米绿化覆盖面积可以使周围 10m^2、100m 厚的大气层降温分别约为 1.9℃和 1.3℃，相对湿度增加 3.3% 和 2.4%，而水平 10m^{2}的面积，对于孤立木相当于半径为 1.8m 的圆，对于行道树则相当于两侧各 5m 宽的降温增湿带(杨士弘，1994)。根据我们对两种森林绿地类型和草坪的调查表明，林地和草坪在减少光照强度、降低气温、提高空气相对湿度、减小风速等各项指标都起到明显作用，但林地比草坪的效果更好(表 4-2)。

表 4-2　合肥市不同绿地类型生态效益调查

观测地点	类型	全日光照强度 (lx)	平均气温 (℃)	平均空气相对湿度 (%)	平均风速 (m/s)
西山公园	对照	46 300	33.0	67.7	1.90
	女贞林	29 700	28.9	74.0	0.95
	草坪	46 820	31.3	72.0	1.90
逍遥津公园	对照	43 410	31.3	74.2	1.80
	榆树林	33 570	27.5	82.5	0.98
	草坪	43 700	29.8	81.2	1.80

同样，在杀菌除尘方面这种差异表现得更为明显。吉林市 5 种立地类型空气中的细菌含量调查表明，绿化较好的公园、学校比植物稀少的道路、闹市区空气中细菌含量显著降低，而在同一地点，细菌含量顺序为树林 < 灌丛 < 草坪 < 裸地(戚继忠等，2000)。

此外，不同植物群落降低噪声的能力也存在很大差异。现已证明，具有浓密叶，而且具有叶柄的多汁植物最能吸收声波。一般而言，高大树木所组成宽大的林带对于减少音响最为有效。树种对减轻声音而言，在生长季并没有显著的差别，但落叶树当落叶后，减少音响的效果较差，常绿树木基本上终年不变。据报道，一条 40m 宽的林带可降低噪音 10～15dB(王伯苏，1998)。而单纯的草坪虽然也有一定的降低噪声作用，但由于在垂直高度上的限制，其效果要比林带，特别是乔灌草混合结构的林带差很多。

3. 滞尘能力的差异

关于森林的滞尘能力，许多研究都把森林与灌丛、草坪、空旷地等立地类型进行了对比分析。张新献等(1997)在北京方庄小区研究了三种不同结构绿地的滞尘效益，结果表明，乔灌草型减尘率最高，灌草型次之，草坪较差。在长春、西安、杨凌等城市生态景观中草坪的调查研究结果表明，不同类型的草坪在炎热天都具有一定的降温增湿作用、滞尘作用和杀菌作用，能够改善生态景观环境，但以与树木组合的疏林草坪效果最好(褚泓阳等，1995；孙伟等，2001)。这方面的研究还有很多，得出的结论基本也是一致的，都以乔灌草结合的类型效益最好，以乔木为主的复层结构绿地能最有效地增加单位面积的绿量，从而提高绿地的滞尘效益。但这些研究大多是以植物体本身的分析为基本数据，强调园林植物的滞尘能力的差异，主要是由叶表面特性、树体结构、枝叶密度等造成的，完全忽视了植物群落作为一个整体而存在的差异，从而使森林的作用被极大地弱化。以绿地类型的滞尘能力研究为例，分析某种绿地类型的滞尘效应时，通常只是把不同植物体叶片上的滞尘量简单地叠加起来，而没有把植物群落作为一种生物环境来考虑。如果按照这种计算方法来统计，每座楼房、每条道路的表面都有很多的灰尘，那么所有的物体都具有滞尘能力，甚至这些建筑物上的灰尘不比草地上的灰尘少多少。所以，仅仅通过分析植物体表面的滞尘量来说明不同植物、不同植物群落滞尘能力的差异是片面的，关键是对灰尘产生过程、降尘方式、再产尘数量等方面的影响，不同植物群落之间存在巨大的差异。森林特别是由乔、灌、草构成的多层次林分与单纯的草坪相比，主要区别有以下几点：

①森林可以降低风速，这是滞尘的首要环节，使风的承载力下降，空气中的粉尘才能迅速降落；而草坪对风速影响很小，对降尘过程影响不大。

②乔、灌、草的复层结构可以使粉尘在乔木层、灌木层和草本层的不同层次被吸附在植物体表面，也可以被林下的枯枝落叶所吸附，而草地吸附层只有一层。

③防止二次扬尘的能力不同。降落在绿地内以及被植物体吸附的灰尘，如果遇到一定强度的风还要再次飞起来，落在森林的灰尘所需要的起尘风要远远大于草地和道路、楼房等建筑物，森林可以最大限度地避免反复扬尘。

住在北京的人都有这样的体会，无论是阳台、窗台还是家具，只要一天不擦就会落上一层灰。2000 年和 2001 年，沙尘天气明显增多。除了由于气候等原因以外，北京周边地区特别是内蒙古、宁夏、甘肃等西北地区的林木覆盖率不高是一个很重要的原因，这个问题也引起了社会各界的广泛关注，国家相继启动了环北京地区防沙治沙工程和西北地区防沙治沙工程，这无疑将使北京的生态环境得到极大地改善。但北京市本身的扬尘问题不容忽视。据统计，北京风沙沙尘来源于本地的占 85%，来源于西北沙漠和黄土高原的仅占 15%(陆鼎煌，1982)。空气中的灰尘除了落在水体里不会再飞起来以外，落入绿地特别是森林里也基本上不会再扬尘。

解决城市的粉尘污染，仅靠环卫部门的清扫和水车洒水不能从根本上解决问题，特别是北方地区的城市更是如此。因此，城市森林生态网络体系建设不仅仅局限于城市的内部，还包括城乡结合部以及对城市环境产生严重影响的地区，例如，北京的沙尘暴治理就延伸到河北、内蒙古等外围地区。而对于城市内部的绿地建设来说，关键是要减少城市本身产尘的问题，增加绿地面积特别是以乔木为主的森林绿地及水面，对于降低粉尘污染尤为重要。

4. 影响城市交通能力的差异

随着社会的发展，各种车辆不断增加，尽管由不同等级道路构成的交通网日臻完善，交通管理部门也采取了各种有效措施，但交通事故仍时有发生。如果设计合理，树种选择得当，行道树可以疏导交通，舒缓司机紧张烦躁的心情，减少交通事故发生。因此，在疏导交通方面，利用乔灌草组成的快慢车和人行道绿色隔离带是比较有效的。森林作为道路的立体分隔带，能减少交通视觉干扰，特别是在炎热的夏季，行道树树冠能够提供阴凉的遮阴环境，有助于缓解人的烦躁情绪，使司机集中精力。道路树种配置要有韵律的变化，有利于减少视觉疲劳，疏导交通和减少交通事故。在转弯半径处的绿篱要矮，树丛要透视，不影响司机视线，确保交通安全。而在夜间能够阻挡前方对行车辆强烈刺眼的灯光，有利于交通顺畅和人车安全而草坪在这方面的作用是很有限的。

第二节　城市森林生态功能效应分析

建设城市森林的根本目的就是要发挥树木和森林在改善城市生态环境方面的重要作用。树木和森林具有美化环境、净化空气、减噪除尘等环境功能是为人们所熟知的，同时还具有景观游憩、人体保健、科普教育等多种功能，最能够体现“生态建设、生态安全、生态文明” 的林业可持续发展“三生态”战略思想。因此，我们必须与时俱进，从更广泛、更全面的角度来认识城市森林的生态功能效益。

一、改善城市小气候

城市绿地是气温和地温的“调节器”，太阳辐射的“吸收器”。

人的皮肤会感觉冷热，人体体温通常是 37℃，当体温超过这标准时即感到不舒服，更严重时则会中暑。一个不活动的人每小时发出 209J 的热。活动时就大大超过该数值。热必须散失，这样人才会觉得舒适。

热以三种方式自体内散失，即辐射、对流与蒸发。如果环境比人体冷，则热从人体散至外界；如果外界比较热，则热从外界环境辐射至人体。

城市一般比城市周边的农地等处温度高 0.5～1.5℃。在冬天，这种状况颇为舒适，但在夏天则相反，城市里因缺乏植物的原因而比较热。

影响气候的因素主要包括太阳辐射、空气温度、大气湿度和空气流动(风)等。人类与其他生物一样，都具有一个适宜于人类本身活动的最适气候条件和要求。在室内，可以依靠建筑物的结构或者附加各种器械设备来调节室内温度、光线、湿度和风，使其达到令我们感到舒适的小气候环境。那么可否利用相似的原理控制室外小气候环境呢？答案是肯定的。在城市内，利用种植树木和其他绿色植物，并根据它们对太阳辐射、空气运动等的作用机理，适当配置各种植物，就能够产生类似于室内那种令人舒适的小气候。

在白天太阳辐射被城市表面吸收。建筑物的屋顶、混凝土、钢铁、玻璃、柏油路面及其他物体。所有这些物体都不是热的绝缘体，因此它们都会吸收热量，但由于它们的导热性好，所以比植被和土壤容易丢失热量。因此，这些物体表面和空气之间就会产生很大的温差。物体吸收的热量可以对流传输的方式，传输到空气中，使得城市周围空气温度增高，特别是在建筑物林立，各种公用设施密集，人口聚集的市区内，气温明显高于郊区。由此而产生了所谓的“城市热岛”效应，当市内气温明显高于人体的最适温度(16～20℃)时，人们就会产生不舒服的感觉。

森林植物具有很好的吸热、遮阴和蒸腾水分的作用。森林植物通过其叶片的大量蒸腾水分而消耗城市中的辐射热和来自路面、墙面和相邻物体的反射而产生的增温效益，缓解了城市的热岛和干岛效应。根据实地测定，14：00 草坪地表温度比空旷地降低 18%，而小片林地比空旷地降低 28%。树冠外和树荫下之间的温差在 3～5℃。当城市森林面积达 30%时，市区可降低 8%；当面积达到 40%时，气温可降低 10%；当城市森林面积达 50%时，可降低气温达 13%。李嘉乐等对北京绿化的夏季降温效益研究表明，城市绿化程度对气温有明显的影响，城市中各地段的绿化程度对本地段和附近的气温都有影响。而白天气温最高时，一个地段的降温效应与半径 500m 以内的绿化程度关系密切，而夜晚降温则与更大范围内的绿化状况存在联系。降温与绿化覆盖率的关系是 $Y=37.23-0.097X$，即在白天气温最高时(14：00)，绿化覆盖率每增加一个百分点可降温 0.1℃。北京市绿化覆盖率不足 10% 的地方，其热岛强度最高为 4~5℃。如果达到绿化覆盖率 50% 可降低 4.94℃，城市热岛效应可基本得到治理。由于树木的光合作用吸收 CO_2 放出 O_2，使大气中的 O_2 增加 CO_2 减少，从更大的范围内控制“温室效应”的发展，这是城市林业对环境建设的主要作用。

一棵成年的孤立木每天大约要从土壤中吸收 200~400kg 水，其中 95% 以上的水分被蒸腾作用所消耗，树木每生产 1kg 干物质需要消耗 170~344g 水。植物的蒸腾作用需要吸收大量的热量，生长旺盛的森林每公顷每年要蒸腾 800t 水和消耗 167×10^8kJ 热量，从而使森林上空的温度降低和相对湿度增加。所以，森林上空的相对湿度比无林地高 38%，公园的相对湿度要比城市其他地方高 27%。这也是在炎热的夏天，我们从城市里步行到森林、公园或行道树下，感觉到丝丝凉意的缘故。对北京市绿地、庭院绿化、道路绿化等对小气候的影响进行系统地观测分析结果时，冬季绿地内的空气湿度比绿地外增加 8%~24%。

城市绿地对小气候影响主要表现在三个方面：一是夏天降低气温，增加微风。城市森林吸收的太阳辐射能，除一小部分用于光合作用转化为化学能外，绝大部分用于树木的蒸腾作用而降低气温。树木的蒸腾作用(每蒸腾 1g 水消耗 2461J 能量)加上树冠下太阳辐射的减少，林下气温相应降低，城市中的行道树、散生树及成片林等夏日都可起到降温作用，大面积的绿地有效地起到了冷却空气和推动空气运动的作用，改善城市地区的小气候状况。研究表明，在成片林和林荫道下，夏季能降低气温 3℃左右，路面温度 7℃，建筑物表面温度 4~10℃，减少高温持续时间 3~8h(李树人，1995)。二是植物对太阳辐射有较好的反射与吸收能力。城市森林吸收和反射太阳辐射，使达到林下的光照强度大大减弱，根据 N. J. 罗林堡研究，单片叶子对可见光吸收约 75%，反射约 15%，透射约 10%。一般而言，植物的对太阳光的反射率为 30%~60%，对红外线范围的反射率可高达 90% 以上，而城市下垫物的建筑材料的沥青仅为 4%，鹅卵石铺装为 3%。三是植物可通过叶面大量水分的蒸发，带走热量，提高周围空气的湿度。森林的蒸腾作用非常明显，1 株成年大树，一天可以蒸发 4000kg 水，林下空气湿度明显上升，夏季行道树能提高街道上的相对湿度 10%~20%，1hm^2 树木增加的空气湿度相当于相同面积水面的 10 倍(王木林，1995)。

二、维持 CO_2 与 O_2 的平衡

空气是人类赖以生存和生活不可缺少的物质。每人每天通过呼吸，消耗氧气 750g，排出二氧化碳 900g。随着人口的急剧增加、工业的迅速发展，排入大气中的二氧化碳相应地增加。从全球来看，由于森林的大量砍伐，大气中本应被森林吸收的二氧化碳没有被吸收，地球的温室效应不断增强。据分析，在过去的 200 年中，大气中二氧化碳浓度增加了 25%，地球平均气温上升了 0.5℃。温室效应使自然生态发生了重大的变化。而从城市的小范围来说，由于密集的城市建筑和众多的城市人口，形成了城市中许多气流交换减少和辐射热增加的相对封闭的生存空间，加上城市人群呼吸耗氧量和城市中各种燃料燃烧的耗氧量(燃料燃烧的耗氧一般为人群呼吸耗氧量的 5~10 倍)，目前许多市区空气中的二

氧化碳含量已超过自然界大气中二氧化碳正常含量300mg/kg的指标，尤以在风速较小、天气炎热的条件下，在人口密集的居住区、商业区和大量耗氧燃烧的工业区出现的频率更多。据北京市园林科研所等单位所测定的结果，1995年在北京市方庄居住区楼间测定二氧化碳瞬间时值达500mg/kg。局部缺氧的发生，直接危害城市居民的健康。

城市由于人口稠密，工业生产密集，呼吸和燃烧必然消耗大量 O_2，并积累 CO_2，如果在无风或微风情况下，大气交换不充分，势必造成城市局部地区 O_2 供应不充足，对人体健康带来危害。迄今为止，任何发达的生产技术都不能代替植物的光合作用，只有城市绿地才能保持大气中 CO_2 与 O_2 的平衡。地球大气中大约有 $1.2\times10^{25}tO_2$，这是绿色植物经历大约32亿年漫长岁月，通过光合作用逐渐积累起来的，现在地球上的植被每年可新增 $70\times10^{9}tO_2$。城市中的森林植被通过光合作用，从空气中吸收大量的二氧化碳，合成有机物，并释放大量的氧气。据有关专家测定，一株100年生的山毛榉树(具有叶片表面面积 $1600m^2$)每小时可吸收 CO_2 2.35kg，释放 O_2 1.71kg。$1hm^2$ 森林通过光合作用，每天能生产735kg O_2，吸收1005kg CO_2。据测算，$1hm^2$ 城市绿地在1h内可吸收 CO_2 约8kg，相当于200人同时间的呼吸量。据测定，$1hm^2$ 的阔叶林地在1天内可吸收1000kg二氧化碳，释放730kg氧气，即 $1hm^2$ 的森林植被制造的氧气，可供1000人呼吸。

要调节和改善大气中的碳氧平衡，首先要在发展工业生产的同时，要积极治理大气污染，研究二氧化碳转化利用的途径，不要再走先污染后治理的老路。其次是要保护好现有森林植被，大力提倡植树造林绿化，使空气中的二氧化碳通过植物的光合作用转化为营养物质。城市森林植被通过光合作用释氧固碳的功能，在城市低空范围内调节和改善城区的碳氧平衡，缓解或消除局部的缺氧，以改善局部地区的空气质量。森林植被的这种功能，也是在城市环境这种特定的条件下，用其他手段所不能替代的。因此从生态环境要求，每个居民应保持 $50m^2$ 的绿地。

三、缓解热岛和温室效应

当前，随着城市化速度的加速，城市的热污染越来越严重，忽视燃料的燃烧、人的呼吸及城市特殊下垫面(城市的下垫面除少量公共绿地外，绝大部分地面为砖石、水泥、柏油、混凝土铺砌)的改变，使城市热量增加，导致温度升高，形成"城市热岛"，对人体健康产生危害。

工厂中燃料燃烧热、交通机动车排出的废热、居民炉灶、空调及人体新陈代谢产出的热量，这些"人为热"像火炉一样直接加热空气。工业生产、交通运输、居民生活在向大气排放烟尘及额外热的同时，也产生大量的温室气体，如 CO_2、N_2O、CH_4 等，这些气体具有增强大气逆辐射、抑制地面有效辐射损失的效应，对地面及近地面空气有极强的保温作用。城市森林的建成有效地缓解了热岛效应和温室效应。在城市环境中，由于 O_2 消耗量大，CO_2 浓度高，这种平衡更需要绿色植物来维持。

研究表明，林分的降温作用是十分明显的，无论是日平均气温、日最高气温，林下均显著低于对照点。在夏季气温36℃时，$0.5hm^2$ 的女贞林下日平均气温低4.1℃，日最高气温低6.5℃；$0.5hm^2$ 的榆树林下日平均气温低3.8℃，日最高气温低6.5℃。可见，树木覆盖区的降温效果明显，特别是气温在30℃以上时降温效果更明显，这一点Bernatzky(1960)在对绿化带生态效益研究时所作的结论中早有论证："温度越高，降温效果越明显。”归根结底，林木的这种降温效应，是通过树冠的遮蔽即减少太阳直接辐射和植物蒸散冷却作用来实现的。在炎热的夏季，城市绿化地区树木枝叶形成浓荫覆地，不仅遮挡了来自太阳的直接辐射热，而且也阻挡了来自地面、墙面和其相邻物体的反射热。同时，每一棵树木都具有强大的蒸腾能力，它不停地吸收土壤中的液态水分，再通过叶面蒸腾成气态水分散发到空气中去，在水的相变过程中，伴随着能量的消耗和转换，叶面发生冷却，并从周围大气中吸热补充，从而使周围环境降温。表4-3列出了合肥市几种主要绿化树种的吸收热能值。

表4-3　合肥市五树种日吸收热能情况

树　种	广玉兰	香樟	法国梧桐	女贞	三角枫
单株吸收热能(kJ)	37.0	21.1	22.5	29.1	15.3
总株数吸收热能(10^4kJ)	52	37	16	277	8

与林木的降温效应相比较，草坪则逊色得多了。如前文所述，草坪的遮阴效应较差，不能大幅度地减少太阳的直接辐射热，并且草坪的叶面积指数较林木又小得多，从而使蒸腾作用很小，二者导致了草坪的降温效应不及林木。

经研究绿化覆盖率与气温的关系后发现，两者城郊气温呈负相关，覆盖率每增加10%，气温降低的理论最高值为2.6%，当绿化覆盖率达到50%时，降低气温的理论最高值只可达13%，若夏季最高日气温为38℃，可降低气温5℃，基本上可以消除城市“热岛效应”(于志熙，1992)。根据天津市环保局测定，城市森林每年蓄水保墒量达300m^2/hm^2，增温调湿量达62.8×10^{12}J/hm^2，降低风速40%~60%。北京市园林局报道：绿化覆盖率每增加一个百分点，夏季最高温季节可降温0.1℃，绿化覆盖率达到50%的目标，就可以使热岛效应基本得到治理。

四、防止和降低污染

1. 大气污染与酸雨

据国内外专家对大气污染与植物关系的研究，在大气污染不超过植物受害的临界浓度和临界时间范围内，植物能吸收大气中的某些有毒物质，减轻空气中的污染。植物能吸收HF、SO_2、NO_2、NH_4等。CO及NO虽不能被吸收，但CO能被土壤微生物所吸收，NO在大气中转变为NO_2，可被植物吸收。经测定，在1000g(干重)植物叶中贮存的有毒物质为：硫化物100g，氯化物25g，氟化物5.6g。植物减轻大气污染主要通过有毒物质的吸附过滤作用和生理生化的代谢作用。植物也能富集有毒物质，当然不同植物的种类和配置方式在减轻大气污染方面也存在差异。

城市内工业生产相对集中，大气中含有大约1000种以上污染物，如工业向空气中排放的SO_2、NO_2、HF以及某些重金属气体(如Hg蒸气、Pb蒸气等)不仅造成严重的大气污染，影响日照等气象因素，形成酸雨和影响农作物生长，而且直接危害人体健康。因此，居住在城市内，就像是住进了一个充满有害气体和灰尘的大温室。树木等绿色植物能稀释、分解、吸收和固定大气中的有毒有害物质，再通过光合作用形成有机物质，化害为利或者把有害物质固定在植物体内，净化了空气。例如，每公顷柳杉林每年可以吸收700kg的SO_2，松林每天可以从1m^3的空气中吸收20mg的SO_2。臭椿、夹竹桃吸收的量分别可达其正常含量的29.8倍和8倍。据国家环境保护局南京环境科学研究所编写的《中国生物多样性经济价值评估》中的数据，森林对SO_2的吸收能力为：针叶林、柏类、杉类为215.6kg/hm^2，阔叶树为88.65kg/hm^2。另外，月季、杜鹃、木槿、紫薇、山茶花、木兰等都是吸收SO_2很好的绿化植物。女贞、泡桐、刺槐、大叶黄杨等都有极强的吸氟能力，构树、合欢、紫荆等具有较强的抗氯吸氯能力。

氟在大气中一般以HF的形式存在，毒性比SO_2大20倍左右。氟在空气中的浓度超过百万分之一时，就能在植物内富集，通过食物链危害人体健康。毛白杨、加杨、刺槐、白蜡等阔叶树有很高的吸氟能力，达4.65kg/hm^2，果树(葡萄、桃、苹果)的吸氟能力为1.68kg/hm^2，侧柏、油松等常绿树的吸氟能力为0.5kg/hm^2。

草坪植物吸收空气中的有害气体有SO_2、NO_2、HF以及某些重金属气体如Hg蒸气、Pb蒸气等，也能吸收一些重金属粉尘。草坪植物还具有吸收醛、醚、醇以及某些致癌物质的功能。每公顷绿色草坪，每年能从空气中吸收同化约200t的污染物。某些草坪植物尚能起到"绿色警报"的特殊作用。例如，羊茅、大麦草等，能指示空气中被锌(Zn)、铅(Pb)、铬(Cr)、镍(Ni)等污染的程度；早熟禾等可测定空气中的SO_2的污染状况。狗牙根、多年生黑麦草等，都有惊人的抗SO_2污染的能力。

据国家环保总局介绍，北京市3年来共治理裸露地面2000多hm^2，2001年全市林木覆盖率达到44%，市区绿化覆盖率达到38.56%。北京市空气质量达到三级或优于三级的天数的比例由1998年的61%增加到2001年的94%，2001年达到二级或优于二级的天数已占50.7%，比1998年升高了23个百分点。

抗二氧化硫气体较强的植物有：云杉、侧柏、罗汉松、龙柏、圆柏、日本柳杉、华山松、白皮松、扁柏、杜松、粗榧、皂荚、刺槐、桑树、加杨、夹竹桃、大叶黄杨、棕榈、女贞、香樟、山茶花、栀子花、丝兰、海桐、蚊母、石楠、枸骨、苏铁、厚皮香、构树、苦楝、臭椿、八角金盘、广玉兰、杨梅、无花果、樟叶槭、珊瑚树、卫矛、樱花、合欢、青桐、梓树、乌桕、黄金树、丝棉木、白蜡、无患子、八仙花、紫藤、银薇、翠薇、木槿、旱柳、花曲柳、桂香柳、白榆、山毛桃、黄波罗、色赤杨、紫丁香、忍冬、水蜡、柽柳、叶底珠、银杏、东北赤杨、枸杞、柳叶绣线菊、胡颓子、蜡梅、玉兰、鹅掌楸、柿树、槐树、香椿、麻栎、板栗、山楂、地锦、印度榕、高山榕、细叶榕、杧果、金盏菊、松叶牡丹、番石榴、银桦、木麻黄、蓝桉、金边虎尾兰、槭葵、蜀葵、铁扁担、朝天椒、紫茉莉、百日草、鸡冠花、菖蒲、石竹、水仙、九里香、金鱼草等。

抗氯化氢强的植物有：罗汉松、龙柏、云杉、侧柏、杜松、沙松、皂角、刺槐、京桃、黄波罗、桑树、花曲柳、旱柳、山桃、白榆、卫矛、桂香柳、紫丁香、茶条槭、忍冬、水蜡、复叶槭、木槿、女贞、小叶朴、臭椿、柽柳、夹竹桃、连翘、叶底珠、大叶黄杨、栀子花、山茶花、海桐、蚊母、瓜子黄杨、无花果、合欢、枫杨、小叶女贞、丝棉木、接骨木、八仙花、银薇、翠薇、木芙蓉、胡颓子、金盏菊、仙人掌、金边虎尾兰、槭葵、铁扁担、朝天椒、紫茉莉、百日草、鸡冠花、九里香、矮牵牛、葱兰、一串红等。

抗氟化氢强的植物有：侧柏、杜松、云杉、棕榈、圆柏、龙柏、罗汉松、白榆、刺槐、花曲柳、梓树、桑树、枣树、桂香柳、旱柳、紫丁香、桃叶卫矛、加杨、臭椿、忍冬、皂荚、桂花、夹竹桃、大叶黄杨、海桐、蚊母、小叶女贞、石榴、黄连木、竹叶椒、泡桐、月季、胡颓子、黄花美人蕉、金盏菊、松叶牡丹、木槿、百日草、矮牵牛、万寿菊、香豌豆、金鱼草、葱兰等。

2. 吸收烟雾、滞尘作用

大气除有毒气体污染外，空气中的灰尘和工厂中排放出来的粉尘等也是污染环境的主要的污染物。大气中的尘埃(或称悬浮颗粒物)是造成城市能见度低和对人体健康产生严重危害的主要污染物之一(任丽新等，1999；邵龙义等，2000)。从全国来说，大气中尘埃的污染是相当严重的。据统计，许多工业城市每年的降尘量达到500t/km^2，高的甚至达近千吨。有资料显示，全世界排放的尘粒绝大多数来源于城市，特别是产化工业城市。燃烧1t煤可产生烟尘11kg。据1989年的统计，全国的烟尘排放量(主要是烟尘和二氧化硫)达1398 $\times 10^4$t。全国城市总悬浮微粒年日均值432μg/m^3，其中北方城市为526μg/m^3，南方城市为318μg/m^3。均超过二级的国家大气质量标准。1998年全国二氧化硫、烟尘和工业粉尘排放量分别为2090 $\times 10^4$t、1452 $\times 10^4$t和1322 $\times 10^4$t。据徐华英(1999)统计，全国城市中有一半以上大气中的总悬浮颗粒物(TSP)年平均质量浓度超过310μg/m^3，百万人口以上的大城市的TSP浓度更大，一半以上超过410μg/m^3，超标的大城市占93%。人们在积极采取措施减少污染源的同时，更加重视增加城市植被覆盖，发挥森林在滞尘方面的重要作用。

森林植被由于具有大量的枝叶，其表面常凹凸不平，形成庞大的吸附面，每公顷林木的叶面积相当于占地面积的7.5倍，有的还有很多绒毛或分泌有黏性的源汁和油脂，因而很容易吸附滞留住粉尘，能够阻截和吸附大量的尘埃，起到了降低风速、对飘尘的阻挡、过滤和吸收作用，而这些枝叶经过雨水的冲洗后，又恢复其吸附作用。据观察，松林每年截留的尘埃为36.4t/hm^2，云杉林为32t/hm^2，水青冈、槭树和栎树的混交林年吸尘可达68t/hm^2。草坪植物上空的空气含尘量比空旷地减少2/3以上。据计算，草坪植物的叶面积相当于草坪占地面积的22~38倍。研究表明，城市绿化覆盖率每增加一个百分点，可在1 km^{2}内降低空气粉尘23kg，降低飘尘22kg，合计45kg。据测定，没有林木的地方空气中尘埃含量达800 mg/m^3，而有林木的地方空气中所含尘埃量仅为50~60mg/m^3。在城市中有林木比无林木的大气所含烟尘量少56.7%。因此，通过乔木、灌木和草组成的复层绿化结构，会起到更好的滞尘作用。据测定，每公顷云杉林每年可固定尘土32t，每公顷欧洲山毛榉每年可固定尘土68t。据天津园林局绿管处统计，天津市区2002年有以树木为主的绿地3500hm^2，它们一年可以吸附或阻挡沙尘超过4.2 $\times 10^4$t。

不同树种对烟尘的降解作用不同。一般榆叶为白杨的5倍，针叶树是杨树的30倍。树木的叶面积总量越大，枝条结构越复杂，树冠越庞大则降尘作用越明显。每公顷12年生旱柳每年可滞尘8t，20年生加榆每年每公顷可滞尘10t。

抗烟、滞尘力强的植物有：臭椿、京桃、皂荚、槐树、白榆、加杨、桑树、旱柳、桂柳、蒙古栎、白蜡、桂香柳、枣树、山楂、卫矛、山花椒、紫穗槐、胡枝子、锦鸡儿、木槿、忍冬、花曲柳、枫杨、山桃、梓树、黄金树、复叶槭、稠李、黄波罗、白皮松、广玉兰、樟树、蚊母、女贞、棕榈、二球悬铃木、胡颓子、夹竹桃、大叶黄杨、构树、无花果、乌桕、银薇、翠薇、金盏菊、金鱼草等。

3. 减菌、杀菌作用

空气中有害菌含量是评价城市环境质量优劣的重要指标之一。在人口大量集中、活动频繁的城市空气中通常有近百种细菌。据统计，在闹市区每立方米空气中含有病菌500万个。据法国专家测定，百货大楼每立方米空气中有细菌400万个，而公园中只有1000个，百货大楼比公园多4000倍。在一般情况下，每立方米空气中城市里比绿化区的含菌量多7倍。也有人曾测定在北京王府井大街空气中的含菌数每立方米超过了30万个，其中许多菌可导致多种疾病，而绿化的林荫道上则只有近万个，可见行道树的杀菌作用是很大的。许多植物分泌挥发性植物杀菌素，消灭或抑制空气中的病菌，如松科、柏科、槭树科、木兰科、忍冬科、桑科、桃金娘科的许多植物对结核杆菌有抑制作用，主要是通过绿色植物分泌出如酒精、有机酸和萜类等挥发性物质，可杀死细菌、真菌和原生动物(花晓梅，1980)，从而杀死空气中大量的白喉、肺结核、霍乱等病原菌。绿色植物可以减少空气中的含菌量，许多森林植物种类都具有对有害菌有抑制和杀灭的作用，它们在其生命活动过程中能分泌出具有挥发性的植物杀菌素。例如，丁香酚、天竺葵油、柠檬油、肉桂油等，都可以有效地杀灭有害细菌，为城市空气消毒。松林的分泌物就对结核病患者有医疗的辅助作用。另外，树木的枝叶可以附着大量的尘埃，因而减少了空气中作用有害菌载体的尘埃数量，减少了空气中的有害菌数量，净化了城市空气。这也是为什么一些疗养院、休养所一般都坐落在树林环抱、花草丛中之处的缘故。据调查，城市闹区街上空气内有害菌含量要比绿地上空的有害菌数量多7倍以上。1hm^2圆柏林24h内可分泌30kg的杀菌素，每公顷阔叶林一昼夜能产生植物杀菌素2kg，针叶林产生5kg以上，柠檬桉、三球悬铃木、柏木、雪松、云杉、冷杉、橡树、稠李、白桦、槭树等都有一定的杀菌作用，悬铃木的叶子揉碎后3min内能杀死原生动物。松树能挥发出一种萜烯的物质，对于结核病人的治疗有良好的作用。每公顷的松林每天能分泌30kg杀菌素；桦树、蒙古栎、栎树、稠李、椴树、松树、冷杉所产生的杀菌素能杀死白喉、结核、霍乱和痢疾的病原菌。有人对北京8所小学1076名小学生鼻咽部功能与绿化覆盖率的相关分析表明，绿化越好，鼻黏膜上皮纤毛完成鼻腔内全部输送的时间越短，鼻咽功能越好，两者的相关性达到极显著水平。因此，城市绿地比非绿化地含菌量要低得多。

由此证明空气中的含菌量与绿化覆盖率成负相关，与人流量成正相关。说明在一定条件下，绿化覆盖率越高，空气中的含菌量越低，而人流量越大则含菌量越大。

在城市森林绿化中具有杀菌能力强的树种有：夹竹桃、稠李、高山榕、樟树、桉树、紫荆、木麻黄、银杏、桂花、玉兰、千金榆、银桦、厚皮香、柠檬、合欢、圆柏、核桃、核桃楸、假槟榔、黄波罗、雪松、刺槐、垂柳、落叶松、柳杉、云杉、柑橘、侧柏等。

4. 减轻土壤重金属污染

植物除了具有抵抗和净化大气污染的能力以外，对土壤污染、水体污染的净化能力也是不可忽视的(王庆仁等，2001)。据研究证明，1kg水葫芦24h内可以从污水中吸附34kg Na、22kg Ca、17kg P、4kg Mn、2.1kg酚、89g Hg、104g Al，还有较强的吸收和积累锌、银、金等重金属的能力。它还能将酚、铬、铜等有毒物质分解成无毒物质。美国佛罗里达大学的科学家发现，利用蕨类(羽片状叶)(fern)，可以很有效地将土壤内的As吸走。某些旱柳品系可以蓄积47.19mg/kg的Cd，当年生加拿大杨对Hg的蓄积量高达6.8mg/株，是对照的130倍。除此之外，水葱、浮萍、花草、金鱼藻、芦苇等植物，也有较好地净化污水的能力。土壤受到工业“三废”、生活垃圾、农药、化肥、放射性物质和病原体污染后，通过污染水体、大气和土壤上的植物直接或间接地危害人类的健康。植物的根系能分泌出使土壤中的大肠杆菌死亡的物质，还能吸收空气中的CO，故能使土壤中的有机物迅速无机化，不仅净化了土壤，也提高了土壤肥力。

5. *减弱和消除噪声及缓解电磁波污染*

声压水平(SPU)或者声音强度一般以分贝(dB)来表示。正常情况下，在非常安静的环境中，能够被听力敏锐的人听到的最低声音强度相当于零分贝，而人耳所能承受的最高声音强度相当于120dB。当噪声达到130dB时，人基本上已无法忍受，达到痛苦的阈值。

城市现代化工业生产、人群聚集、交通运输、城市建设产生许多环境噪声。噪声使人感到烦躁、厌倦。长期伴随噪声生活的人，常常引发听力衰退、神经衰弱、高血压、心血管疾病、肠胃系统机能障碍等各种疾病和心理变态反应。据调查发现，4个神经疾病患者中有3个人、5个头痛患者中有4个人是噪声的受害者。当噪声超过70dB时，对人体就会产生不良影响。如果长期处于噪声为90dB以上的环境中，就会引起人的听力减退、神经衰弱、失眠、疲劳、易怒、烦躁不安、智力下降、精力难以集中、思路混乱、高血压和心血管疾病等。在120dB的噪声场所停留1min，即会造成暂时的耳聋；而140dB以上的噪声则会使人成为聋子。对神经脆弱或神经极度过敏的人，还易因高分贝噪声的长期干扰发生厌恶心理状态，甚至精神分裂。

在当今的城市，噪声已成为一种城市中特殊的社会公害，噪声也是一种环境污染。噪声的卫生标准是35~40dB，我国城市区域环境噪声污染严重，据1992年40个城市统计，平均等效声级均在55dB(A)以上。其中34个城市高于60dB(A)，严重影响了城市居民的工作、学习、生活，损害其身心健康。而在城市里，汽车、火车、飞机以及工厂发出的噪声，经常在70dB以上，甚至超过80dB，对人体产生了伤害。

众所周知，声音以声波的方式移动。音调越高或频率越快，其波长越短。反之音调越低，频率愈慢，则其波长越长。音频(GPS)的大小，用r/s或Hz来表示，也即：

$$1\text{GPS} = 1\text{r/s} = 1\text{Hz}$$

人耳能听到的音频范围是20~20 000GPS。

影响噪声传播的因素主要有3个：

①声源自身的自然属性(即它的频率、组成、位置、声源是点状还是线状等)。

②声波传播途径中地形和地被物的特性。

③环境中气候状况(风速和风向，以及温度、湿度等)。

正常情况下，室外的声音在传播过程中其强度(dB)会逐渐减弱。这种音强减弱的作用具有二元性。即当这种减弱作用是与传播距离相关时，就称为正常衰减。而当声音的减弱作用是因传播途径中有其他因素干扰或者声源和声音接收者之间有障碍而导致的，则称这种减弱作用为附加衰减。

在噪音的传播过程中，声音的正常衰减作用的大小是和声源本身的自然属性有关。如果声源是点状的，则噪声从点状声源向外传播的距离每增加一倍，其噪声强度就会降低6dB。因此，假如一辆卡车在路边产生了一个80dB的噪声，那么噪声强度在离声源6m处减弱为74dB，在12m处，则降低到68dB，18m处为62dB。但如果噪声是由线状声源产生的，这种正常衰减作用的距离每增加一倍，则噪声强度仅降低3dB，比点状声源衰弱作用降低了一半。

气候因子对噪声传播的影响主要是通过对声音附加衰减作用的影响而发生作用的。在气候因子中，影响较大的是风和大气温度。在上风向测得声音强度的降低值可能超过下风向同样距离同声音强度降低值 25～30dB，且风速越大，降低值也越大。

在噪声传播过程中附加衰减作用主要是由于在传播途径中有其他因素或障碍物对声音产生了吸收、偏转、反射、分散而降低了声音强度。另外，干扰也有助于降低噪声危害。

声波的产生需要能量。因此，当一个物体接受并捕获声波后，会使声波转换成其他能态，并最终变为热能而被吸收。如果某种物质具有非常好的透声性，则接近 95% 的能量可被吸收。声音发生偏转后，使声波进入其他传播区域内。

如上所述，噪声在传播过程中，附加衰减作用可以因为传播途径中有障碍物得以加强，结果使噪声到达最终接受体之前，强度大大降低。

由绿色植物组成的森林对声波具有吸收和散射作用。粗糙的树干、茂密的枝叶能够阻挡声波的传送，树叶的摆动能使通过的声波减弱并迅速消失。另外，绿色植物也可以通过对环境中气候的影响而间接地降低或减弱噪声，譬如，绿色植物可以缩小温差、降低风速等。

声波可以被乔灌木的叶片、嫩枝所吸收。植物的这些部分既轻又柔，如果树木的叶片是肉质的且具有叶柄，这就会使林木具有最大程度的柔韧性和震颤性。声音还可能由于粗大的枝条茎干的反射和散射被削弱。茂密的树木能有效地减弱噪声，起到良好的隔音或消音作用。据生态学专家测定，在公园中的成片树木，可降低噪声 26～43dB，12m 宽的乔灌木树冠覆盖的道路可降低噪声 3～5dB，30m 宽的乔灌木树冠覆盖的道路可降低噪声 5～8dB，1 条 40m 宽乔、灌、草结合的多层次的林带，就能降低噪声 10～15dB。沿街之间如有 1 条 5～7m 宽的林带，就可以降低噪声 8～10dB，从而减轻噪声对人们的干扰和避免听力的损害。据估算，如果声音传播时的频率为 1000GPS，林木减弱音强的平均值为每 30m 降低 7dB。一般树木减噪作用的大小是与林木的高度和树木群体的面积成正比，而与植物种类关系不大。但常绿植物全年均具有较强的减噪能力。据北京测定，在街道两侧，夏季时林带能减少噪声 3. 25dB 以上，在冬季时能减少噪声 1. 3dB。

日本近年调查表明，草坪植物的直立茎和叶，能在一定程度上吸收和减弱 125～8 000Hz的噪声。因此，在街道、庭院和机关、工厂、学校等处铺设草坪，覆盖地面；在公园外侧、道路和工厂区建立缓冲绿带，都有明显减弱或消除噪声的作用，即使柔软、疏松的草地地面，也可使噪声衰减 5～10dB。

森林对缓解城市中通信、电台、电视台、雷达卫星以及其他方面产生的电磁波造成的环境污染也越来越引起人们的重视。

五、减灾功能

城市森林中的防护林在预防城市灾害中占据重要地位。日本从第二次世界大战以来几十年，在城市周围营造人工植物群落式防护林，提倡与自然共存。俄罗斯莫斯科市在城市周围保存了 10km 宽的防护林带。进入 2000 年以来的前几年，我国西北东部、东北西南部、华北北部等地连续多次出现大范围扬沙及沙尘暴天气，使北方城市风沙遮天蔽日，而在城市及附近地区营造防风固沙林，形成绿色屏障，可以减少扬沙及沙尘暴天气。同时，城市森林建设有利于涵养水源，保持水土，提高城市的抗洪防灾能力。

1. 减少沙尘暴的发生

沙尘暴是我国西北地区的一大生态灾害，特别是进入 20 世纪 50 年代以来发生的频率呈上升趋势，据统计，50年代共发生5次，60年代共发生8次，70年代共发生13次，80年代共发生23次。2000年3月8日至4月28日，短短一个月之内，就发生沙尘、扬尘和沙尘暴天气12次。据“2002年3月北京沙尘天气监测结果”，较明显的3次沙尘暴事件中，以市区面积按1040km^2计算，3月15日、3月20日、4月6日，北京市日总降尘量分别高达2.5×10^4t、3×10^4t、0.4×10^4t；大气颗粒物浓度分别是国家二级标准的12倍、37倍、6倍。仅以3月20日为例，自哈萨克斯坦、蒙古国向中国输送沙尘量高达1×10^8t以上。

沙尘天气往往给人类社会的生产、生活和自然环境带来危害。沙尘暴夹杂着远方的沙土和尾矿粉尘遮天蔽日，对空气、水源造成严重的污染，对动物及植物造成危害，引发疾病。牲畜采食有降尘的牧草后会肚胀、腹泻。降尘会引发人们眼睛疾病和呼吸道疾病。降尘还会遮盖植物叶面，影响光合作用等等。对比观测显示：当林区与农田的风力为31m/s时，林内为22m/s，林内地表层的风速较林外低70%以上。城市防护林具有减缓风速的作用，其有效范围在树高40倍以内，其中10～20倍范围内效果最好，可以降低风速50%。在城市房屋的迎风面种植10行北美乔松，风速可降低60%（高清，1984）。地表林草植被的好坏直接影响风沙的危害程度，因此，要减少风沙危害，必须加大城市地域范围甚至远郊区县的林草植被的保护和建设力度，在更大的尺度上构建城市生态防护体系。

2. 保护土地资源

随着城市化进程的加快，市区的下垫面除少量公共绿地外，绝大部分地面为砖石、水泥、柏油、混凝土铺砌，其透水性差、含水量小，降水后，地表径流增加，径流系数增大，雨水很快从排水管道流失，地面极难储水。据研究，北京市郊区大雨的径流系数小于0.2，而城区大雨径流系数一般在0.4～0.5之间。另外，由于河道漫滩被挤占，河槽过水断面减小，行洪能力削弱，易产生洪灾。如从20世纪60年代以来，成都市的城市建设使城区原有的护城河、金河及100多个池塘水域全部消失，加上人为护堤占地使锦江、府河河面大大缩小，多数河段水面宽仅30～50m，最宽处不到100m，削减了河道的行洪能力，城区内不透水面积不断增大，使地表下渗率减小，滞洪、蓄洪能力下降，常造成洪涝灾害。

在城市，通过加强各种类型的城市森林建设，可以显著地增加城市透水地表面积，提高城市蓄水能力，增加地下水补给。比如，草坪植被不仅可防止地面被冲刷，保持地面径流清澈，而且流入地下管道时无泥沙沉积，就可有效避免地下水道的堵塞。此外，林草绿地又可免遭风蚀，起到护沙固土作用，防止尘土飞扬。草坪地被植物厚厚的草层，严密覆盖地面，其根系又密集交织于土壤中，可避免雨水冲刷，减少地表径流，防止土壤被冲刷和侵蚀。据试验，在坡度为300、降雨强度为200mm/h的暴雨条件下，当草坪植物的盖度分别为100%、91%、60%和31%时，则土壤的侵蚀相应分别为0、11%、49%和100%。表明土壤的雨水侵蚀度，随草坪盖度的增加而锐减。

六、生物多样性保持

生物多样性是指生物的多样化和变异以及生态环境的生态复杂性。生物多样性包括数以百万计的动物、植物、微生物和它们所拥有的基因，以及它们与生态环境形成的复杂的生态系统。

生物多样性包括物种多样性、遗传多样性、生态系统多样性3个层次。

物种多样性是指地球上生物种类的多样化，遗传多样性是指各个物种所包含的遗传信息之总和，生态系统多样性是指生物圈中生物群落、生态环境与生态过程的多样化。

早期的物种多样性是指生物群落中物种的数目和每个物种的个体数。

植被结构多样性是衡量环境空间异质性的指标，而且植物多样性决定动物多样性，也是鸟类等动物生态分布的重要限制因素(Lancaster 等，1979)，这一点在许多城市绿地系统功能的研究中都被忽视了。我国鸟类专家对济南、敦化、兰州、北京等城市鸟类的研究表明，鸟类生态分布与环境类型密切相关，自然景观变迁后可引起鸟类群落结构及分布发生显著变化(赛道建，1994；孙帆，1988；陈鉴潮，1984；郑光美，1984；魏湘岳，1989)。

森林作为生产力水平最高、物种组成最为丰富的陆地生态系统，能够提供多种生境类型，成为鸟类、兽类和各种昆虫的栖息地。欧美发达国家一直十分重视城市绿化的自然化和生态化，伦敦市中心区的公园以自然群落为启动阶段，逐步建立了多个类型的混合生境，公园内有40~50种鸟类自然地栖息繁衍，而伦敦市边缘地区只有12~15种。因此，在城市绿化中发展森林绿地，更符合保护和提高城市生物多样性的要求。

第三节　城市森林社会效应分析

一、人体保健功能

1. 绿色植物与人体保健

人们对绿色植物具有保健功能的认识很早，其中主要是森林。人们选择森林环境居住或在自己的居所周围营造树木，从普通百姓的住房到皇家的行宫别院，都体现了对树木、森林的青睐。

人在一个环境中是否舒适，取决于生理和心理两个方面。生理方面的因素包括空气温度、湿度、风速和辐射温度等。为了评价不同土壤类型的小气候条件对人体的各种物理刺激的综合影响，利用生物气象指标公式定量地描述森林环境状况及人体的生理反应，根据环境卫生学方面的有关资料，计算环境气候对综合影响舒适度指标公式为，

$$S = 0.6 \times (|Ta - 24|) + 0.07 \times (|R - 20|) + (V - 2.1)$$

式中，S 为舒适度综合指标；Ta 为日均温(℃)；R 为相对湿度(%)；V 为2m高处风速(m/s)。

并定义：$S \leqslant 4.55$ 时为舒适；

$4.55 \leqslant S \leqslant 6.95$ 为较舒适；

$6.95 < S \leqslant 9.00$ 为不舒适；

$S > 9.00$ 为极不舒适。

根据上述公式对合肥市2001年5月下旬和7月下旬的裸地、林地、草坪三种土地类型上的人体舒适度指标进行计算，得出7月的指标分别为林下6.22，草坪上为7.91，广场上为9.013。5月的指标分别为林下5.02，草坪6.36，广场11.38。这一数据让人明显看出，即使在春末，对人的活动来说广场已经极不舒适了，而此时在林下人们却非常

惬意。

不同土地类型下的小气候状况截然不同，树木覆盖区的光照强度仅为裸地、草坪的1/10，草坪和广场的光照强度基本一致，不同尺度的林分其遮光效果都很显著，林分树种组成和郁闭度是影响林下光强的最主要因子。

在树木覆盖区，由于遮光和林木蒸腾作用，林木吸收了大量热能并散失了大量水分，使得树木覆盖区具有明显的增湿和降温作用。

从环境卫生学的角度看，在四季分明的地区，无论在春季还是夏季，林分下的人体舒适度指标处于舒适状态，说明林下有利于人体的健康。

随着科技的发展，人们对不同树木分泌物的认识已经深入到分子、离子的水平，并已经开始进行定量的研究。人们生活在城市内，空气中的尘埃、有毒气体对人体的健康产生有害影响。森林和草地植物可以制造 O_2，1hm^2 森林每天可吸收 CO_2 1000kg，放出 O_2 730kg。一个成年人每天需耗氧0.75kg，排除 CO_2 约1kg。如果每人拥有10m^2的林地，就能把呼出的 CO_2，全部转化为 O_2。如果没有绿色植物的保护，空气中的 CO_2 不断增加，O_2 比例降低，就会给人的身心健康带来巨大损害。同时，这些植物所放出的氧并不完全是分子态的，有相当部分是以离子态存在的，人们常把离子态的氧称之为负离子。负离子氧对人体呼吸和血液循环是十分有益的。因此，某一环境的负离子含量高低，往往成为该地环境质量优劣的重要标志。

城市中空气污染严重损害身心健康，因此使人患上了皮炎、哮喘、花粉症等特应性疾病和慢性疲劳、情绪不稳、抑郁症、健忘等；在夏季强光照会对人体有灼伤作用，而日辐射强烈，使周围环境温度增高，影响人们的户外活动。裸地与草坪的光照强度很大，这种城市的阳光汇集量增加，在引起人们心理上兴奋的同时，导致人们生理活力的减弱。相反，林区、绿地的光线则可激发人们的生理活力，而使人们在心理上感觉平静。目前，城市居民正生活在日益加剧的充满人工的、过度耀眼光线的环境中，而林木繁茂的枝叶、庞大的树冠则使光照强度大大减弱，减少了强烈的太阳光对人们的不良影响，所以城市森林是遮蔽强烈阳光，造就舒适环境的重要措施。森林还可以通过有效地截留太阳辐射，改变光质。据医学研究证明：夏日的强光照对人的皮肤将产生严重伤害，绿荫对人的神经系统有镇静作用，能产生舒适和愉快的情绪，防止直射光产生的色素沉着，还可防止荨麻疹、丘疹、水疱等过敏反应。此外，由于大气层中臭氧层的破坏和臭氧空洞的出现，紫外线辐射对人体和生物的伤害越来越严重，林木绿色叶片和树冠可以有效地防止紫外线的伤害，同时紫外线对预防佝偻病有重要作用，且能促使游离氢硫基增多，而氢硫基是很多酶和激素的活化物，因此人类又需要有一定的紫外线。所以，当人们离开房间到户外活动，那里的紫外线要比街道、建筑物或房屋的后壁和后窗那些阻光的地方要大得多，对人体的保健具有一定的作用(图4-1)。

森林的绿色视觉环境，也会对人的心理产生多种效应，带来许多积极的影响，使人产生满足感、安逸感、活力感和舒适感(但新球，1994；龚艳，1999)。长期生活在城市的人们，经常面对的是鳞次栉比的高楼大厦和车水马龙的街巷，生活和工作都很紧张。据统计，由于工作过于紧张和生活压力大，有许多人患上精神病，这种现象在日本表现得尤为严重，因此，精神上更需要在自然的环境中放松。日本和美国的研究人员发现，植物的芳香对一个人的心情、精神和干劲有很大影响，如桂花的香气沁人心脾，有助于消除疲劳；

图 4-1 森林防紫外线的保健作用

茉莉和丁香的香气可以觉得轻松宁静。电脑操作人员、长途汽车司机、雷达系统监视人员等，在有柠檬、茉莉香气的空间工作，有助于提神，减少差错(马荣全，1997)。“绿色视率”理论认为，在人的视野中，绿色达到25%时，就能消除研究和心理的疲劳，使人的精神和心理最舒适。目前在国际上还流行一种园艺疗法，通过让那些工作压力大、精神紧张、易急躁的人从事修剪、除草等园林管护劳动而得到放松，提高人们的工作效率和生活学习质量。

除了在上述几个方面的有益作用以外，由于不同的植物分泌的挥发物质、花香的成分不同，分泌的数量、时间、季节等也不同，不同类型的绿地内气味不同，在不同的时间、不同的季节、同一片绿地内的空气成分也不一样，因此它们的保健效果也不一样。植物体的花、叶、芽、木材、根等器官的油腺组织在其新陈代谢过程中不断分泌释放出具有芳香气味的物质芬多精(phytoncidere)，这些物质也被称为植物精气(吴章文等，1999)，这些物质的有益功效在医疗保健方面也得到广泛应用，比如古人所用的各种香包、药枕等。自1930年由苏联 Toknh B P 博士首次发现芬多精以后，这方面的植物研究范围不断扩大，精气成分分析也不断深入(朱亮锋，1993；花晓梅，1980)。而对活体植物，人们最普遍的认识是一天中城市森林内的 O_2 和 CO_2 含量不同，到林子内散步和锻炼的时间要合适，但对于植物的其他挥发物质包括花香对人体的影响还没有充分的认识，基本上是停留在吸收 CO_2 和释放 O_2 的这个层面上。

2. 森林保健功能的利用

森林多目标利用是当前林业界努力发展的目标，其中以铸造大众健康为主的生态环境效益利用价值最受重视。随着人们生活水平的提高，人们更加认识到身体健康的重要性。在城市里，健美操、集体舞、秧歌舞等各种形式的健身活动非常盛行，“花钱买健康”成为人们日常消费的一种新观念。与此同时，走进自然的生态环境保健运动也悄然兴起，像日光浴、沙滩浴、温泉浴等，特别是森林浴的保健效果更是受到关注(图 4-2)。

图 4-2 森林浴的保健效果

前苏联、日本、德国、法国等国家都相继建起了用植物气味治病的森林医院、森林疗养院或森林浴场等(许盛林等，1988)。第四次全国人口普查表明，我国百岁以上的老寿星高达 6434 人，年龄最大者达 136 岁，与 1982 年第三次人口普查相比，全国百岁以上老人增加 2669 人。从各种因素分析不难看出，这些长寿老人大都生活在森林多的山村和少数民族区域，那里绿树成荫，环境优美，气候宜人。而生活在城市内的人们，没有更多的时间享受这种自然的疗养，自然地把街心广场绿地、公园绿地及住宅区的绿地视为理想的晨练或晚练场所。早在 100 多年以前，德国的塞帕斯坦·库乃普为了解除城市人的许多疾病，进行了最早的森林浴场设计，通常在森林场地内把运动和水浴结合起来，以增进人体健康。前苏联在拉脱维亚建起的世界上第一家长有奇花异木的花木医院，就是利用花木的香气为患者治病，现在已经成功地治愈了不少高血压、动脉硬化、气喘、肝硬化和神经衰弱的病人。植物的“香味疗法”在欧洲日益盛行(马荣全，1997)。中国古典园林建设中通常在山石、林木之中配以小桥流水、水潭瀑布来增加景色，改善环境的做法，也蕴含了这种森林浴的思想。

关于森林浴的作用有但新球等人(1999)进行了归纳，主要表现在 4 个方面：

①森林中清新的空气和林木的分泌物能够防治疾病；

②森林中空气负离子能够促进健康，延年益寿；

③绿色环境有益于身心调适和恢复视力；

④森林环境与气候对人类有庇护功能。

目前，一些城市出现了“氧吧”，而城市森林的许多生态保健功能还没有充分开发出来。其中一个主要原因是对森林保健作用的生理生态方面的内在机制还不完全清楚。许多研究都集中在单项指标，如负氧离子和单个物种，如：树木的杀菌作用方面(花晓梅，1980；朱亮锋，1993)，而对有许多植物组合在一起、植物之间发生相互作用的森林群落的保健功能定量研究很少，对不同群落保健功能的季节性变化和每天的日变化还没有全面系统地了解，对一些可能的有害影响更是极少报道，更多的只是一种常识性认识或者是些想当然的看法。比如通常认为，日出前后树木的精华充溢林间，细菌含量低，空气纯度好，上午阳光充沛，光合作用显著，森林内含氧量高，尘埃少，是进行林内活动的理想时间。而从事城市大气物理环境研究的人员指出，对人体健康有严重危害的悬浮在大气中的固体和液体颗粒物—大气气溶胶浓度的峰值也在早晨7:00~9:00和傍晚19:00~21:00，提醒人们在户外活动时要注意此时段(任丽新等，1999)。因此，对于城市森林在不同时段的保健功能要有更全面的分析，能够给出定量的数据指标。

同时，对城市内主要根据视觉效果搭配在一起的各种植物组合的保健功能如何？与天然的森林群落有什么差别？是对人体更加有益了，还是减弱了或者有害了？这些问题都不十分清楚，而这是与城市发展和城市居民对绿地建设的要求不相适应的。因此，在城市园林绿地规划设计时，要考虑不同植物、不同植物配置结构、不同时间和不同季节林地的保健功能，并提高到定性和定量的水平上来，为什么栽植这种植物，搞这种组合，都要有生物学和生态学的科学依据。对于一些重要的生态功能指标要有定量化的数据，在一些城市，旅游风景名胜区、国家级的森林公园等已经开始有这方面的尝试，提供一些出行指数、穿衣指数等，虽然评价绿地环境质量的相关指标还很不健全，没有形成完整的体系，但向这个方面发展是一个必然的趋势。随着全国森林生态网络体系的建立和完善，城市里要进行像天气预报一样适时的观测和预报，提供不同绿地类型的健康指数，这个指数可以包括负氧离子含量、含尘量、O_2含量、空气湿度、细菌含量、花香成分、噪音指标等，并根据一定的原则划分相应的级别，提供给广大的市民，使人们了解树木花草的保健特性，并根据自身的需要选择特定的林分类型和最佳的时机沐浴，在从事身体锻炼的同时享受森林浴提供的保健服务。

据北京园林局统计，居民区内的绿地使用频率一般为中心公园的5~10倍。因此，城市里的绿地与人的关系更为密切，对人生活环境的改善更为直接，在城市绿地建设中引入森林和森林浴场的建设思想是建设生态园林城市的主要发展方向。森林浴场除了要与水浴结合以外，更多的是应该深入挖掘森林所能够提供的多种保健功能，如能够产生较多林分内空气负离子浴，药用植物为主的保健浴，以芳香花卉为主的花香美容浴等等，通过呼吸和置身于森林中，使人们享受森林环境对人体健康从内到外的呵护。

当初人类走出森林是为了生存，而人类内心还对森林存在一种近乎本能的认同感，今天重建以林木为主的城市绿地系统模式和回归森林的旅游热潮，是为了获得健康、安逸的环境，为了更好的生活和更长久的生存。因此，在人们生活、工作、学习的城市里及近郊区，充分利用有限的空间，为人们提供近自然的森林环境，是今后城市绿地植物群落建设的一个重要趋势。

二、教育文化功能

近年来西方发达国家的城市绿地建设除了注重回归自然的模式以外，还十分重视城市绿地的教育功能。目前我国的城市绿地还很少有这方面的考虑。城市绿地植物群落的教育功能主要体现在植物对人本身的直接影响和满足人们对自然界生命活动知识的需求两个方面。

生活在城市里的孩子，对各种野生动植物的了解更多的是通过书本、图画和电视屏幕，而城市内的森林公园、植物园、动物园等各类公园为他们提供了这种实践的机会和场所。许多植物园根据植物的亲缘关系、生态习性和经济用途等建立了多种多样的植物专类园区，如杜鹃花园、牡丹花园、月季花园、水生植物园、药用植物园等，使参观者能够获得丰富的植物学知识。一些公园建立的珍稀濒危植物的移地保护区则向人们宣传了保护生物多样性的紧迫性和现实意义。在西双版纳热带植物园，就建有一个展示当地民族与植物相互关系、相互影响的民族植物园，向人们展示人与自然协调发展的有关科学知识(许再富，1996)。因此，建设以林木为主的自然化的城市绿地植物群落模式，增加植物群落的物种多样性，可以为昆虫、鸟类等野生动物的栖息繁殖创造多种生境条件，也有助于青少年了解森林生态系统内部各个物种之间和谐共处的生活方式，崇尚自然的美，更贴近自然，使人们获得动植物资源与人类生存、发展的密切关系的科学知识，树立人类必须与自然协调发展的科学思想，激发人们保护环境和保护生物多样性的热情。

营建城市森林的植物种类十分丰富，每种植物都具有自己的生物学、生态学特点，具有特定的生态价值、经济价值、观赏价值和利用价值；每种植物都是自然选择与进化的结果，与自然界有着相互依存的关系；各种植物物种之间具有一定的相生相克关系；城市森林形成的生态系统，具有稳定的物质循环、能量交换；这些都对城市居民具有科普教育的作用，城市森林将是城市居民增长知识，进行科普教育的最直接的场所，但是，目前缺乏对公众的吸引力，这除了与国民的科学文化素质有关以外，也与城市园林设计者思想观念的更新不够和国家对城市绿地建设布局和配置模式的重要性的认识不够、管理不力有关。人们具有欣赏奇花异草的猎奇心理和人造景观的创造欲望，也具有热爱自然的生物本性，而后者往往被极大地忽视了。城市内的各种园林绿地过多的人工设计和修剪、造型等，许多植物被人为组合在一起，使城市绿地普遍缺乏一种自然美。许多仅供观赏的封闭式绿地，到处插满了“禁止入内”“不要践踏”的牌子，完全拒人于绿地环境之外，使人只能“遥望”，缺乏对自然界实物的真实了解和切身感受，越来越远离自然的环境。虽然通过每年春季的郊外踏青、春游和节假日的外出旅游，可以享受短暂的自然美景，但是这种走马观花式的观察很难起到真正的作用。随着生态环境问题的日益突出和人民生活水平以及文化素质的提高，也必然带动人们审美观念的转变，爱护环境、崇尚自然的社会氛围越来越浓，特别是随着国家对科学普及工作的重视，要求在全国开展“科学知识、科学方法和科学思想的教育普及”，这对于作为森林生态环境、生物多样性科普教育的最直接基地的城市森林建设来说，既是发展的机遇，也是新的挑战。

虽然我国多数城市的发展水平和居民生活还没有达到这种程度，但作为一个发展中的城市，必须对这些发展趋势有深刻的了解，并在城市绿地建设中认真落实，改变这种绿地“贵族化、精品化”的偏向，在新一轮环境工程中鲜明地体现“以人为本，为市民营造绿色家园”主题思想，在更高的水平上加快我国的城市绿地建设是非常必要的。

三、景观游憩功能

1. 陶冶情操，放松身心

森林在带给人们清新舒适的环境的同时，也会对人的性格修养、身心健康产生积极的影响。无论是北京的颐和园，还是南京的雨花台、深圳的凤凰山，茂密的森林，整洁的环境，清新的空气，欢畅的小鸟，跳跃的松鼠，这些给人带来的不仅仅是远离都市喧嚣的宁静与安逸，还有对自然的热爱，对生活的憧憬，对保护环境、爱护环境意识的增强。

我国古代文化作品对自然景物的描写很多都是因景生情，因情写景，情景交融，反映了环境对人的影响，人们从各种自然景观中领悟到了人生的真谛。中国古典园林建设非常讲究园林设计的意境，讲究与诗情画意的结合(吴小巧，1999)，讲究对人格、人生观的深刻寓意，就是这种文化思想的具体体现。从傲雪的松柏寓意做人要有不亢不卑的铮铮铁骨，从默默无闻的小草获得不屈不挠抗争的力量，还有荷花出污泥而不染的高风亮节，梅花饱经风雪洗礼后绽放吐香的求索历程，植物之间的相生相克折射了人与人之间互助互爱的友情关系。自然的精髓就是和谐，高大的乔木挺拔向上，林下的灌木、林间的动物也生息繁衍，它们各占其位，而又浑然一体。这里有抗争的力量，也有互为环境、互相衬托的默契，都给人以深刻的启迪和智慧，有助于陶冶人们的高尚情操。西方国家虽然也注重植物体本身教育特性的挖掘，但同时更强调近自然的园林设计，回归自然的泥土气息。因此，综合国内外对园林树木和群落整体教育功能的认识和利用经验，在城市绿地系统建设中加以应用，可以起到更好的作用。

2. 体验自然，享受美景

在城市的美化上，城市森林起着不可替代的作用。首先，植物具有明显的季节变化，城市森林植物种繁多。每种植物都有自己独特的形态、色彩、风韵、芳香……它们又随季节和年龄的变化而得到丰富和发展。如春季梢头嫩绿、花团锦簇，夏季绿叶成荫、浓荫覆地，秋季果实累累、色香俱备，冬则白雪挂枝、银装素裹，创造出赏心悦目、千姿百态的艺术境界，无不在展示着植物的色彩、形态的变化，在体现着自然节律的同时，为城市带来生命的气息，生动而活泼，城市森林为城市谱写着自然美的乐章。其次，流畅的线条是艺术形式美的表现形式，城市森林形成类型丰富的曲线，是任何一个艺术家都无法全部想象并用画笔所能表达的，如树木花卉个体本身的线条、树木组成森林的林际线、林冠外型、片林轮廓等，它们是构成城市形式美的重要组成部分。最后，多姿多彩的绿色植被掩饰了水泥建筑物的僵硬外角，起到了烘托建筑物的作用，与建筑物共同构成了城市形象美，展示城市的优美形象。植物的“软”质调和了“硬”质的城市建筑的僵硬，烘托出建筑物的美。植物还有丰富的文化内涵，可以向人们传播一种“森林文化”，如在我国将四季常青的松柏用于象征坚贞不屈的精神，而将富丽堂皇、花大色艳的牡丹视作繁荣兴旺的象征，在欧洲一些国家以月桂代表光荣，油橄榄象征和平等。城市森林创造的绿色世界，优美的风景、宜人的气候、清新的空气，幽静的环境，使生活在其中情绪镇定、心情畅快、精神爽朗、心旷神怡，身体健康、延年益寿，同时还能够陶冶情操、增进智力、激发灵感。

由于森林给人提供舒适和美的享受，所以森林旅游成为近年来旅游业的热点。据北京市旅游局1996年对郊区旅游的专项调查表明：99.09%的人希望到郊区旅游，77.45%的人认为自然风景是郊区最具吸引力的风景类型，66.53%的人认为郊区旅游最大的目的是回归大自然。并且，随着社会物质生活水平的提高，人们投入森林旅游的时间和费用也必然会增加。以美国为例，1977年其户外游憩活动的消费突破了1600亿美元，超过了石油工业而成为美国最大的产业，到20世纪80年代，其户外游憩年消费达到了3000亿美元，差不多是美国人1/8的收入，每年参加森林游憩的多达20亿人次，几乎是美国人口总数的10倍(陈露峰等，1999)。日本有8亿人次涌向森林公园，法国巴黎枫丹白露森林，面积$1.7\times10^4hm^2$，离市中心60km，主要树种为橡树、欧洲赤松、山毛榉，每年进入森林游憩的人数达到1000万人次；法里叶森林公园，面积1872hm^2，离市区25km，主要树种为椴树、白蜡、槭树、板栗、野樱桃，森林里一年到头游人不断；勃里凡森林公园，位于市区东南30hm^2，以橡树为主，混有许多其他阔叶树种，游人每年达20万人次（王木林，1995）。据专家估计2000年全世界旅游的10亿人中有约50%到森林中去（丛日春、李吉跃，1997）。

四、产业经济功能

1. 城市森林增加市政收入

作为物质资源的城市森林具备一定的生产能力，其木材及其他林产品能够产生直接的经济效益。虽然我们营造城市森林，并不是以木材和其他林产品为目的，但城市森林具有的经济效益是不能够忽略的。以行道树为例，40年生毛白杨每株可产木材约1.5m^3，单行种植，以株距10m计算，1km行道树可产木材150m^3，价值数千元。据天津市估计，其每年乔木增值159万元，灌木增值286万元。一座具有完整城市森林的城市，可以为居民提供50%的薪材，80%的干鲜果品。一个完整的城市防护林体系可以使粮食增产10%~15%，可以降低能源消耗10%~50%，降低取暖费10%~20%。天津市园林绿地降温效果每年可节约752.4万元。花卉苗木的市场也很看好，1998年天津市的苗木花卉年业务收入达到434.9万元。

2. 城市森林促进房地产业的发展

城市森林会使房地产增值，促进房地产业的发展。一所坐落在城市森林中的住宅，估计价格比一般住宅高两倍，有树木的房屋价值增加5%~15%，在公园或公共绿地附近的住宅价值高15%~20%（王义文，1992；高清，1984）。地租随距公园的距离而异，当距离公园12m时地租率为33%，762m时为4.2%。Kelbaso与一位银行房地产评估员认为，有树木的房产价值会较高，但这种买卖行为受两个因子的影响，即高收入和冒险精神。他举例说有一栋房屋附近有一棵300年生的榆树，当时房屋售价为24 000美元，后来台风吹损了这棵树而房屋未损，失去树后的房屋售价为15 000美元。美国林务局Payne把两所相类似的房屋照片出示给房地产掮客，这两所建筑物一所附近有树木，另一所没有树木。经掮客评估后，发现有树木的房屋价值增加5%~10%。在另一项研究中，Payne利用照片重叠技术，把若干建筑物的照片加上树木背景，然后请房地产商人估价，结果发现树木会增加房屋售价，所以，英国商人们普遍认为"绿化就是高价格房地产"。

3. 城市森林促进旅游业发展

城市森林游憩已成为城市居民重要的休闲娱乐活动之一，城市森林旅游业的蓬勃发展带来了巨大的经济效益，且具有广阔的前景。以北京市为例，北京市目前主要的森林旅游单位有13个，除八达岭森林旅游区和森林旅游公司外的11个森林旅游单位，在1992—1997年间，共接待游客423万人次，创旅游收入1.54亿元，并且其年游客量和年收入呈明显增长态势。八达岭森林旅游区借助长城的名牌效应，在1992—1997年间，累计旅游收入达到了4495万元。北京市森林旅游公司自1992年成立以来，累计旅游收入达5987万元，其中1997年营业收入达2110万元，实现利润231万元（陈鑫峰等，1999）。

4. 其他经济效应

城市森林还可以通过降低城市夏季温度而节省空调耗能；城市森林改善了投资环境，

有利于招商引资，从而带来更大的经济效益等。

复习题

1. 城市绿化覆盖率的临界幅度是多少?
2. 简述城市森林景观分布格局对生态功能效应的影响。
3. 简述城市森林类型对生态功能效应的影响。
4. 在滞尘能力中多层次林分与单纯的草坪相比主要区别有几点?
5. 什么是“三生态”?
6. 热以哪3种方式自体内散失?
7. 简述降温与绿化覆盖率的关系。
8. 简述城市森林在维持CO_2与O_2的平衡中的作用。
9. 简述城市森林的缓解热岛和温室效应。
10. 简述缓解大气污染与酸雨作用。
11. 简述城市森林吸收烟雾、滞尘作用。
12. 什么是正常衰减和附加衰减?
13. 简答影响噪声传播的主要因素。
14. 简述城市森林的减菌、杀菌作用。
15. 简述森林减少沙尘暴发生的作用。
16. 简述森林保护土地资源的作用。
17. 什么是生物多样性? 城市森林为什么能保护生物多样性?
18. 舒适度综合指标是怎样计算的?
19. 什么是负离子?
20. 森林浴的作用主要表现在哪四个方面?
21. 简述城市森林陶冶情操、放松身心的作用。
22. 简述城市森林体验自然、享受美景的作用。

第五章
城市森林建设的基本理论

近年来，城市热岛效应、粉尘污染、大气污染等环境问题的日益突出，人们更加关注绿地的生态效益，城市绿化建设也朝着生态型的方向转型，建设城市森林已经成为改善城市生态环境的主要手段。城市森林建设已经不仅仅是根据景观要求和环境特点而简单地进行类似于插花工作的人工“植物配餐”，还必须有生态学的科技含量。因此，在城市森林建设中如何正确运用森林生态学、景观生态学、城市生态学、污染生态学等生态学原理，构建结构稳定、生态功能强、视觉效果好的群落，是解决问题的关键。当前，有关运用生态学原理指导城市绿化建设的研究也受到了园林、林业以及城镇规划部门的重视。因此，综合分析城市森林建设和管理特点，针对城市森林建设过程中的一些主要生态学原理及应用问题进行简要论述，以期为我国的城市森林建设发展提供理论帮助。

第一节　森林生态学基本原理

城市森林是城市实现可持续发展和林业发展战略向生态效益为主转变的重要体现。城市生态系统是以人为中心的自然、经济和社会的复合系统，而城市森林是城市生态系统的重要组成部分，担负着改善城市人居环境的生态重任。同时，城市森林也是森林生态系统研究的一个重要内容，它的建设和发展遵循森林生态系统的组成和功能、干扰和恢复、生态适应性和生态位等基本理论。

一、森林生态系统结构理论

森林生态系统的结构是指构成生态系统的组成及其随时间和空间变化的状况。

(一)森林生态系统组成

生态系统(ecosystem)最早由 Tansley(1935)提出，他认为生态系统包括生物有机体和无机环境，此后生态系统的概念逐渐被人们所接受并出现了多种定义。较有代表性的有 Odum(1959)提出的概念，他认为“凡包括生物和非生物之间相互作用，二者之间产生物质交换的任一自然界地段”。而森林学就是研究森林生活和森林培育方法的科学。它由两部分组成：即森林生物学和营林学。前苏联 B・H・苏卡乔夫院士在综合森林的概念时认为：森林是分布在某一地区并和该地区的动物界、土壤和气候相互作用的木本植物群落。B・F・斯切洛夫教授给森林下了一个定义，说森林是和环境结成统一体的森林植物和动物界的总和。因此，森林生态系统是指以森林为主体的，并与非生物之间相互作用，进行物质和能量交换的任一自然地域。其完整的组成包括以下四部分，如图 5-1 所示：

(1)生产者

以林木为主体的初级生产者群体，包括林木、其他绿色植物和能进行光合作用或化能合成的细菌。它们能进行光合作用，在光合作用中把太阳能转化为化学能，进而利用 CO_2 和 H_2O 组成有机化合物。这一群体是生态系统最基本的和最关键的组分，太阳能只能通过生产者才能输入生态系统，成为消费者和还原者的能量来源。

(2)消费者

指生活于森林中的各种动物。它们是利用植物作为食物和能量来源，并使其中一部分转化为动物物质的草食动物，及以草食动物为食物的捕食动物。

(3)分解者

指森林中细菌、真菌等微生物，也称还原者。它们是利用动植物残体及其他有机物为食的小型异养生物，大部分生存在土壤表层或地表，把动植物残体分解并矿化还原于环境中，从而完成养分循环。

(4)非生物环境

指光、热、水、土、大气及死有机物质残体。它们既是生物赖以生存的物质和能量的源泉，又是生物活动的场所，通过其物理状况和化学状况对生物的生命活动产生综合影响。

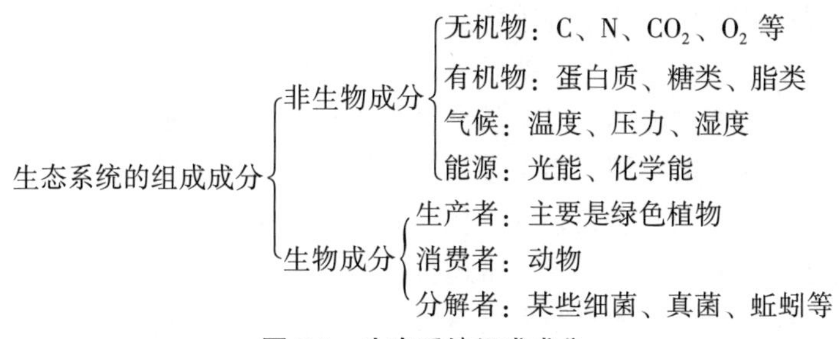

图 5-1　生态系统组成成分

(二)森林生态系统空间结构

森林生态系统的空间结构包括垂直结构和水平结构。

1. 垂直结构

生态系统中的生命组分各有生长型，其生态幅度和适应性又各不同，它们各自占据着一定的空间，它们的同化器官和吸收器官处于地上的不同高度和地下或水面下的不同深度。它们的这种空间上的垂直配置，形成了植物群落的层次结构，即垂直结构。它主要表现在植物的营养器官在地上和地下的成层现象。

2. 水平结构

指生态系统的植物群落在空间的水平分化或镶嵌现象。森林生态系统的水平分化基本结构单位是小群落，它反映了群落的镶嵌性，形成的原因主要是环境因素的不均匀性，如小地形和微地形的变化、土壤温度和盐渍化程度的差异，以及群落内部环境的不一致性等。另外，动物的活动和人类的影响以及植物本身的生态学和生物学特性，尤其是植物的繁殖与散布特性以及竞争能力等，也都具有重要作用。

(三)森林生态系统时间结构

时间结构或时间成层现象是指植物群落结构在时间上的分化或配置。它反映了群落结构随着时间的周期性变化而相应地发生更替，这种更替在很大程度上表现在群落结构的季节性变化和年变化上。

植物群落结构的时间分化，主要表现在层片结构的季节性更替，群落的层片结构随着季节性变化，一个层片为另一个层片所取代，或随着季节性的变化而出现依次更替的季节层片。群落中种群的年龄结构也是群落时间结构的一个要素。随着时间的变迁，种群年龄结构也不断地变化，它们在不同层片中的个体数目的优势也在不断变化，从而反映出群落结构在时间上的分析，并形成群落一定的时间结构。

二、生态平衡理论

一定时期内，在生产者、消费者和分解者之间保持着一种相对的平衡状态，即系统的能量流动和物质循环在较长时间内保持相对稳定状态，称为生态平衡。生态系统平衡是相对的平衡，因为系统本身是一个非平衡系统，它始终处于不断变化之中，只是在系统发展的一定阶段内，系统中能量和物质的输入与输出大体相当。系统中生产者、消费者、分解者的组成、种类、分布以及个体的数量基本不变，从而使系统处于相对的稳定状态。另外，生态系统的平衡是动态平衡，不是静止的平衡，系统内外因素(包括自然的和人为的)经常使系统中的一些重要因子发生变化，在一定限度内，系统能够自我调节和维持自己的稳定性，抑制这种变化，使系统维持或恢复原来的稳定状态。但森林生态系统的自我调节能力是有一定限度的。当外界干扰压力超过生态阈值时，自我调节能力随之下降，甚至消失，生态系统结构将被破坏，以至整个系统受到伤害甚至崩溃，即生态危机。

生态平衡对人类的反馈作用，指生态系统的运行，如果因某种原因而发生变化，则这种变化必然会反过来起作用，引起系统变化。生态系统是一种控制系统，生态系统的反馈作用是实现系统自动调节和维持系统正常运行的重要机能。一般条件下，生态系统的反馈作用与生态系统内部组成成分的复杂程度有关。系统内部的结构越复杂，则系统中物质循环和能量流动的渠道越多，各渠道之间的代偿作用越明显，系统的反馈机能便越强。但是，生态系统通过反馈机能来实现自动调节的能力是有一定限度的，如果外来干扰超过这个限度，如生态环境严重污染、系统结构遭严重破坏，生态系统的自动调节就会失去作用而导致生态失调。生态平衡对人类的反馈作用不仅产生影响，而且通过自动调节，也可产生应有的生态效应。生态效应通常指由于人类活动对生态环境产生的破坏性作用所引起的生态系统结构和功能的相应变化。按人类活动的作用方式可分为两种类型，即污染性和非污染性破坏引起的生态效应。污染性破坏引起的生态效应指人类生产、生活过程中排放各种有毒有害物质造成环境污染而产生的生态效应。如大气受到 SO_2 污染后形成酸雨危害植物生长，酸雨使水体和土壤酸化，从而危害水生生物的生长和繁殖，加速土壤中营养物质的流失；氮、磷等营养物质大量进入水体导致水体富营养化，致使水中溶解氧减少，水质恶化，引起鱼类和其他水生动物大量死亡。另一种为非污染性破坏引起的生态效应，由于过度开垦林地和耕地、盲目围海围湖、不合理地拦河筑坝，以及对林、鸟、鱼、兽的滥伐、滥捕等活动而引起的生态失调和生存环境恶化。

三、植物群落演替理论

演替是一个植物群落为另一个植物群落代替的过程，它是植物群落动态的一个最重要的特征。一个先锋植物群落在裸地上形成不久后，演替便发生。演替取决于环境条件的变化、植物传播和繁殖体的散布或生命的繁衍、植物间的相互作用，以及新的植物分类单位的产生或小演化。

一个植物群落接着一个植物群落相继地、不断地为另一个植物群落所代替，直至顶极群落。演替类型从不同的角度划分，具有不同的分类结果：按基质和变化趋势可分为原生演替和次生演替系列；按水分关系分类可分为水生演替、旱生演替和中生演替等系列；按时间上的发展分类可分为快速演替、长期演替和世纪演替；按演替主导因素分为内因生态演替、外因生态演替、群落发生演替和地因发生演替等等。

植物群落的演替，无论是旱生演替或水生演替系列，都是从先锋群落经过一系列的阶段，达到中生性的顶极群落(指演替最终的成熟群落)，这样沿着顺序阶段向着顶极群落的演替过程，称为进展演替。反之，如果是由顶极群落向着先锋群落演变，则称为逆行演替。

四、生态适应性及生态位理论

(一)生态适应性原理

生物由于长期与环境的协同进化，对生态环境产生了生态上的依赖。因此，生物的生长发育不仅具有其固定的生物学特性，而且还具有生态学特性，环境的各生态因子(如气候、土壤、地形、生物、地史变迁等)决定了生物只能占有一定的分布区域，同时也形成不同特性的植物，如有些植物为喜光植物，而另一些则是耐阴植物；有些为喜酸性植物，有些为喜碱性植物；有些为水生植物，有些为旱生植物等等。

在森林的营造过程中，可利用选择途径(选树适地和选地适树)和改造途径(改树适地和改地适树)以达到树种特性与立地条件相适应，即适地适树。

(二)生态位理论

生态位(niche)是生态学中一个重要概念，主要指在自然生态学中一个种群在时间、空间上的位置及其与相关种群之间的功能关系。

1917年，Grinnell首先提出生态位为“恰好被一个种或亚种所占据的最后单位”的概念。随着研究的不断深入，Elton(1927)、Odum(1952)、Hutchinson(1958)、Mac Arthur(1968)、May等学者从不同角度和出发点提出生态位定义，王刚等仔细分析各生态位定义的内在涵义，认为生态位包括有机体与所处生境条件之间的关系及生物群落中的种间关系等两种情况。以上概念最具代表性的为Grinnell的“空间生态位”、Elton的“功能生态位”和Hutchinson的“超体积生态位”。

张光明(1997)在总结前人研究成果的基础上较全面地概括出生态位的概念：一是生态环境里的某种生物在其入侵、定居、繁衍、发展以致衰退、消亡历程的每一个时段上的全部生态学过程中所具有的功能单位，称之为该物种在生态环境中的生态位。一种生物的生态位既反映该物种在某一时期某一环境范围内所占据的空间位置，也反映该种生物在该环境中的气候因子、土壤因子等生态因子所形成的梯度上的位置，还反映该种生物在生态系统(或群落)的物质循环、能量流动和信息传递过程中所扮演的角色。物种的生态位具有特有性、层次性、区域性、时效性、可调性、相对稳定性和定量可测性。这个定义反映了生态位本质是指物种在特定尺度下在特定生态环境中的职能地位，包括物种对环境的要求和影响两个方面及其规律。生态位是物种的属性特征表现，它定量地反映物种与生境的相互作用关系。

五、森林生态学基本原理在城市森林建设中的应用

城市的发展导致城市生态失衡，引起社会的广泛关注。城市森林作为改善城市生态环境的重要措施，已成为社会的共识。而城市森林是一个较为复杂的生态系统，它与一般的山地森林生态系统不尽相同，从其组成来看，城市森林生态系统是人工生态系统，完全受人为控制，消费者占优势，系统本身调节和维持能力很薄弱，并且其分解功能不充分，维护费用较大；从其功能来看，城市森林主要是为了发挥森林生态效益和社会效益，改善城市居住和生产环境。因此，根据城市特点，如何运用森林生态系统基本原理，建立布局科学、结构合理、效益明显的健康城市森林生态系统成为当今的研究热点。

1. 城市森林生态规划

城市森林生态规划是城市森林建设的基础，它必须建立在充分调查城市森林生态系统生物和非生物环境的基础上(非生物环境调查和分析城市地貌、气候、城市水文及资源状况；生物环境主要指城市及城市周边动、植物环境，城市人口及人为干扰等)，要求合理规划城市生态用地。依据森林生态系统结构和生态平衡理论，按城市森林建设的原则和目标，在一定绿量控制下，规划和设计城市森林的空间结构、群落结构，使城市森林最大限度满足居民生活和生产需求。在绿量规划时可根据以下方法计算：一个成年人在安静的状态下每天约吸入(消耗)0.73kg O_2，呼出 1kg CO_2，而 1hm^2森林通过光合作用，1 天能吸收 1t CO_2，放出 730kg O_2。因此，城市居民每人至少需有树林 10m^2或者 25m^2的草地才能保持碳氧循环平衡。

2. 绿化植物材料选择

绿化植物材料的选择是城市森林生态系统的健康及生态功能发挥的根本保证。目前城市绿化树种选择往往偏重于树种的形态、叶形、花色、干形等观赏性指标。或有一种“盲从心理”，盲目引种绿化树种，忽视或较少重视生态适应性强的乡土树种，致使树种死亡或生长不良，无法充分发挥森林的生态效益。另外，城市行道树管理过程中，存在一个常见问题，即树木根系受水泥地面的限制，致使行道树生长不良或由于根系腐烂而死亡，这都是违背树种生态适应性原理的典型现象。由于不同城市森林类型生态环境差异较大，所以，根据生态适应性原理，应根据具体地段的生态环境因子确定绿化植物种类，并要求群落演替过程中保证植物与环境生态条件相适宜，让最适应的植物生长在最适宜的环境中，以维护城市森林生态系统的健康和稳定。

在引进和选择绿化植物时，应注意物种的生态位协调。这是城市森林生态系统健康、安全的保证，同时也是物种布局演替时，依据生态位原理，利用植物在不同年龄生态位要求差异进行合理搭配，使景观错落有致，同时充分利用空间，发挥植物的生态效益。

3. 城市森林布局与树种配置

生态系统总体功能的强弱取决于生态系统结构的合理性以及生态学过程的状态。所以，应当根据森林生态系统基本原理，建立合理的城市森林结构。城市森林配置模式单一，结构不合理，生态景观单调，生物多样性低，且生态功能弱是当今城市森林结构普遍存在的问题。合理的结构体现在物种组成和时空结构合理，生物群体与环境资源组合之间

的相互适应，城市森林生态系统健康和安全，改善城市生态环境。

4. 城市森林生态平衡调控

城市森林主要是由残留的地带性森林和栽植的树木共同组成的斑块。当地残留的地带性森林具有一定的自我更新和维持的能力，包括部分绿带和较完整的林分，但目前城市森林主要是栽植的树木，自我更新的能力差或基本上不具备，所以如何通过人为措施进行生态平衡调控，增强城市森林稳定性，维持生态系统平衡是城市森林建设和管理的重要内容。

城市森林生态系统结构是城市森林建设和管理工作的基础和重点，所以应研究生态平衡对人类的反馈作用及生态效应，认识生态环境现状、预测生态系统变化趋势，并通过生物、物理、化学技术等手段，控制城市森林生态系统的结构，调节生态系统平衡，使城市植物群落的演替方向朝着人类的需求方向发展，同时维持生态系统安全、健康和平衡，充分发挥森林生态效益，实现人与自然和谐共处。

以上分析说明，城市森林的规划、绿化植物材料的选择、布局及管理应根据森林生态系统基本理论，分析生态系统环境，协调植物与环境、种内与种间关系控制演替方向，以维持城市森林稳定、健康，充分发挥城市森林生态系统功能。

第二节　生物多样性原理

城市化过程是一个自然生态系统不断受到破坏、人为干扰不断加强的过程，这种趋势是不可扭转的，如何适应这种发展趋势维持城市化地区环境的可持续发展，发展城市森林是一条有效的途径。城市森林建设的目的就是要通过建设以林木为主体的城市森林来解决城市化建设进程中的环境问题，其中很重要的一个方面就是如何保护生物多样性。生物多样性(biodiversity)是近年来生物学与生态学研究的热点问题。一般的定义是“生命有机体及其赖以生存的生态综合体的多样化(variety)和变异性(variability)”。按此定义，生物多样性是指生命形式的多样化(从类病毒、病毒、细菌、支原体、真菌到动物界与植物界)，各种生命形式之间及其与环境之间的多种相互作用，以及各种生物群落、生态系统及其生境与生态过程的复杂性。一般地，将生物多样性包括遗传多样性、物种多样性、生态系统多样性与景观多样性。

城市化过程造成了以森林为主体的自然生态系统不断被肢解和蚕食的后果，使城市化地区的生物多样性受到破坏，保护生物多样性已经成为城市生态环境建设的重要内容。城市森林建设的宗旨就是要发挥林木在改善城市生态环境方面的作用，也有利于保护和增加城市地域范围内的生物多样性，许多城市在城市绿化材料引进和选择、植物群落配置、城市森林整体布局等环节，都强调要保护和增加生物多样性。但在实践过程中，有些地方把保护和增加生物多样性的重点集中在引进外来植物方面，过于强调物种丰富度，缺乏从生态系统的角度考虑生物多样性问题。忽视了物种的适应性，这不仅是对生物多样性概念的误解，而且也不利于城市生物多样性的保护，甚至带来绿地生态功能不高、维护费用大等问题。在这里，首先分析了城市森林建设中增加生物多样性的必要性，并就存在的问题进行了探讨。

一、城市森林建设中保护生物多样性的必要性

在城市森林建设中注意提高和保护生物多样性，能够丰富城市景观，满足城市地域内不同环境的绿化需求，增加城市森林生态系统功能的稳定性，具体包括以下几个方面：

1. 城市化过程对生物多样性造成严重威胁

城市地域生物多样性受到威胁的原因是多方面的，但最主要是来自人类活动。德国卡尔斯鲁厄市有30种植物的生活受到不同程度的威胁，主要原因是人类活动的影响，其中最大一部分种类是因为正在失去其生存环境而受到威胁(江源等，1999)。植物群落多样性的变化决定了动物多样性，也是鸟类生态分布的重要限制因素(Lancaster，1979)。济南市在1958—1991年的30多年时间里，市区的鸟类共消失了4个目8个科33种，而增加仅2科18种，不仅稀有种消失率高，而且随着自然景观变迁程度的增加，一些优势种成为稀有种甚至消失，这种变化的根源就在于城市化导致了鸟类生存环境的变化(赛道建，1994)。森林作为生产力水平最高、物种组成最丰富的陆地生态系统，比草地提供的生境类型要多得多，有更大的容纳量，成为鸟类、兽类和各种昆虫的栖息地。因此，建设城市森林更符合保护和提高城镇生物多样性的要求。

2. 增加生物多样性是搞好城市森林建设的基础

近年来在城市倡导城市绿化生态化。城市森林建设特别强调提高绿地的生态功能，而生态功能的发挥是靠植物来完成的，植物是城市森林的主体和基础，不同的植物具有不同的生态功能，单调的植物种类建立起来的绿地生态功能单一，失去人类的维护是不稳定的，城市森林本身就意味着要增加物种多样性。同时，绿量是体现绿地生态功能的重要指标，增加单位面积上的绿量，提高群落的生产力和生态效益，需要搞多层次、多树种混交的复层绿化，这一点没有植物的多样性是难以实现的。在一些城市，引种往往成为城市绿化的重要环节之一。以天津市为例，由于天津市地下水位比较高，土壤盐渍化比较严重，本地区的乡土树种很少，自20世纪80年代中期以来，引种成功的乔木、灌木、藤本和草本植物多达233种以上，为天津市绿化提供了丰富的植物材料，其中引种最为成功的绒毛白蜡早在1984年被定为天津市市树。

3. 增加生物多样性可以创造更加丰富多彩的城市森林景观

城市生态环境建设对城市森林的功能需求是多样的。为了提高绿地的生态效益，要加强城市森林的自然化和突出地方特色，需要增加乡土植物特别是建群种和优势种的使用；创造清洁优美的环境，需要多种植物来满足；城市森林建设中一些突出景观效果的园林景点，这些丰富多彩的园林景观有赖于多种多样的植物配置模式，有赖于能够提供不同景观需求的各种各样的植物材料。而某些植物被大量地重复使用，不仅会使城市景观单调乏味，甚至产生严重的病虫害等不良后果。

4. 增加生物多样性有利于维持城市森林生态系统的稳定和提高其生态功能

以人工植被为主的城市森林生态系统，不仅需要植物的多样性，还需要动物和微生物的多样性，它们彼此之间通过食物关系形成食物链和食物网，达到相互制约、相互依存的关系，从而使绿地生态系统维持在比较稳定的状态，发挥改善环境的功能。

①较高的多样性增加了具有高生产力种类出现的机会；

②多样性高的生态系统内，营养的相互关系更加多样化，为能量流动提供可选择的多

种途径，各营养水平间的能量流动趋于稳定；

③生物多样性高的系统具有较强的恢复能力。在任何生态系统中，必定有某些物种处于不够适合的条件下，它们生活在那些最适合现存条件的物种之中，处于从属地位。一旦条件发生变化，其中一些物种作为新的生态系统的创造种将具有重要的潜在意义。一个物种非常稀少的系统则非常缺乏恢复力。在北极生态系统中，如果地衣的生长受到损害，则整个生态系统就会崩溃，因为那里的所有生物都直接或间接地依赖地衣而生存；

④高生物多样性增加了系统内某一个种所有个体间的距离，降低了植物病体的扩散；

⑤多样性高的生态系统内，各个种类充分占据已分化的生态位，从而提高系统对资源利用的效率。

另外，增加城市森林生物多样性不仅为濒危动植物资源提供了异地保护的场所，还可以充当动植物迁移过程中的"驿站"，甚至成为它们的生境，从而促进生物多样性的保护工作(Forman，1995；Miller，1997)。

5. 增加植物多样性有利于满足城市环境异质性的需要

城市的环境状况具有高度的异质性。影响城市环境的自然和人为因子的多变性，导致了城市环境在时间上存在日变化、月变化和年变化，在空间上存在不同地区的城市、城市的不同街区之间的差异。夏季，城市建筑物多，气温和地表温度高，热岛效应显著，街道、广场需要耐热、耐烘烤的植物；厂矿区空气中的污染气体和粉尘比较多，需要对污染气体有抗性和吸附能力强的植物和绿地类型；城市水资源缺乏，需用耐旱和水资源消耗少的植物；商业区、医院需要杀菌、除尘的保健植物；墙体和立交桥绿化，需要攀缘植物。可以说城市的各个部位绿化对植物的要求都不尽相同，需要有丰富的植物多样性和多种配置模式作保证。

二、不能混淆的几个问题

保护和增加生物多样性是一项比较复杂的工作，特别要重视生态系统和景观尺度上的多样性。目前，在增加城市森林生物多样性的实际工作中还存在一些误区，许多研究集中在统计物种的变化，并把它与濒危物种的保护等同起来，而在城市又常常把它与物种丰富度等同起来，这对于城市森林建设和城市生物多样性保护都是不利的。

1. 物种多样性高不一定表示生态系统最稳定

我们在城市森林建设当中，人工植物配置设计是经常要面对的一项工作。许多设计都很重视增加植物的多样性，进行尽可能多的搭配、组合，形成丰富多彩的视觉效果，也期望获得稳定高效的生态功能。而从生态系统的角度来看，生态系统的稳定性和高效性是靠构成生态系统的各个成分之间，以及它们与生存环境之间形成的复杂关系来维持的，物种多样性只是一个方面，更主要的是要有相互协调的关系。物种的多样性不一定导致生态系统的稳定性(赵惠勋，1990；何芳良，1988)。对森林、草地等自然生态系统长期的定位研究表明，一种植被类型的物种多样性不是一成不变的，而是处在一个动态的变化之中，顶极群落与演替初期对比可能生物多样性要低，但它是比较稳定的。人工搭配的城市绿地生物多样性与自然生态系统的生物多样性是完全不同的两个概念。人工植被最大的弱点就是它的不稳定性，因此，这种人工植被类型生物多样性的高低并不能表示其稳定性大小和生态功能的强弱。

2. 生物多样性高不是人为拼凑的

在城市条件下，人工植被的比重很大。目前许多城市通过引种丰富了城市森林建设的植物资源，也创造了许多组合模式，使物种的丰富度显著提高了，但许多植物配置模式的保持都必须借助不断的人工措施来实现的，这当中存在的潜在风险我们必须有充分的认识。许多自然分布区相隔的植物被人们硬性地栽植在一起，它们之间以及与外界环境之间是否能够形成和谐统一的关系将最终决定能否普遍推广。生物多样性应该主要通过生态系统的内部生态过程来维持，而人为拼凑出来的较高城市生物多样性与保护和增加城市生物多样性并不是一回事。

3. 生物多样性不等同于物种丰富度

在城市生物多样性的统计中存在一种倾向，就是特别重视物种的多样性。许多城市都把城市有多少种植物作为一个重要的生态环境建设指标，热衷于统计城市绿化植物材料增加了多少。当然，不能否定这些植物材料的增加为城市森林建设提供了丰富的资源，但如果把城市森林建设的核心都放在这个方面就会有问题。物种丰富度仅仅是生物多样性的一个方面，还包括物种的优势度和均匀度，这两点十分重要的，如果我们统计的物种大多是生长在植物园或少数庭院里的，这种丰富度对整个城市森林建设没有太大的意义。

4. 景观多样性高也可能意味着生境破碎化

景观生态学是近些年来发展起来的一门新兴学科，其核心就是保护生物多样性(Forman，1995；古新仁等，2001)。景观多样性也是生物多样性的一个方面，是景观单元在结构和功能方面的多样性，反映了景观的复杂程度，包括斑块多样性、格局多样性。两者都是自然、人类活动干扰和植被演替的结果。景观类型多样性既可以增加物种多样性，又可以减少物种多样性，两者关系不是简单呈正比关系。特别是在城市化过程中，景观多样性并不是越高越好，因为景观多样性高往往意味着破碎化，这种破碎化可分成显性破碎化和隐性破碎化两个方面：

(1)显性破碎化

主要是在城市化过程中森林、草地、湿地等自然生态系统被人工建筑不断挤占和分割所造成的，这种破碎化在景观尺度上比较好理解。

(2)隐性破碎化

这是在显性破碎化基础上产生的一种深层次的生境破碎化。在城市环境下，由于森林、湿地等自然生境的条块分割和单一植物构成的植物群落相对增多，许多动物需要的生境遭到隔离而呈现一种隐性的破碎化，即虽然整个城市范围内的绿地面积很大，但对于某种特定的生物来说，它能够生活的绿地相对面积很少或处于被其他地类和植被类型隔离的状态，使它的栖息环境和迁移通道受到破坏。这种破碎化还没有引起人们的重视。

从景观多样性的统计来看，计算的通常是景观要素的多样性。因此，上述两种景观破碎化过程增加了景观要素的多样性，但实质上不利于城市生物多样性的保护，是对生物多样性的破坏。

保护和增加生物多样性是城市森林建设的目的之一，也是提高其生态功能的主要手段。但仅仅强调增加植物种类而忽视绿地生物群落结构和类型的多样性，并不能够真正达到增加生物多样性的目的。

三、生物多样性原理在城市森林建设中的应用

城市生态系统的生物多样性包括动物、植物、微生物等多种成分，植物多样性是前提和基础，但更重要的是群落的多样性、生态系统多样性。动物和微生物不是靠引种就可增加的，必须有满足其生存的环境条件。因此，要转变目前在保护和增加城市生物多样性过程中的一些错误观念和不合理做法，从整个城市地域的角度着手，把城市的建成区、近郊区和远郊区作为一个有机的整体，进行全面规划，合理布局，大力保护和发展自然和近自然林模式，提高城市森林生态系统的多样性和稳定性，将全面改善城市的整体生态环境，促进城市生物多样性保护。具体包括以下几个方面：

1. 进行科学的城市森林发展规划

城市森林发展规划是针对整个城市地域范围的，具有宏观性和长远性。城市生物多样性保护首先要在这个尺度上加以重视，要按照有利于城市森林生态系统稳定和增强各组成成分之间空间连接性的目标，进行合理的城市森林规划。具体上，首先要重视城市范围内一些核心林地的建设，进行合理布局；其次要有连接各个核心林地的主干生态廊道，有利于生物在不同森林绿地之间的迁移。

2. 注重增加群落的多样性

增加群落的多样性是提高林地生态效益和具有较高物种生物多样性的基础。在城市森林建设过程中，要构建乔、灌、草、藤复合结构的多种类型城市森林绿地，增加群落结构的多样性。

3. 注意乡土树种和乡土植被的利用

城市森林建设中进行科学的树种选择和配置是保护和提高生物多样性的重要环节。乡土树种和乡土植被对当地的环境条件有长期的适应性，造林后容易成活，容易形成以乡土树种为主的地带性植物群落，从而有利于保护生物多样性。

第三节 景观生态学原理

景观生态学一词是德国区域地理学家 C. Troll 在 1939 年首次采用的，是生态学与地理学相互融合发展起来的一个新兴学科。目前景观生态学尚没有一个被普遍接受的定义，但它的研究思想却得到了广泛的认同。与其他生态学相比，景观生态学强调空间异质性、等级结构和尺度在研究生态学格局与过程中的重要性。美国生态学家 R. Forman(1995)提出了“斑块—廊道—本底模式”，为描述景观结构、功能和动态提供了一种空间语言，使大尺度的土地利用规划有了生态学的理论支撑。

景观生态学的主要目的之一是理解空间结构如何影响生态学过程，在研究方法上，景观生态学主要采用遥感和地理信息系统技术与生态学过程分析相结合，而现代城镇景观规划与设计强调以人为本、人与自然的相互协调，自然保护思想在这些领域日益重要。因此，景观生态学可以在比较宏观的尺度上，为城镇土地利用规划和设计提供一个生态学思想的理论基础，帮助评估和预测不同的规划和设计可能带来的生态后果，在城镇土地利用规划以及绿地系统规划等长远发展蓝图的制定方面具有广阔的应用前景，将极大地提高景观和城镇规划与设计的科学性与可行性。

一、城市景观要素和生态类型

城市森林是城市生态环境建设中的重点，因为树木和森林所能发挥的生态功能是任何其他植物群落类型所不能替代的，但只有在合理构筑城市森林结构的基础上，才能更有效地发挥其应有的功能。本书提出的城市森林生态网络体系建议，实际上已回答了上面的问题，也就是说必须构筑一个网络。

网络(network)，指某种线状要素相互交错连接构成的复杂系统。景观生态学把网络定义为，由廊道的连接(linkages)和节(node)组成，通常被本底所包围的系统。而节是整个网络系统附着在廊道上的庞大部位，或在两个廊道的交错连接处(intersection node)，或在两个节间的廊道上，节可以理解为景观要素中的斑块(punch)。

景观是一眼可以看到的部分土地或风景，是一个地区的各种土地类型的集合，是代表自然风景的景色，如树林、草原、湖泊等。景观生态学角度来分析，所有的景观都构成了三种要素类型，即斑块、廊道和本底，而网络实质上包括了景观的全部要素。

城市是一个地理单元，是一种建筑密集的人工型景观，相对于城市所处的整个区域而言，可以理解为一种符合斑块性质的要素，但在城市高度密集地，如城市走廊，由于城市间已基本连接，城市面积往往可能超过整个地区的一半，实质上以基质的形式出现；而沿着长江或黄河，我们可以看到许多城市傍江而建。因此，城市作为附着在大江这个廊道上的节。

然而就城市本身，并非一个完全同质的土地单元，内部分别有各种表面性质极为不同的表面，这些不同表面的集合成为城市的下垫面结构。对城市而言，不管有多少种土地表面，基本上可分为四大类型：硬质表面、水面、土壤表面和植物表面，可建立一个简单的城市土地表面的分类系统(图5-2)。

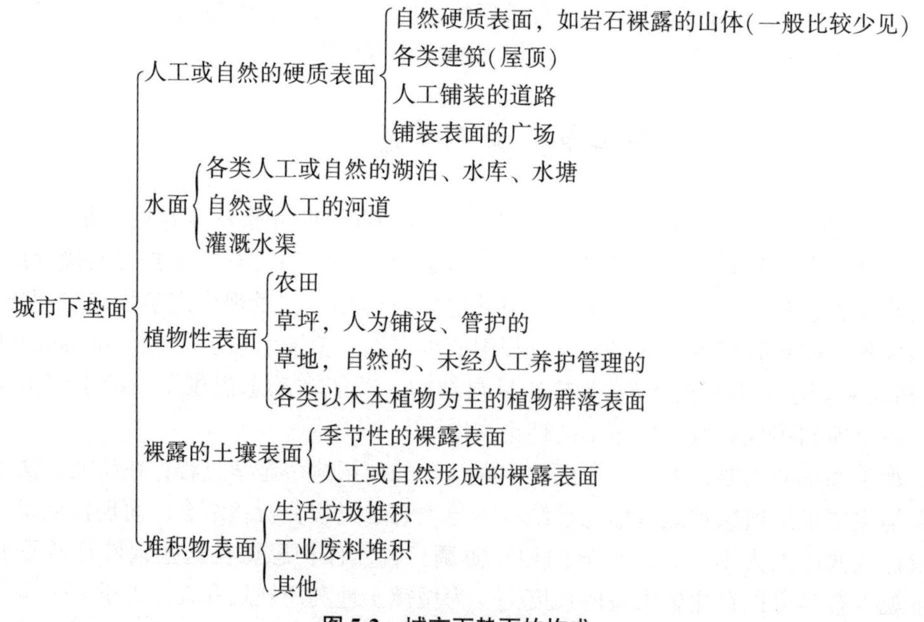

图5-2 城市下垫面的构成

而该五大类土地表面类型都有可能成为景观要素的一种类型，或斑块，或廊道，或本底。一般情况，人工或自然的硬质表面是城市的本底，因为绝大多数的城市硬质表面超过城市面积的50%，也有一些城市森林覆盖率高的城市，其硬质表面已不能成为背景，各类城市景观要素构成了不同的生态类型，表现了不同的生态特征。加拿大的R. Brady等(1979年)结合城市土地利用的情况，按照生态环境特点将城市的各类土地划分成12种生态类型(ecological typology)：

①城市峡谷：这里建筑物高耸，形成城市的悬崖，林木覆盖率低于3%，可能有极少量的城市稀树林(urban savanna)与草皮。建筑物及铺装过的地面产生热岛效应，该区的生物量和生物产量最低。

②弃地/杂草草地：发生杂草的演替，很少用割草机割，树冠覆盖率低于3%，外来植物和当地土生植物的种类均多。

③弃地/稀树林：树冠覆盖率3%~5%。

④草地：指人工铺草地，经常用割草机割，生物量低，但生产量高。位于建筑物间的空旷地，树木分散，树冠覆盖率低于30%。

⑤城区/稀树林：林木覆盖率大于3%，树木分布稀疏，树冠开展形成稀树群落景观。又分为3种情况：

i. 新建成区/稀树林：树冠覆盖率3%~5%，乔木和灌木之间是割过的草地，房屋建筑一般不超过15年，仍在继续植树和栽草；建筑物对于小气候的影响要高于植被的影响。

ii. 15~50年历史的建成区/稀树林：林木覆盖率20%~40%，建筑物年代15~50年，植被开始影响小气候因素。

iii. 老城区/稀树林：林木覆盖率超过40%，树木间的草地因光照不足而生长降低，建筑物通常在50年以上，很少再栽植树木，景观组成比较稳定，树木对小气候的影响大。

⑥草本群落：包括在建成区中的住宅区、商业区、工业区等土壤裸露受地表径流冲刷，新入侵的草本植物多。

⑦城区/人工林：成行栽植的针叶林，覆盖率超过75%，种类多样性少，最终(50~200年)会转化为自然生态系统。

⑧交通道路/草地：水泥、沥青铺装的道路边缘种植亚乔、灌木，一般对小气候的影响很小或不产生影响。

⑨残留的自然生态系统/自然片林：如沼泽、山坡林地等残存的自然植被，覆盖率一般超过50%，影响周围的小气候。城市居民从中获取的利益较大，是居民户外游憩的主要场所。

⑩保留的农田：建筑物附近保留的农田、果园等。

⑪河流、湖泊/水生生态系统：一般受城市的污染比较严重。

⑫垃圾场/有机物的废弃地：这一类中入侵的草本植物多。

如果单独分析城市森林的景观，同样具有3种景观成分，即城市森林斑块、城市森林廊道和城市森林本底。

i. 城市森林斑块：城市环境的各类片林、公园、街头的绿地等的树木构成的片状景观，是城市森林景观的最主要成分。

ii. 城市森林廊道：沿着各类道路、河流、渠道的林带，长条状的公园、绿地，如合肥等许多城市建设的环城公园、环城林带等。

iii. 城市森林本底：一般来说，就整个城市而言，目前城市森林以背景形式出现的机会不多，但有些城市，当林木覆盖率超过50%时，城市森林成为整个景观的背景。例如，华沙、维也纳环境优异的城市，实际上也是一座森林城市。

综上所述，城市森林网络体系的布局，从景观生态学的角度，就是城市森林斑块、廊道的合理组合，使其发挥最大的功能。从理论上讲，当城市森林成为城市景观的主体即城市景观背景时，城市环境就有可能具有较为良好的森林环境，而且其作为背景的成分越大，就越接近森林环境。

二、城市森林景观要素属性与功能

要了解城市森林的合理布局，首先要了解城市森林景观要素的结构与属性，因为任何一种生态系统其发挥功能的大小，均取决于其结构的合理程度。以下简单介绍各景观要素的有关属性。

1. 斑块的属性

斑块的属性包括尺度、形状、边界等，而这些属性对于该斑块的生产力、生物多样性以及土壤水分等都具有一定的生态作用。

(1)斑块的形成原因

景观斑块的形成主要有以下几类：

①干扰形成的斑块：在景观背景上发生小范围的干扰产生的。

②残留性的斑块：由于高强度、大范围的干扰包围了一个很小的范围而形成的；如大面积农田所保卫的残余自然片林，森林大火以后保留的小块森林，城市建筑群体所包围的小块农田、森林等，均是残余性的斑块。

③更新斑块：它与残余斑块相似但起源不同。例如，在一个受重复干扰的大范围中的一个局部区域，由于干扰停止而发生植被的演替(更新)，而出现新的树林构成的森林景观斑块。

④环境资源斑块：景观中出现的嵌体，是由于环境资源本身如土壤、岩石、水分等条件不同于周围的本底而形成的一种斑块。因此，该种嵌体的形成是由于环境条件的异质性所造成。

⑤引入性嵌体：是由于人类活动造成某种物体的引入而形成，如人工林、城镇。主要包括：

i. 种植性的斑块，这种斑块中种的变化动态取决于人工的经营方式与措施。

ii. 人类的居息地，是地球上最重要的引入嵌体，该嵌体的生态结构取决于代替自然生态系统的物种类型，人类栖息斑块的种类组成主要是4种：人类自身；引入的物种(动、植物)；非人类希望而进入的种类(病、虫等)；迁移的原生乡土种。

从大尺度范围来说，城市本身是引入性斑块，但在城市范围内，事实上可能包括了上述所有不同形成因素造成的景观斑块，当然对于城市森林景观来说，最主要的还是人工经营的种植型斑块。

(2)斑块的尺度及其生态影响

尺度是一个重要的景观概念，从生态学的角度常常会问两个问题：其一，到底是大的斑块好还是小的斑块好，称为LOS(a large or small patch)问题；其二，是单个大面积斑块有利还是多个小面积斑块有利，称为SLOSS(single large or several small patches)问题，这涉及生态功能。

城市森林景观斑块尺度的生态意义在于影响其种类组成与结构、能量流动与物质循环的特点以及生产的功能；而对于人类的经营活动来说，则包括经营操作的方便性，大型机械的可用性，为发挥游憩功能而可进入的方便性等。

①斑块尺度对能量及营养物质的作用：理论上讲，无论斑块的尺度大小如何，在一个斑块中的特定区，其能量及营养的储存或流动量应该是相同的，因此，一个斑块中营养及能量的总量与斑块的面积成比例。但景观斑块不是非常均匀的，因此在斑块边缘区和斑块内部其生态功能存在着显著的差异。例如，一个自然的树林斑块，一般情况下边缘部分的植物密度较大，其单位面积的生物量要高于斑块的内部，这是因为边际效应使其具有较高的能量接收，又减少竞争的缘故。

②斑块尺度对种类及种类数量的影响：景观斑块即景观镶嵌(Landscape mosaic)，对于一些主要的物种来说，镶嵌是造成隔离的主要问题，但大多数种类至少可能以很低的速度跨越镶嵌体。对于一个景观斑块，其种源不是单向的，而是多方向、分散性的。因为大多数景观斑块具有内部栖息环境的多样性，因此每单位面积的效应很难表达，斑块内的干扰是主要的决定因素，或增加或减少种的数量，斑块的形状变化与斑块的面积相比更为重要。

对于自然的景观斑块来说，一般情况下面积大的斑块具有较多的种类，但斑块的边界形状往往有很大的影响，例如，食虫鸟类的斑块面积至少 $40hm^2$，以植物种子为食的鸟类至少 $2hm^2$，和斑块面积相关的敏感程度按以下次序递减：食虫鸟类、蘑菇、苔藓、以种子为食料的鸟类、树木。

斑块内的种类可划分斑块的边缘种(edge species)与斑块内种(interior species)，前者一般居住在斑块的边际带，而后者则生长在内部生境中。

陆地斑块的种类多样性依次与下列的斑块特点有关：

栖息环境的多样性、干扰、斑块面积、斑块形成年代、周围本底的异质性、隔离性、斑块边界的离散性(不连续性)。

(3)斑块的形状(patch shape)

①斑块形状的生态意义(significance in ecology)：斑块形状的重要性与斑块的尺度一样，但对于斑块形状的生态意义至今了解得还不多。但研究表明，斑块的形状对动物的迁移无疑是重要的，例如，鸟类、脊椎动物、昆虫在林中飞迁时喜欢长条状狭窄的采伐迹地而不去圆形的迹地，即使迹地与它们迁移的方向平行也会被舍弃，因此斑块的形状与方向对于动植物的分散是主要的影响因素。

城市森林斑块的形状一般比较复杂，因为人为构筑时常常考虑景观的效果，在短中见长、小中见大、曲中见幽等我国传统园林设计理论的指导下，边界的设计一般均是曲折的，同样在景观林业(landscape forestry)的经营思想也指导郊区或城市边缘的森林经营以景观游憩的要求来设计不规则的边缘，但是对其发生的生态作用至今了解不多，只能从自然景观中得到一些启示。

②斑块的边际效应(edge effect)：斑块形状在决定景观斑块的性质方面，重要的是其边际效应。边际表现有不同的种类组成，动植物的动态变化，以及生产与积累的差异，影响斑块边际宽度的因素有：

i. 太阳射入角度，如朝向赤道的边际效应宽度大于朝向北极的边际效应宽度。

ii. 风，如主风方向的边际效应一般宽于其他方向。

iii. 斑块和本底的垂直结构，如果差异明显则边际效应的宽度增大。

d. 城市植被斑块的效应同样表现了不可忽视的作用，例如，边际地带的植物生长旺盛，由于光照等原因树冠形状变化较大，入侵的非景观植物破坏了原来的结构等，这些现象增加了日常维护的工作量，因此在景观设计中同样应考虑这些因素。

③斑块的数量与结构(patch number and configuration)：一般认为一个较大面积的斑块比几个小的斑块具有更多的种类组成，如果这些小斑块是比较相邻的话。但如果斑块是分散的，那么在几个斑块中可以发现有较多的种类。因为，所有的斑块都有相似的边缘种，但大的斑块通常也具有比较敏感的内部种，另外比较分散的斑块一般处于具有不同动植物区系组成的地带。

Forman 认为，有 3 个以上比较大的斑块的存在对于维持最大程度的物种多样性是必须的。斑块的密度(数目)对于野生生物管理、森林经营是十分关键的。至少应考虑以下几个方面：每个群落类型有多少个斑块存在；每个斑块的起源或形成的机理；每个斑块的尺度；每个斑块的形状。

2. *廊道的属性*(corridors)

几乎所有的景观都利用廊道作为交通通道、保护隔离带、景观的深入等。

(1)植被性廊道的作用

廊道提供了生物多样性的保护，包括沿河流的生境、稀有及濒危物种、广布种、成为地方性灭绝种的重新散布的通道；廊道提高了水资源的管理，如控制洪水、水土流失，净化水源、提高水库容量，增加鱼的种群等；作为防风林带提高作物的产量；廊道提供了户外游憩的活动机会；提高社区或文化内聚力，创造了邻里之间的区别；提供了动物的迁移通道、造成地形地貌的变化丰富了景观文化内容等。

(2)廊道功能(corridor functions)

概括起来，廊道在景观中具有以下 5 种基本功能：

①居息地功能(habitat function)：廊道是物种重要的栖息环境，一般情况，廊道中基本没有稀有或濒危的物种，除非廊道环境是当地原生植被环境的残余。廊道中边际种的密度较高，因为廊道具有两边的边界且穿越不同的本底，可能与不同的本底相邻，因此具有环境变化的梯度，一些廊道可能包含了曲折的道路或河道、这对动物在廊道中的迁移来说成为障碍，因此可能导致廊道内种群的遗传变化。只有适应性广泛的种类能够在沿廊道极端变化的环境中生长，也只有抗干扰的种类，如路边杂草等能忍受不断出现的人为干扰。

②管道性功能(conduct function)：廊道是物种、能量与物质迁移转运的通道，能量、物质、动物、人类都利用廊道系统来转移或运输。廊道的长度和结构影响廊道的功能，例如，在具有较少间隙、较少曲折、无环境梯度、很少入口或出口、没有与道路溪流交叉的廊道，动物的迁移最有效，因为这样的廊道具有较短的线路。如溪流性的廊道，假如是曲折的，那么动物或人类也许会直接地在两个弯曲间穿越，而不是沿着溪流流动。

③过滤功能(filter function)：过滤功能使得一些物种不可能越过廊道，因此具有筛选的作用。廊道的结构影响过滤功能，廊道的连接程度表明间隙出现的频率，但间隙的大小，以及内部与环绕间隙的周围的性质是影响廊道内运动的关键因素，廊道的宽度以及缢

缩的存在被认为影响过滤功能的关键，溪流、道路、河流、小路、池塘、墙体以及其他的隔离障碍都会降低渗透性。

④源的功能(source function)：沿着廊道移动的一些动物、水系或交通工具可能会扩散而进入基质，而噪声、灰尘、各种化学物质以及廊道中的物种也可能作类似的移动，因此廊道是一种源。

廊道的结构控制作为源的功能，廊道的宽度决定了会有多少内部种的存在，沿着廊道的环境变化梯度意味着主要边际种的数量增加，廊道曲折增加了作为源的作用。

⑤库的功能(sink function)：风携带的雪、种子、土壤在树木构成的廊道中沉降；而地表径流经过本底，水土流失携带的土壤颗粒、化肥、农药则沉积在溪流中，廊道在一定意义上作为暂时性的库。

(3)廊道结构

一般情况，廊道具有明显的曲折，在整个廊道上时宽时窄，而且时有空缺，当然空缺的距离间隔不一，它对穿越廊道或沿着廊道的迁移作用都是十分显著的，如果廊道中具有缢缩处，则此处必然具有相对低的功能，具有与廊道相同的植被与廊道相接的斑块称为节(node)，这样的节对于物体的流动具有意义，因为其与廊道的管道作用相接。

廊道的连续性(connectivity)，一般用单位长度具有的间隙数来表示。因为间隙的存在与否被认为最重要的决定廊道管道功能或阻隔功能的因素。

沿着廊道移动的观察，种类的组成从廊道的中心到边际一般有明显的变化，无论是哪种廊道，例如，河流、公路、铁路、林间的小道、灌溉渠道等，都有运送物体的功能，但廊道本身是其两侧的障碍。廊道有3种基本结构：

①线形廊道：如林带(树篱)，林带一般是人工营造、自然残留或更新形成的。人工林带通常只有一种植物，结构单一，同龄，种类组成少；更新形成的林带，一般沿着墙体、篱笆、堤坝、道路逐渐形成，空间结构分布以及种类多样性比较高，特别是由鸟类传播的种类比例相对高；森林残留的林带，由森林采伐形成的，具有大树及多个种类组成，较高的空间异质性，较高的森林树木种类。

在一些地方树篱林带具有重要的生态作用，如英国大约有500~600种植物是生长在树篱环境中，一般情况，树篱林带的种类与森林林缘的种类结构相似；另外，树篱常常是动物的主要通道，这在城市或郊区的环境更为重要，而动物多样性与植物多样性则与树篱的结构如垂直层次等有关。在欧洲，20种鸟类在有灌木、乔木层次的树篱中繁殖，而只有树篱一个层次的则只有6~8种鸟。树篱中灌木对于动物的运动十分重要。

②带型廊道(strin corridors)：带型廊道两侧具显著的边际效应，且已宽到有足够的中间环境的长条形廊道，在景观中带型的廊道出现的频率低于线形廊道。

③河流廊道(stream corridors)：河流廊道又称为河岸植被(riparian vegetation)，起着控制水流及矿质营养的作用，沿河流如有良好地延伸到河堤两侧高地的植被带，能有效地降低洪灾的危害，保护河堤免受冲刷及水土流失。河流廊道的宽度应该能宽到足够有效地控制水土的流失，促使河岸两侧高地森林内部物种沿着河流的运动，因此河流的廊道应该保证河流汛期淹没的地域、河堤及两侧(至少一侧)的高地宽于边际效应的范围。

这里必须说明，上述种种概念是针对自然景观的，城市森林景观斑块显然不同，因为处于人为的干扰下，而且其组成与结构也完全是人为因素的结果，因此不能全部应用景观生态的方法来研究，但城市森林斑块的尺度同样是重要的生态基础，在一定程度上也遵从着上述的规律。

首先，绿地面积同样在一定程度上决定了种类的组成，例如杨学军等对上海一些街区绿地的种类组成研究表明，生物多样性与绿地面积的大小成正相关，而且提出比较适合的绿地面积为 250～350m^2。

其次，城市森林斑块的动态变化与其结构有很大关系，例如，城市与郊区的大型公园、植物园、郊区的林带等，事实上经常处于较少受到人为干扰的情况，因此种类入侵、结构变化等现象时有发生，这些动态的过程均在一定程度上遵从上述的规律，而且为野生动物提供了栖息的生境。例如，据上海的一则报道，沿上海外环线的林带经常出现原来已基本绝迹的野生动物，如野兔、獾、狐等，此外鸟的种类有所增加，这显然是植被廊道的功能。

另外，城市绿地边际带的效应同样存在并发生影响，例如，植物生长旺盛，由于光照等原因树冠形状变化、发生偏冠现象，而内部的自然疏枝也影响了树形；边际地带容易侵入一些非景观植物，从而破坏了原来的结构，这些现象增加了日常维护的工作量，因此在景观设计中同样应考虑这些因素。这里有一个颇为典型的例子，合肥的环城公园在 20 世纪的 80 年代曾引种北美的火炬树(*Rhus typhina*)，这是典型的森林边缘种，是生长在北美森林边缘的灌木。结果，在几年的时间内火炬树不断地在林带的边缘更新蔓延，完全破坏了原来的景观格局，最后只能铲除。

三、影响整个网络功能的结构因素

如上所述，网络的基本要素是各类廊道的连接，在这个网络体系中影响其功能的包括以下因素：

1. 廊道密度(corridor density)

廊道密度指一个地区的廊道丰富性，通常采用单位面积中廊道的长度来计算，或采用廊道个体数来表示。例如从单条直线的廊道为 1，到整个表面为廊道所覆盖的一个假设状态。

2. 网络连接性(network connectivity)

网络连接性即网络中所有节的连接度，采用网络中廊道的实际数与最大可能出现的廊道数比值及指数，作为衡量连接性的指标，从 0～1。

3. 网络环路性(network circuitry)

网络中存在环路的程度，采用指标来反映，即环形的实际数量与最高可能的环路数的比。环路为物质提供了良好的通路以避免受到各类的干扰和阻碍。

4. 网络复杂性(network complexity)

网络复杂性是指上述网络环路与网络连接性两项指标的结合，或是每一个节连接的廊道复合。网络结构的连接性能在交通、经济领域一直是十分重要的。如确定一条最短的通路，通路的最佳位置等，这方面的问题在景观生态中也是重要的，但目前多数是理论性的。然而，对于动物及植物沿着单个廊道的运动已得到证明，如夜间可见到野鼠、狗在几乎废弃的小路上运动。但很少有证据说明动物通过直线的网络在做生态意义上的运动。网络的生态意义也取决于在何处与本底相连。输入或输出一般在节处发生，还是在沿着短距离通路或长距离通路发生。

四、景观生态学原理在城市森林建设中的应用

景观生态学在我国起步较晚，但发展很快，在城镇景观格局分析中很受重视。北京、上海、广州等城市利用景观生态学原理开展了城市本地特征分析，并在绿地系统规划方面做了许多工作(唐东芹等，1999；严玲津等，1999；宗跃光，1999)。从现有的研究来看，主要集中在两个方面：一是通过景观现状分析，采用多样性、均匀度、丰富度等景观指数分析方法，进行城市森林建设的格局分析；二是根据景观生态学廊道设计的原则，对基于热岛效应、污染源分布等局部环境问题进行的城市森林配置和廊道疏通设计，以及基于污染物扩散进行的以道路和河流为主干线的廊道设计，确定城市森林的骨架。但是，目前的研究基本上是停留在理论水平上和局限于城区范围内的研究，景观指数分析的实际生态意义难以与现实的生态过程相结合进行，而宏观的规划又没有把城镇置于大环境背景之下，规划的尺度与城镇环境建设所要设计的尺度不能够完全吻合。而从保护生物多样性的角度来看，斑块的大小、结构以及连接斑块的廊道特点是非常重要的制约因素(Naiman，1993)。Stout(1995)研究了红尾鹰(*Buteo jamaicensis*)在美国威斯康星州东南部城区、郊区、乡村的生境要求，他建议城区土地要有16%处于自然生境，这些生境40%是林木，60%为草本植物覆盖，以便为这种红尾鹰提供适宜的栖息地，理想的筑巢地面积大约为9hm^{2}林地。因此，城镇绿地系统建设要考虑满足主要生态过程正常运行的最低需要，实行大斑块绿地(主要是森林)为主体，通过近自然的宽绿带为联系的生态廊道相连接的绿地空间布局体系，对于发挥保护生物多样性等生态功能更有实际的意义。

1. 城市森林景观格局分析

城市森林建设是针对整个城市范围的，除了强调面积和森林的结构以外，很重要的一点就是要有合理的空间布局。利用景观生态学的原理和方法开展城市森林景观格局分析，是一种非常有效的手段。通过对城市森林景观格局的分析，可以了解城市森林在整个城市地域范围内的分布情况，与城市气候、污染、建筑区布局等结合起来进行复合分析，评价城市森林分布的合理性，为进行合理的城市森林发展规划提供理论依据。目前，国内外对城市森林景观格局的分析技术和方法已经形成一套比较成熟的体系，将在城市森林建设中发挥重要作用。

2. 以景观生态学为指导进行城市森林发展规划

城市森林发展规划是搞好城市森林建设的基础，要具有一定的超前性。同时，城市森林的规划要为整个城市生态系统服务，要有利于城市生态系统的良性循环，有利于保护和增加城市的生物多样性。景观生态学为此提供了有力的工具和理论支撑。Ahem (1991)在对美国马萨诸塞州的 Hadley 附近地区的研究中，把景观要素(landscape elements)分成两大类：一类是指源于长期地貌过程的要素，如河流、地貌等；另一类是源于近期土地利用实践的要素，如绿篱、森林斑块等。他还指出，如果考虑到景观的可持续问题，这些地貌因素必须被综合进来并形成一个被较近期景观要素所依附的主体框架，要对这种潜力充分理解，以便在那些目前不存在森林斑块和廊道的地区创造出新的森林斑块和廊道。这种思想对于搞好城镇绿地系统规划是非常有帮助的。无论是总体布局，还是模式配置和植物材料选择，首先都必须对城镇所处的环境背景值(包括气候、土壤、植被、水资源等)有充

分全面地认识，才能做好适合于本地区特点的城镇绿地系统规划。另外，城镇自然植被受到极大破坏，生境破碎化、外来种干扰、人类活动等因素导致城镇乡土物种丰富度降低和主要生境丧失。虽然生物多样性保护的核心地区不在城镇范围内，但城镇各种绿地所包含的众多物种和提供的生境也可以为生物多样性保护工作提供有益的补充(Miller，1997)。因此，在城镇森林生态网络体系建设的整体规划和具体配置模式等各个环节，都要创造有利于保护和增加生物多样性的环境氛围，这也是提高绿地生态功能的有效途径之一。

因此，城市森林生态系统建设要考虑满足主要生态过程正常运行的最低需要，实行大斑块绿地(尽量扩大森林斑块的面积)为主体，通过近自然的宽绿带为联系的生态廊道相连接的城市森林空间布局体系，充分发挥城市森林的生态功能。因此，运用景观生态学的原理与方法，对城市森林现状及城市生态环境问题的需求，对城市森林的布局进行结构性调整，在减少景观破碎化的同时，充分发挥廊道的连接作用、森林斑块的生物多样性以及从景观丰富度的角度，使得城市森林类型结构及布局合理化、科学化。

第四节　生态系统管理理论

一、生态系统管理理论

全球人口的快速增长、资源过度开发、环境急剧恶化已对人类生存和发展构成了严重威胁。维护生态系统安全和合理管理自然资源已日益受到国际社会的关注。人们从过去传统地追求单一经济效益观念转向于寻求生态系统可持续利用的观点，资源管理也从传统的单一资源管理转向系统资源管理。于是有学者提出生态系统管理的理念，以实现资源的可持续利用。

关于生态系统管理的定义，不同学者从不同的学科和不同角度提出了多种。1988 年，美国学者 Agee 和 Johnson 率先把生态系统管理定义为“调节生态系统内部的结构和功能，特别是输入和输出，以实现社会所期望的状态”；1992 年，Obveray 认为生态系统管理即为利用生态学、经济学、社会学和管理学等原理仔细地和专业地管理生态系统的生产、恢复，或长期维持生态系统的整体性和理想的条件、利用、产品、价值和服务；同年，美国林学会解释，生态系统管理强调生态系统诸方面的状态，主要目标是维持土壤生产力、遗传特性、生物多样性、景观格局和生态过程。美国林务局(1992—1994)认为：生态系统管理是一种基于生态系统知识的管理和评价方法，这种方法将生态系统结构、功能和过程，社会和经济目标的可持续性融合在一起。美国内务部和土地管理局(1993)也相应提出，生态系统管理要求考虑总体环境过程，利用生态学、社会学和管理学原理来管理生态系统的生产、恢复或维持生态系统整体性和长期的功能、价值。1993 年，美国的森林生态系统管理评估小组从森林角度提出：所谓森林生态系统管理，就是把森林作为生物有机体和非生物环境组成的等级组织和复杂的系统来看待，是一种用开放的、复杂的大系统来管理森林资源的思路，是以人为主体的、由人类参与管理活动的、由“人类社会—森林生物群落—自然环境”组成的复合生态系统。1994 年，Wood 提出综合利用生态学、经济学和社会学原理管理生物学和物理学系统，以保证生态系统的可持续性，自然界多样性和景观的生产力。Grumbine 认为生态系统管理是保护当地(顶极)生态系统长期的整体性，且这种管理以顶极生态系统为主，要维持生态系统结构、功能的长期稳定性。美国环保局在1995年提出，生态系统管理是指恢复和维持生态系统的健康、可持续性和生物多样性，同时支撑可持续的经济和社会。1996年，美国生态学会提出，生态系统管理有明确管理目标，并执行一定的政策和规划，基于实践和研究并根据实际情况作调整，基于对生态系统作用和过程的最佳理解，管理过程必须维持生态系统组成、结构和功能的可持续性。1996年，Christensen提出生态系统管理即为集中在根本功能复杂性和多重相互作用的管理，强调诸如集水区等大尺度的管理单位，熟悉生态系统过程动态的重要性或认识到生态过程的尺度和土地管理价值取向间的不相称性；1997年，Boyce和Haney提出，对生态系统合理经营管理以确保其持续性，生态持续性是指维持生态系统的长期发展趋势或过程，并避免损害或衰退。1999年，Dale等人认为生态系统管理是考虑了组成生态系统的所有生物及生态过程，并基于对生态系统的最佳理解的土地利用决策和土地管理实践过程，生态系统管理包括维持生态系统结构、功能的可持续性，认识生态系统的时空动态，生态系统功能依赖于生态系统的结构和多样性，土地利用决策必须考虑整个生态系统。

从以上诸多的定义或解释可看出，大部分的定义都是从生态系统的功能和可持续发展的角度提出的，所有这些概念的提出和对森林生态系统管理的认识主要基于J. F. Franklin提出的“新林业”理论，人们大多认为这一理论是以森林生态学和景观生态学原理为基础，吸收森林永续利用理论中的合理部分，将资源管理与社会改革相结合，追求并特别注重人在其中的作用，使其既能永续收获木材和其他林产品，又能持续地发挥保护生物多样性及改善生态环境等效益，最终获得森林的生态、经济、社会效益的协调统一，达到林业可持续发展的目的。

生态系统管理到目前为止，虽尚没有一个统一的定义为学术界和管理者都同时能接受，但相关的概念和解释具有一定的特点：

①生态系统管理都是以人为中心，人是所有生态系统中不可分割的一部分，把人类、社会价值整合到生态系统，而所有管理措施的制定都为了满足人类的生存和发展的需求。

②生态系统管理要求人类利用和对生态系统影响方面的系统的、科学研究结果作为指导，选择最小损害生态系统整体性的管理方式。人们对森林的生态、经济及社会需求的森林资源管理方式，是在景观水平上维持森林全部价值和功能的战略，森林生态系统管理的总目标是维持生态完整性，具体目标包括维持生物多样性、生态过程、物种和生态系统进化潜力等。

③综合了大量的人和环境相互作用的生态概念与原理。它有利于更好地管理土地和资源及其相互冲突的资源利用和管理目标。生态系统方法也试图致力于大量穿越不同空间的、时间的、生物的和组织的尺度环境关系。

④要求积极地参与生态系统管理，管理的内容包括自然生态系统本身和与这个系统所发生作用的人为因素或外部影响。因为各种利益集团和个人的协作及共同参与决策的管理是不可少的，因此在实践中首先重视公众参与和协作。

⑤生态系统经营不仅涉及资源管理技术的改革，还涉及思想和哲学等人文社会科学领域的改革，因此，要以社会需要为基础，根据政策、法规等制定管理目标。

从以上分析可知，在生态系统管理过程中，计划的制定和实施、实施结果的监测和分析、计划的修订等不断重复的过程是必不可少的。这个过程被称为适应性经营(adaptive management)，是生态系统经营的一个关键概念。

二、生态系统管理在城市森林建设和管理中的应用

生态系统管理必须认识到人是整个自然界的一部分，人及社会的持续生存和发展有赖于环境和生态系统的健康；另一方面，人类必须寻求有效途径，使其适应并管理环境，这是资源和环境管理研究、实践中发展出的生态系统管理概念的核心。由于城市森林生态系统有别于自然森林生态系统，虽然两者有着共同属性，遵循森林生态系统基本规律，但两者在经营目的、经营管理方式、功能效益大小等方面又有区别。因此，依据生态系统管理理论，以城市森林生态系统为管理对象，必须把城市居民及其价值取向作为生态系统的一个成分，确定城市森林建设和管理内容和方法，具体如下：

1. 城市森林生态系统管理内容

城市森林是高度人工化的生态系统，一方面它服务于城市居民，另一方面也要求人积极参与建设和管理。根据森林生态系统管理理论，城市森林的建设和管理主要是在城市生态系统组成、结构和功能分析基础上，对一定时空尺度范围内将人类价值和社会经济条件整合到城市森林生态系统经营中，建设、恢复或维持城市森林生态系统整体性和可持续性。这就决定了城市森林生态系统管理的主要内容是：在城市区域范围内，协调以树木为主体的生态系统与环境相互关系的一切措施。它是由城市生态建设的进程及森林生态系统基本规律要求而决定的，它主要包括以下几方面内容。

(1)城市生态规划

当前城市生态环境恶化的重要原因是由于过去城市建设规划缺乏生态规划或生态规划滞后，城市绿地系统比例不足，城市森林生态功能没有充分发挥出来，所以城市森林建设采用生态系统管理的理念，应进行优先统筹规划绿地生态区，保障城市生态环境安全。生态规划的主要内容包括城市生态功能分区规划、土地利用规划、人口容量规划、环境污染综合防治规划、园林绿地系统规划、资源利用与保护规划、城市综合生态规划。

(2)城市绿化植物选择、配置、布局

城市绿化植物选择、配置、布局关系着城市森林建设与管理的成功与难易，关系着观赏价值高低和生态效益大小，同时也是城市文化内涵的重要体现。在城市绿化植物选择、配置和布局过程中，应以生态系统健康为核心，进行评价和分析立地条件、生态功能、景观功能、生长适应性等内容。另外，还应考虑居民生活习惯、文化特点、城市经济发展水平等因素。

(3)城市森林的管护

由于城市森林自我维持和调节能力较差，管护措施显得尤其重要，它是维持城市森林生态系统健康和活力的必要措施。管护的主要内容为控制城市森林生态系统平衡和演替方向，城市森林日常管理、维护，病虫害防治等。

2. 城市森林生态系统管理方法的确立

城市森林生态系统的管理方法是社会城市化的新课题，目前尚没有成熟的经验，同时它又是一项较为复杂的工作，应采用多种措施，协同管理，使城市森林规范、有序、健康、快速发展。根据目前生态系统管理原理，主要应加强以下几个方面的管理措施。

(1)行政组织

主要是指根据生态系统管理原理和经济系统理论，在国家级和地方级政府机关组织下，依法行使组织指挥权力，对城市森林的建设和管护实施行政决策和管理。这里应特别指出的是，由于城市森林近几年才逐渐发展起来，同时它的管理是一项较为复杂的系统工程，在管理上还比较薄弱，同时一些政府管理部门之间矛盾也相应凸显出来，在管理过程中强调部门之间合作，如协调林业、园林、土地、建筑等部门之间的关系，以克服自然和人为不利因素影响，积极组织管理和决策，并组织社区参与和落实管理责任制。

(2)技术支持

城市森林建设和管理的好坏，在很大程度上取决于科学技术水平和采用的方法。运用城市森林建设与管理的科学技术，实现规划布局和管理的科学化，组织开展城市森林生态系统建设和管理研究，借鉴和吸取相关学科的新理论、新技术，总结和推广城市森林建设和管理科学、先进经验，建立城市森林生态系统管理信息系统，减少城市森林建设和管理的盲目和短期行为。

(3)法律措施

城市森林生态系统管理的法律措施是指为维护广大城市居民的根本利益，依据法律、法规，以调整城市中各集团、单位和个人在社会活动中所发生的作用，保证城市居民生活和生产活动。城市森林法律措施包括立法和执法两个方面的内容，应加强城市森林建设和管理方面法律法规及标准化的制定，同时加强严格执法，以确保城市森林的健康、快速发展。

(4)社会参与

城市森林生态系统的建设和管理要求生态学家、社会学家和政府官员通力合作的同时，还必须依赖于广大群众配合，通过广泛开展宣传和普及科学知识，加强公众监督，制止各种破坏环境的现象和行为，使城市森林的管护变为公民的自觉行为。同时，充分发扬民主，对重大建设项目应提交当地人大和政协讨论，使城市森林生态系统科学管理成为广大群众的共同要求。

总之，城市森林生态系统建设和管理是一项综合、复杂的工程。一方面它是自然的工程，要求系统健康、稳定，科学选择植物材料，合理布局，采用多种手段，对各种影响城市森林生态系统过程的各因子进行分析，维护生态平衡；另一方面，它还是一个社会化工程，要求科学组织、多种管理方法并用，使城市森林建设和管理步入法制、规范的管理轨道，促使人与自然和谐发展，为城市居民生活和生产提供良好环境。

第五节　城市生态学原理

一、城市生态学的基本理论

城市生态系统是按人类的意愿创建的一种典型的人工生态系统。其主要的特征是：以人为核心，对外部的强烈依赖性和密集的人流、物流、能流、信息流、资金流等。科学的城市生态规划与设计能使城市生态系统保持良性循环，呈现城市建设、经济建设和环境建设协调发展的格局。城市生态系统是城市居民与其环境相互作用而形成的统一整体，也是人类对自然环境的适应、加工、改造而建设起来的特殊的人工生态系统。

1. 城市生态学的概念

城市生态学是用生态学的概念、理论和方法研究城市的结构、功能和动态调控的一门学科，是生态科学与城市科学的交叉学科。它以整体的观点，把城市看成一个生态系统，除了研究它的形态结构以外，更多地把注意力放在全面阐明它的组分之间的关系及其组分之间的能量流动、物质代谢、信息流通和人的活动所形成的格局和过程。城市生态学采用系统思维方式，并试图用整体、综合有机体等观点去研究和解决城市生态环境问题。由于城市人口与城市环境(其他生物因素和非生物因素)相互作用形成复杂的网络系统，因而城市体系的中心问题仍然是生物(人)与环境的问题。因此，从生态学角度又可把城市系统称为城市生态系统。一般地，城市生态学可定义为：城市生态学是研究城市人类活动与城市环境之间关系的一门学科，城市生态学将城市视为一个以人为中心的人工生态系统，在理论上着重研究其发生和发展动因，组合和分布的规律，结构和功能的关系，调节和控制的机理；在应用上旨在运用生态学原理规划、建设和管理城市，提高资源利用率，改善城市系统关系，增加城市活力。城市生态学的研究对象是城市生态系统。它利用生态学和城市科学的原理方法、观点去研究城市的结构、功能、演变动力和空间组合规律，研究城市生态系统的自我调节与人工控制对策。其研究目的是通过对系统结构、功能、动力的研究，最终对城市生态系统的发展、调控、管理及人类的其他活动提供决策依据，使城市生态系统沿着有利于人类利益的方向发展。

2. 城市生态系统的结构及特点

城市生态系统是城市居民与其周围环境相互作用形成的网络结构，是人类在改造和适应自然环境的基础上建立起来的特殊的人工生态系统，城市生态系统是由自然系统、经济系统和社会系统所组成的。它包括城市居民赖以生存的自然物质环境，如太阳、空气、淡水、森林、气候、岩石、土壤、动物、植物、微生物、矿藏以及自然景观等；包括人类和社会经济要素，如工业、农业、交通、运输、贸易、金融、建筑、通信、科技、居住、饮食、服务、供应、医疗、旅游等，还包括文化、艺术、宗教、法律等意识形态和上层建筑。城市生态系统的结构很大程度上不同于自然生态系统，它除自然系统本身的结构外，还有以人类为主体的社会结构和经济结构，它具有如下特点。

(1)城市生态系统是以人为主体的生态系统。

人的主导作用不仅仅在于参与生态系统的能流、物流和信息流的各个过程，更重要的是人类为了自身的利益对城市生态系统进行着控制和管理，人类的活动对城市生态系统的发展起着重要的支配作用。

(2)城市生态系统的主要消费者是人

人类消费的事物量大大超过了系统内绿色植物所能提供的数量，系统所需求的大部分事物能量和物质，要依靠其他生态系统人为地输入，而人类生产和生活所产生的产品和大量废弃物，大多不是在城市内部消化、消耗和分解，而必须输送到其他生态系统中去消化，因此城市生态系统本身就是容量大、流量大、运转快和高度开放的生态系统，由于该系统的非独立性和对其他生态系统的依赖性，使城市生态系统本身显得比较脆弱，自我调节能力很小。

(3)城市生态系统是人类自我驯化的系统

在城市生态系统中，人类一方面为自身创造了舒适的生活条件，满足自己在生存、享受和发展上的许多需要；另一方面又抑制了绿色植物和其他生物的生存和生活，污染了自然环境，反过来又影响人类的生存和发展。人类驯化了其他生物，把野生生物限制在一定范围内，同时把自己圈在人工化的城市里，使自己不断适应城市环境和生活方式。

3. 城市生态系统的功能

城市生态系统最基本的功能是组织社会生产，方便居民生活，具体现在能量流动、物质交换、信息传递几方面的运动过程中。城市能量的消耗主要来自工业生产、居民生活和交通运输。能源的传递大体经农业部门、采掘部门、能源部门和运输部门的途径，通过社会再生产的生产、交换、分配和消费各个环节，为生产和生活服务，最后以废弃物和余热的形式耗散掉，发展城市经济必须相应增加能量投入，愈多愈好，然而能量消耗的同时必然增加城市的生态负荷。城市生态系统的物质流包括资源流、货物流和人口流(包括劳力流和智力流)三方面，城市的资源流是指由自然力推动的物质流和人工推动的物质流，主要包括空气和水体的运动，后者指交通运输。城市物质流输入和输出的收支平衡非常重要。凡输入近等于或略大于输出的城市，其规模、内部积蓄量变动小，维持着相对的动态稳定。

4. 城市生态系统的平衡

城市生态系统的平衡是指城市这一复合生态系统在动态发展过程中，保持自身相对稳定有序的一种状态。其具体表现为城市中人类与自然环境间相互协调，城市的各个组成部分结构合理，系统的输入与输出均衡，城市的功能得到正常发挥，城市经济的各个部门有计划按比例发展，城市社会安定，人民安居乐业。大量事实证明，在自然条件下，只要给予足够的时间，在外部环境又保持相对稳定，生态系统总是按照一定规律朝着种类多样化、结构复杂化和功能完善化的方向发展演进，直到使生态系统达到成熟的最稳定状态为止。但是，生态系统的自我调节能力是有一定限度的，当外界条件使系统的变化超过了自我调节能力的限度时，其自我调节能力随之下降，以至消失。此时，系统结构破坏，功能受阻，以至整个系统受到伤害甚至崩溃，导致生态平衡失调或生态危机。城市生态系统的平衡取决于城市规模与资源和环境之间的关系，其具体标志包括城市三大效益达到最佳，城市各子系统协同有序、有计划按比例发展，城市生活质量不断提高。

二、城市生态学原理在城市森林建设中的应用

1. 指导绿化树种的选择

根据城市生态学的思想，不同城市以及城市的不同地区其生态因素是不同的，因此作为城市森林建设选择的植物材料也应该是有差别的。而乡土树种是自然规律长期选择的结果，对当地土壤和气候类型具有很强的适应性，因此提倡城市森林建设应以乡土树种为主，并根据不同立地类型选择能够与城市功能区相适应的绿化树种。如与城市街道相适应的树种除了应达到景观要求和色彩效果外，特别要注意考虑具有适应不同土壤、易移栽，树干高大，冠幅较大，寿命长，出芽早，落叶晚，抗虫害，不妨碍街道环境卫生等生态特性，或者根据城市生态环境需求选择抗污染如抗 SO_2、抗 HF、抗粉尘强的树种。

2. 进行合理的模式设计

城市绿化建设建立的人工植被群落的好坏，直接影响城市生态效果，植被之间的搭配也决定了群落的稳定性和发展的持续性，因此在选择不同植物配置时应根据不同植物材料的生态适应性以及他感作用，根据能量平衡等原理进行合理搭配。最好借助自然群落的特点及生态适应规律，进行合理搭配。此外，还要根据城市不同区域特点和选择模式的主导功能进行配置，如在城市快速干道两旁建立生态功能为主的景观林，应选用高大乔木作为远景，中小乔木作为中景，以观花观叶的灌木作为近景。植物材料选择落叶与常绿混交、针阔叶混交的方式，配置宽度可根据不同生态防护功能给予确定，如隔离噪音一般需要20m 左右，生物廊道或形成森林小气候环境则一般需要 50m 以上。

3. 在城市森林建设布局中的应用

城市的建设是一项系统工程，各项规划应该注重整体效益和长远效果，不能只顾眼前效益。城市生态学告诫人们在进行城市的各项建设时，一定要利用城市生态学原理，在建立科学合理的城市生态评价因子的前提下进行生态功能分区，根据不同功能区的特点进行生态规划。在充分利用现有植被条件的基础上，根据城市生态平衡(即能流、物流)思想，合理地布局城市森林，并根据城市人口密度情况、城市形态等要求，建设道路林网、河流林网、大型片林相结合的城市森林生态系统，以满足城市生态建设的需求，并根据当地气候、土壤、水文、地形等方面的自然生态条件综合考虑，做出合理的布局。如北方城市应考虑在城市的主导风方向建设一定面积的防风林，在城市核心区建立能降温增湿的一定面积的大型片林。中小城市可以考虑能够与周边的自然环境具有良好的贯通条件的放射林带，以取得良好的生态效果。

第六节　人文生态学原理

一、人文生态学的内涵

人文生态学是一门新兴的边缘学科，是对自然生态系统研究延伸至人类社会文化系统的进一步深化，人文生态学研究是建设生态文明社会的重要基础。人文生态学强调人类活动应遵循生态学原理，在实现人与自然和谐相处协调发展的同时，必须同社会历史文化等其他方面的发展相结合相协调；其核心就是研究人类如何遵循生态学原理来构建社会发展的人文基础和文化环境，从而确保发展的全面性和可持续性。我国对人文生态学的研究正处于起步阶段，许多学者认为可持续发展理论和我国古代"天人合一" 的思想是中国人文生态学的基础，也是中国人文生态学的创新所在；也有学者认为以可持续发展为基础的生态伦理学应是人文生态学的核心。随着人们对生态环境保护意识的增强，对社会的可持续发展的向往，人们的思想意识发生了根本转变，人们的发展观念也发生了明显变化，在保护和优化自然生态的同时优化人文生态，在生态资源合理利用的基础上加强人文资源的开发利用与呵护。也就是说，在保护生态资源和自然环境的前提下，通过社会文化的进步，提高劳动者的素质，发挥人们的聪明才智，发扬积极进取、开拓创新精神，依靠科技进步，促进人文生态与自然生态良性互动，再造山川秀美的自然生态与文华荟萃的人文生态的有机平衡，已成为当前人类社会文明的重要标志。总之，人文生态学研究的重要性越来越被我国学者所认识，但由于研究区域的人文特点的差异，导致所研究的范畴各有侧重和偏颇，总体看来一般认为应包括可持续发展与生态文化、“天人合一”的文化生态观、以人为本的人居环境学、生态伦理等4个方面。

1. 可持续发展与生态文化

可持续发展就是满足当代的发展需求的同时，应不损害、不掠夺后代的发展需求，它是人类社会进步的一种新的发展观和发展战略。正确认识和处理文化与可持续发展的关系，确立新的、符合可持续发展理念的文化形态，不论是对生态文化自身的发展，还是对可持续发展都具有重要意义。20世纪50年代以来，传统发展模式的弊端逐渐显现出来，全球性生态环境问题日渐突出，人们开始重新审视自己的行为，对原有的社会生产方式、消费模式进行了日益深入的讨论与反思，对人地关系、人际关系处理有了更深层次的认识，传统的思想观念逐步发生改变。这些无一不是人们的文化行为，反映了文化的变革，正是这些变革促使了可持续发展思想的形成，使可持续发展战略成为世纪之交的全球发展战略。生态文化进步推动可持续发展，是一个在人的理性宏观调控下，整合人口、资源、环境、经济和社会诸要素逐步走向人地关系和谐、人际关系融洽的过程。这一进程受多种因素的影响，而文化观念的更新无疑是推动可持续发展进程的一个重要力量。另一方面，可持续发展观念还可以从传统文化中找到某些相通之处，推动可持续发展理论研究，为人类走上可持续发展道路提供理论支持和实践验证。传统文化中的许多思想往往片面强调人类中心主义，导致掠夺式地开发利用自然资源，忽视对自然的保护，加剧了环境的退化，引起人地关系的不和谐，生态环境日益恶化。传统的发展模式(文化模式)忽视资源环境对经济社会的限制，以高消耗追求经济数量增长，先污染后治理，甚至只污染不治理，在大量消耗资源、严重破坏环境的同时，也严重损害了社会、经济发展的基础，使人类社会走上了不可持续的道路。可持续发展本身是一种新的文化理念，可持续发展在对传统文化观念扬弃的基础上，重新审视人地关系、代际关系、区际关系的处理，强调发展的可持续性，认为经济的发展、社会的进步不能超过资源与环境的承载能力，进而得出结论：人们必须改变目前的不可持续发展模式、发展观念，树立全新的可支持人类永续进步的发展观念，走可持续发展道路。正如有些学者提出，生态危机本质上是人类文化的危机，人类必须从文化上进行自救，树立可持续发展观念，实现人地和谐。可持续发展本身是一种全新的文化理念，它要求人们改变传统的生产观、消费观，树立新的效益观、财富观和发展观，推动人口、资源、环境、经济和社会的协调发展。为了实现这一要求，必须对传统文化进行扬弃，进行文化创新，促进可持续发展战略的顺利实施。可持续发展高度重视人在可持续发展中的作用，把人置于可持续发展问题的中心。可持续发展的文化应是在保持文化多样性前提下的整体依存的和谐的绿色文化。从中可以看出可持续发展文化的基本特征：超越以往各种文化形态，在追求人际关系和谐的同时，也重视人与自然的和谐；在强调文化多样性的基础上，更看重文化的整体依存，即文化的系统特征。显然，这一文化是符合人类的整体利益和长远利益的，是生态文化的重要创新。

2.“天人合一”的文化生态观

“天人合一”是中国传统文化思想体系中的精华，它对中国文化、哲学以及政治、经济各方面都产生了非常广泛而深远的影响。“天人合一”的观念在中国具有悠久的历史，先秦诸子几乎都有关于“天人合一”的论述，从不同的角度论述到“天人合一”问题，对

"天"与"人"、自然与人类的关系的某个方面进行了揭示。西汉董仲舒对"天人合一"观念进行了拓展，并使这一生态文化观念成为系统的理论体系。在这个体系中，把天人关系看成是同构、感应和相通的，"天"与"人"是相通而感应的有机整体。"天"即是自然规律现象的总体，虽不是被人征服改造的对象，但也不会与人相分、对峙。"天人合一"既包含着人对自然规律的能动适应，也意味着人对主宰、命定的被动顺从。"天"不仅指人以外的自然存在物，而且也指人自身的自然存在。从"天人合一"的观点看城市，城市应是包含有内在联系，与自然、环境协调并存的统一体。人们可以从不同的角度把它作为某种系统(如工业系统、交通系统、商业系统、文化系统、教育系统乃至于社会系统等)来看待和研究。这与当代西方的城市文化生态学派可以说有异曲同工之妙。美国城市社会学家沃尔特·法尔和杰里·乔纳森学派在修正古典生态学理论的过程中，认为只有把文化和价值观看作人文生态学的理论核心，城市的结构和功能才能得到正确的解释。这一理论已在城市规划与建设中引起关注并得到应用。中国传统文化的"天人合一"观念与西方城市文化生态学派对城市研究的这种内在默契，体现了中西文化两种不同的思维方式正在走向融汇与统一。这种新的文化体系为城市规划和城市森林建设以及研究城市的未来发展提供了一种新的视角和方法论。

3. *以人为本的人居环境学*

人居环境是人类聚居生活的地方，是与人类生存活动密切相关的地表空间，它是人类在大自然中赖以生存的基地，是人类利用自然、改造自然的主要场所，也是一个复杂的生态系统。人居环境科学就是以人居环境(包括乡村、集镇、城市等)为研究对象，着重探讨人与环境之间的相互关系的科学。它强调把人类聚居作为一个整体，而不像城市规划学、地理学、社会学那样，只涉及人类聚居的某一部分或是某个侧面，全面了解、掌握人类聚居发生、发展的客观规律，以更好地建设符合人类理想的聚居环境。同时围绕地区的开发、城乡发展及其诸多问题进行研究，连贯一切与人类居住环境的形成与发展有关的，包括自然科学、技术科学与人文科学，其涉及领域广泛，是一个多学科结合的新学科体系。人居环境科学研究的基本前提是：人居环境的核心是"人"，人居环境研究以满足"人类居住"需要为目的；大自然是人居环境的基础，人的生产生活以及具体的人居环境建设活动都离不开更为广阔的自然背景；人居环境是人类与自然之间发生联系和作用的中介，人居环境建设本身就是人与自然相联系和作用的一种形式，理想的人居环境是人与自然的和谐统一。人在人居环境中进行各种各样的社会活动，努力创造宜人的居住地(建筑)，并进一步形成更大规模、更为复杂的支撑网络；人创造人居环境，人居环境又对人的行为产生影响，人既是人居环境复杂系统中的生产者，又是消费者。人居环境的好坏，人们生活质量的高低，既包括物质方面的因素，也包括人们在精神、心理、情感等方面的因素。人类出于自身需要可以创造一种高度人工化的环境，但这种环境又反作用于它的创造者，影响、改变着人的生活、行为和观念。在人居环境中存在着人与自然的关系，人与人的关系，还交织着两者之间的相互关系，因而人居环境学研究的基本着眼点，应该以人为本。人的需求是多层次、多方面的。作为生理学意义上的人，有物质方面的需求；作为社会学意义上的人，有心理、精神、情感、信仰、自我实现等文化方面的需求，因而人与环境相互关系的实质是一种社会关系。现代人的消费方式已突破了传统的个人和家庭消费的范围，走向社会共同消费，这是一种趋势。如果人居环境的格局和节奏导致人与人之间造成一种壁垒感，客观上将破坏人际关系和人们共同的归属感，常让人们产生一种茫茫然不知所措的惆怅感和无家可归的孤独感。因此，人居环境一定要以人为本，让人安居乐业，使之成为能唤起亲切感的社会文化环境和自然环境、心理环境和行为环境。

4. 生态伦理

生态伦理研究的兴起，有其深刻的现实背景和理论渊源。就其背景而言，乃是全球性生态环境危机对人类生存造成日益严重的威胁，而从理论渊源来说，可以从康德伦理学中找到其源头，甚至可以追溯到远古时代的“万物有灵论”观念，也可以在生物进化论、分子遗传学等自然科学中发现其科学依据。生态伦理倡导人类的活动应遵守“只有一个地球”“人与自然平衡”“平等发展权力”“互惠互济”“共建共享”等原则，承认世界各地“发展的多样性”，以体现高效和谐、循环再生、协调有序、运行平稳的良性状态。其中有代表性的观念有人类中心论、动物解放/权利论、生物中心论、生态中心论等价值理论体系，美国的霍尔美斯·罗尔斯顿又把生态中心论分为大地伦理学、深层生态学和自然价值论等三个方面，认为生态伦理简单地说就是人类应对自然环境负有直接的道德义务，所有的生命都具备成为道德顾客的资格。概括地说，生态伦理就是指以生态伦理问题为载体，以人与自然和谐关系为手段，以人类在现实与未来双向性过程中可持续生存与发展为目标的伦理规范及行为准则的总和，它反映的是人类共同体对待自然物利用及改造问题上所呈现的人及人与社会的利益关系。

二、人文生态学原理在城市森林建设中的应用

1. 植物材料选择中的应用

城市是人类文化的结晶，一个城市的森林植被不仅仅是自然选择的结果，往往还和城市的历史文化和社会习俗有重要关系。城市的历史和文化孕育了城市的特色和风貌，因此在城市森林建设的植物材料运用中也应该从人文生态学的角度进行综合考虑。到过福州的人，绝不会忘记“榕城”的来历，去过上海就不会忘记它的市花白玉兰，提起日本就不能不让人想起樱花，在中国以树木名称谓的城市就不少，如攀枝花、榆林、长沙以及用松、柏、柳、桑、梅、李等树木作为地名的，比比皆是。某些城市古树及其著名的建筑成了城市的永恒标志，同时在城市的骨架和肌理中同样也可以寻找到城市人文景观建设和城市文化发展的轨迹。树木的种类对城市的风格也起着重要的作用。“白门杨柳可藏鸦”“绿杨城郭是扬州”说的是南京、扬州以杨柳为其城市森林的主要材料，其他如黄山松、栖霞山红叶、槐树、黄果树等也都有其绿化特征。但现在的城市森林树种选择大有去异求同之趋势，一些热门紧俏的树种似乎成为包治城市生态百病的名医，走俏全国各地，根本不能体现其城市的历史文化特色和城市特点。因此，城市森林建设应该以乡土树种为主，外来树种为辅，这样才能体现地方特色。要选择寿命长，有利于持续经营管理，对人体身心健康有益的绿化树种，充分体现以人为本的特点。要根据城市的特点，根据人居环境的需求，从城市的历史特色、地域特色和主要特色综合考虑，结合城市的历史文化、田园文化、社会文化、广场文化等人文因素，选择不同的植物材料，充分体现天人合一的思想。

2. 植物配置中的应用

生态文化理念来源于人类的各种活动，并对它产生重要影响。中国古代的环境观强调人与自然的和谐，力求达到“天人合一”的境界，这对今天的城市森林建设仍有现实意义。

自然环境是人类赖以生存和发展的基础，城市由于大量的建筑和人口密集，破坏了自然环境，导致城市植被减少，生态环境质量下降，因此，要改善城市的生态环境问题，就应遵循自然规律，选择合理的植物配置方式。不同的植物配置方式，让人产生不同的联想，“停车坐爱枫林晚，霜叶红于二月花”，讲的是一种枫林自然生景，而“疏影横斜水清浅，暗香浮动月黄昏”对梅则是由景而情了。松、竹、梅的搭配方式及在庭院中的应用就是我国古典园林文化理念的具体应用。

3. 城市森林布局中的应用

20 世纪 40 年代以后，文化生态学理论已在城市规划与建设中引起关注并得到应用。城市的文化生态学派将城市作为生态环境与社会文化的复合系统来看待和研究，即研究城市这种特殊的复合生态系统的形成。结构、特征、功能以及它的兴衰，为展示城市这一人类文明的风貌。法国地理学家潘什美尔认为“城市现象是一个很难下定义的现实。城市既是一种景观、一片经济空间、一种人口密度；也是一种生活中心和劳动中心；更具体一点说，也可能是一种气氛、一种特征、或者一个灵魂。”城市的规划、建设和发展是一项系统工程，现代城市病的出现是城市生态系统整体功能紊乱或不健全的反映。采取以往那种机械自然观思维方法去医治城市病是解决不了根本问题的，必须对构成城市生态系统的各个要素或子系统之间相互关系作整体性的调节，才能不断提高系统的整体功能。正是这种客观的需要和生态学家、人类文化学家、社会学家对城市科学的介入，导致了城市文化生态学的兴起和发展，尤其在城市森林布局与城市结构规划中具有指导作用。

随着城市化向纵深发展，城市人口急剧增加，建筑密度惊人，交通拥挤不堪，绿地日益被蚕食，环境污染日趋严重，居民因远离大自然而承受着巨大的心理压迫感和精神桎梏感，人类为城市化付出了巨大的代价。早在 1898 年，英国的霍华德就提出了“明日的田园城市”。他主张在大城市外围建立宽阔的绿化带，将城市与大自然融为一体，这一思想对后来的城市规划产生了深远的影响。1935 年，美国马里兰州规划建设的小城市格林贝尔特(Greenbelt，即绿带)就具有“田园城市”的特点。1968 年，美国芝加哥规划建设了一个卫星城市——南帕克弗雷斯特，规划人口 11 万，人均绿地面积 75m^2。1980 年，国际建筑师协会在马尼拉举行了以“人类城市：建筑师面临的挑战与前景”为主题的学术研讨会。会议明确指出，当代最突出的问题是人类环境的恶化，要求城市规划必须注重环境的综合设计，强调以人为中心的发展。这就为城市规划提出了一个新的方向：城市规划应走与城市文化生态系统相结合的道路，突破旧模式，将建筑规划与生态规划融为一体，在城市发展这一领域，为从总体上改善人类生态状况，摆脱城市危机做出努力。当前日本正在开展“田园城市”的研究，这对城市森林建设具有深远的影响。按照人文生态学的观念，在城市森林建设布局中应从生态系统和环境保护的角度，主张把森林伸入城市，再现森林群落的结构和景观，以发挥其保护城市环境的作用。它既不同于以纯观赏为主要目的的庭院方式，也不同于以文化娱乐、休息游览为目的的公园方式，更不同于以获取木材为目的的造林方式。现代城市要走出所面临的困境并不仅仅是一个城市绿化、美化的问题，未来城市的格局与面貌应当充分体现城市与大自然的融合，城市居民应当能触摸到大自然的节奏并感受到大自然韵律的美。他们在诗意盎然、充满人情味的“天人合一”的环境里创造物质与文化财富，享受着现代科技提供的各种优质服务。在保证充足物质供应的情况下，文化艺术和科学研究将更加繁荣和发展。人们将努力在自然与技术交融的环境里找到自己的归宿。城市空间范围的大小，将取决于它的各项设施的完备程度，所能提供的信息量的多少，以及提供技术咨询能力的大小等各种因素。人们居住的空间距离可能会拉远一点，但高效率的交通系统和先进的通讯系统将完善并强化城市居民的社区感，使人与人之间的关系更加密切，各种文化的、精神的、情感的交流将更加频繁深入。城市将作为文化中心、科研中心、教育中心和信息中心而显示其重要性。未来的城市将充分体现天然自然与人工自然的协调，以及人与环境和谐相处、同步发展，创造一种崭新的人类聚居的城市文化生态。

在以树木为主的城市森林建设中，生态学理论的应用体现在个体、群落、景观等不同尺度上，但并不是彼此分割、相互独立的。比如单纯地增加物种多样性而忽视群落结构的多样性，往往达不到增加和保护生物多样性的目的；仅仅考虑植物材料的高矮层次和耐阴性而忽视营养生态位的需求，难以形成完整的物质循环和能量流动通道。因此，生态学原理在城镇绿地系统建设中的应用是一项非常复杂、非常综合的工作，从植物材料选择、配置模式的具体环节，到基于城市所处环境背景的宏观景观生态规划，要真正把生态学的有关理论运用到城市森林建设的各个环节，才能使城市生态环境状况获得整体上的改善。要做好这方面的工作，一方面要加强对各种植物材料本身生态学和生物学特性的基础研究，提高绿地建设者和管护者的生态学理论水平；另一方面还要加强生态意识教育，转变过分追求景观效果而不是生态效益的传统观念，这对保证城市森林健身的健康发展是非常重要的。

第七节　环境经济学原理

环境经济学是可持续发展时代的经济学。传统的经济理念在导致了以工业化的和以不计较环境成本的方式制造出过剩的私人物品的同时，也把这个经济系统所赖以存在的自然资源和环境这类公共物品导向了枯竭之路。如果说可持续发展理念是对深埋着危险的传统的发展理念的扬弃，那么环境经济学就是对深埋着危险的传统经济理念的扬弃。

一、自然资源价值理论

资源就是“资财之源，一般指天然的财源”。资源作为社会财富的本源(包括物质财富和精神财富)，国内外都有许多对资源的相似却又不同的解释。1972 年，联合国环境规划署的定义是：所谓资源，特别是自然资源，是指在一定时间条件下，能够产生经济价值以提高人类当前和未来福利的自然环境因素的总和。日本《林业百科事典》(1970 年版)的解释为：所谓资源是构成自然界的物质，是供人类生活的本源。美国学者认为，生产产品所需要的土地、劳力、原料、能源、资金都是资源。前苏联学者认为土地、劳力、原料，而且产品也是资源。近些年来，我国学者又提出了不少对资源的解释。黄亦妙、樊永廉编著的《资源经济学》将资源更广泛定义为：“资源就是人们用以创造社会财富的自然因素和社会因素。”还有人认为资源是指“在现有生产力发展水平和研究条件下，为了满足人类的生产和生活需要而被利用的自然物质和能量”。

按照属性，可将资源划分为自然资源和社会资源两大类。凡属天然存在的自然物称为自然资源，如土地、阳光、森林、湿地、水、矿产等资源。自然资源是自然界的产物，是人类赖以生存和创造社会财富的物质基础。凡属社会要素的资源则称为社会资源，如劳动力、科学技术、资金、信息、智力等，它是人类劳动所创造的社会产物，是人类社会赖以生存发展的物质技术基础。

根据自然资源的再生性，可以把自然资源划分为可耗竭资源和可更新资源两大类。在任何对人类有意义的时间范围内，资源质量保持不变，资源蕴藏量不再增加的资源称为可耗竭资源。耗竭既可看作一个过程，也可以看作一种状态。当资源蕴藏量为零，或市场价格过高，但资源蕴藏量不为零，有效需求为零时，都可以说资源达到了耗竭状态。可更新资源是指能够通过自然力以某一增长率保持或不断增加流量的自然资源。例如，太阳能、大气、湿地、森林等。有些可更新资源的持续性和流量受人类利用方式的影响。在合理开发利用资源的情况下，资源可以恢复、更新、再生产以致使资源蕴藏量不断增长；在不合理的开发利用条件下，其可更新性就会受阻，使资源存量不断减少，以至耗竭。比如，不正确地利用导致森林破坏，发生土壤侵蚀，使整个区域生态环境发生变化，这种不可逆转的改变就使本来是可更新资源的湿地变成了不可更新资源。另一些可更新资源的存量和持续性则不受人类影响，例如，太阳能，当代人消费的数量不会使后代人消费的数量减少。

根据财产数量是否明确，可更新资源可以分为可更新商品性资源和可更新公共物品资源。可更新商品性资源是指资源的产权可以确定，一个人的享受和利用会直接影响其他人的享受和利用，并能在市场上进行交易的可更新资源，例如，私人土地上的农作物。可更新商品性资源具有如下特点：①明确的财产权；②专有性：由拥有这些资源带来的所有效益和费用都直接给予资源的所有者，而且只有通过所有者，才可以转卖资产使用权；③可转让性：所有资源产权可以在双方自愿的条件下，从一个所有者转移到另一个所有者；④可实施性：资源产权可保证免于他人的侵犯和非自愿的获取，使得破坏权利者得到的惩罚大于破坏权利可能得到的最大好处或期望的非法收入。

可更新公共资源包括公海鱼类资源、空气等。这类可更新资源至少具有下列特征中的一个：①非竞争性，指某人对某种物品的消费不会减少或影响他人对这一物品的消费。例如，一个人可以自由呼吸空气，同时并不减少其他人可以得到的数量。②消费无排他性，指不能阻止任何人免费消费该物品。例如，在公海中的任何一个渔民都无权阻止别人前来这里捕鱼。属于公共物品的可更新资源是非专有的。非专有性是财产权的一种减弱，它将导致低效率。在这种情况下，价格既不能在使用者之间对资源分配起调节作用，也不能为生产或保护资源提供刺激作用。

整个人类社会发展的历史是一部人类不断开发、利用各种自然资源，创造社会财富，以满足人类社会发展各种需要的历史；同时也是一部人类自发地、盲目地开发、利用自然资源逐步向自觉、有效、经济、合理地开发利用、保护和改造自然发展的历史。

二、环境资源价值的含义

经济学上认为，稀缺性赋予商品或劳务以价值，如果某种物品能够任意满足任何消费者，那么这种物品无论在道德、美学或经济上多么重要，它都不具有价值。例如清洁的空气和灿烂的阳光没有价值，因为所有的人都能够随意享用。但是一旦阳光受到大气灰尘的阻碍、空气受到污染时，人们对灿烂的阳光和清洁空气不能随意享用时，阳光和空气便具有了潜在的经济价值。由于人们显示出对环境质量的偏好和大自然的向往，而环境质量不断恶化，自然生境不断减少，这时，环境质量和自然生境将逐渐成为稀缺的商品。在这种情况下，可以根据人们为改善环境和保护自然，或为了防止环境质量进一步下降和阻止自然生境不断减少而支付一定金钱的意愿来推断环境质量和自然生境的价值(OECD，1996；薛达元，1999)。

三、环境资源价值的决定因素

未经人类劳动的自然资源也是有价值的，这种价值是由其有用性和稀缺性决定的。这应该用马克思主义的使用价值的概念，或经过修正了的效用价值概念。因为，这种效用价值是人们考虑到稀缺因素时对物的有用性的一种评价。效用价值概念是从人对物的评价过程中抽象出来的，它本质上体现着人与物的关系，即当人类面对不同稀缺程度的物质资源时，如何评价和比较其用处或效用的大小。这是环境资源有价性的一个理论根据，建立在环境资源有价基础上的产品价格与建立在环境资源无价基础上的产品价格是有很大不同的。前者，可能在综合考虑各种有关因素的情况下，确定出合理的价格。而后者，由于先天价格构成不完全，不可能制定出合理的价格。比如，我们的木材价格中，只包含了采伐和运输的成本，没有包括营林等成本，森林资源本身的价格就更没有考虑，所以价格严重偏低。

四、环境资源的外部不经济性

环境经济学认为，引起资源不合理地开发利用以及环境污染破坏的一个重要原因是环境资源的外部不经济性。

外部性是指某个微观经济单位的经济活动对其他微观经济单位所产生的非市场性影响。当影响对影响者有利时为外部经济；当影响对影响者不利时为外部不经济。非市场性是指这种影响没有通过市场价格机制反映出来。当影响者因为外部经济受益时，他们不需要向行为者支付报酬；当影响者因为外部不经济受害时，他们也不需要从行为者处获得补偿。

由于外部不经济的存在，使完全竞争厂商按利润最大化原则确定的产量与按帕累托条件确定的产量严重偏离，这种偏离就是资源过度利用、污染物过度排放。公共物品是具有外部经济性的典型例子，它具有无排他性和无排斥性。

可以说，人们滥用和浪费资源，破坏环境的原因是资源与环境的外部性。外部性是市场失灵的表现，它导致私人成本与社会成本发生偏离，市场无法解决这个缺陷，必须由政府干预，对资源与环境功能进行评价和补偿，对破坏者加以征税或罚款，对受害者加以补偿，对受益者加以收费，对保护者加以补贴。生态评价与补偿是一种使外部成本内部化的环境手段。

五、环境经济学原理在城市森林建设中的应用

环境经济学的研究范围日趋广泛。根据环境经济学，森林营建活动具有外部经济性，即它为不相干的人带来好处；森林采伐具有外部不经济性，即它为不相干的人带来害处。这些好处和害处，虽然现在还没有价格和价值表达，政府也未出面调整，但它确确实实地会为他人带来经济收益或经济损失而本人也不会受益或承担赔偿责任。

森林环境问题，是当代可持续发展所面临的首要问题。因为，不保护和发展森林，陆地生态系统就失去了主体，而保护和发展森林，首要的是解决森林的环境价值和确立森林环境经济，城市森林尤其如此。

1992年，里约联合国环境与发展大会《21世纪议程》明确指出，提倡对树木、森林和林地所具有的社会、经济和生态价值纳入国民经济核算体系的各种方法，建议研制、采用和加强核算森林的经济和非经济价值的国家方案。中国《21世纪议程》及林业部提出的《中国21世纪议程——林业行动计划》都列明了相关条款。

在中国的林业发展中，过去只看到了森林生产木材的价值，而忽视了大于木材收益几倍乃至十几倍的环境价值，也就是忽视了森林的“外部性”——既忽视了外部经济性，也忽视了外部不经济性。城市森林具有很强的外部经济性，除少量旅游风景区，有很多地方森林的外部经济性也一样受到忽视，森林的外部经济性就在近在咫尺的地方被无偿利用。营造城市森林会给地方带来很大的环境效益，但这种外部效益基本上都没有转化为“内部收益”。城市森林有许多的生态功能，降温增湿、缓解热岛效应、净化空气等，这些生态功能具有明显的外部经济性，因此在建设城市森林时，不能一味地以直接的经济效益来决定是否建设城市森林，如何建设，而要充分考虑到城市森林的生态功能给人们带来的生态环境效益，以及由于城市森林存在而带来的周围地区的土地级差收益。

另外，在个别地区建设城市森林时，明显出现了不顾生态效益的短期行为。有的地方花巨资移栽购置名贵树种，像南方的某些城市花费每棵几万甚至十几万元来购买加拿利海枣，美化城市广场、街道，而且一买不仅仅三两棵。如果把这么多的钱，用来购置当地的普通树种，不但成活率有保证，管护更容易，而且会建设更多更好的林地，带来几棵加拿利海枣不可比拟的生态效益。

城市森林给城市带来巨大的环境经济效益，已经日益成为人们的共识，建设城市森林时已经给予了充分的重视。注重环境效益，却不能过分强调城市森林的生态效益，还要综合考虑经济效益、社会效益。近年频繁在各地出现了大树移栽现象，强调大树的生态效果。几棵大树，一方面不能带来想象中的生态效益；另一方面，也破坏了原种植地的社会文化与生态环境，而且在移栽过程中的巨大花费，包括挖取和运输，可以说是得不偿失的。

复习题

1. 简述森林生态系统结构。
2. 何为森林生态系统的时间结构？
3. 简述生态平衡理论。
4. 什么是生态位？
5. 简述植物群落演替理论。
6. 简述森林生态学基本原理在城市森林建设中的应用。
7. 简述生物多样性表现在哪几个方面？
8. 简述在城市森林建设的生物多样性中应注意哪几个方面？
9. 简述生物多样性原理在城市森林建设中的应用。
10. 简述城市下垫面的构成。

11. 何为网络?
12. 如何理解城市森林斑块、城市森林廊道、城市森林基质。
13. 简述斑块形成的原因。
14. 简答廊道结构及功能。
15. 简答斑块的属性。
16. 简答景观要素。
17. 简述影响整个网络功能的结构因素。
18. 简答景观生态学原理在城市森林建设中的应用。
19. 简述城市生态系统管理内容。
20. 简述生态系统管理概念和解释的特点。
21. 简述城市森林生态系统管理方法的确立。
22. 简述城市生态系统的结构及特点。
23. 简述城市生态学原理在城市森林建设中的应用。
24. 如何理解城市生态学的概念。
25. 人文生态学的内涵有哪四个方面?
26. 如何理解“天人合一”?
27. 简述人文生态学原理在城市森林建设中的应用。
28. 简答可更新商品性资源的特点。
29. 举例说明外部经济性和外部不经济性。
30. 简答可更新公共资源的特点。
31. 简述环境经济学原理在城市森林建设中的应用。

第六章
城市森林建设布局

第一节　城市森林建设布局的原则和依据

一、布局的原则

为了使城市森林布局全面付诸实施，城市森林建设必须纳入城市发展规划。根据我国城市可用于林业建设的土地有限的国情，城市森林建设要以乔木为主体，乔、灌、草、藤共生的复层结构为主，尽量建设片状、块状的城市森林；应与城市园林、城市水体、城市其他基础设施建设相协调、融为一体，构成“林园相映、林水相依、林路相连”，既有自然美，又具有强大生态功能的系统。在植物配置上以长效型为主，以乡土树种为主，注意城市森林的景观多样性、生态系统多样性和生物物种多样性。在管护上应针对不同类型采用不同的方式，如对城区人群经常进入的地域，应采取集约式管理；而对郊区、自然水体附近的城市森林，应采取近自然的经营方式，即尽可能减少人工的维护，以降低城市森林养护成本的同时，使其保持和恢复自然或半自然的植被结构，为野生动物提供栖息的环境。另外，应充分利用农田、河流、公路、铁路防护林体系对城市环境改善的辐射功能，使城市贴近自然、融入自然，实现城乡一体化，构建各种衔接合理、生态功能稳定、结构完善的现代近自然型城市森林生态系统，达到“城在林中，人在绿中”的效果。其布局的基本原则应包括如下几方面：

1. 生态优先，体现以人为本

随着城市化进程的加快，城市的生态环境问题也日益突出，城市森林建设的主要目的是改善人居环境，因此，应把净化大气、保护水源、缓解城市热岛效应、维持碳氧平衡、防风防灾、调节城市小气候等生态功能放在首位，以生态效益为核心。城市森林应从满足人体呼吸耗氧，为人类提供新鲜空气，增加负氧离子含量以及人们的休闲观赏等需要，从偏重于视觉效果转向为注重人体身心健康；从过多地追求人文效果转向综合考虑，强调为居民提供舒适的居住环境，体现以人为本、人与自然的和谐；在充分发挥城市森林生态功能的同时，也要注意发挥城市森林的经济效益和社会效益。

2. 师法自然，注重生物多样性

通过建立稳定和多样的森林群落，达到传承文明，师法自然，景观多样的效果。充分利用造林树种资源和生态位原理，形成不同类型的森林生态系统，以满足人们不同的文化和生活需要，同时为不同生物提供生存繁衍的生态环境，促进生物多样性保护。

3. 系统最优，强调整体效果

以林网化、水网化建设为重点，较少占地，科学配置城市森林类型，在建城区加强立体绿化，向空间要生态，采取乔、灌、草、藤的合理搭配模式，合理布局森林，最大限度提高森林总量，发挥城市森林系统的最优生态系统，增加城市森林对整个城市总体生态环境改善的功能。做到城区和郊区同步发展，注意生物多样性保护，使得建成的森林不仅是植物的保护地，也是动物的良好栖息地，形成城郊、林、水一体化的森林生态系统。

4. 因地制宜，突出本土特色

根据不同地段的自然条件、生态环境质量，确定适宜的森林结构，选择应用具有主导功能的树种，进行城市森林的合理布局。增加乡土植物的使用，突出本土植物、森林群落模式的特点，优化森林结构，提高森林生态系统的稳定性。

二、布局的依据

森林在改善城市环境，特别是在减轻热岛效应、灰尘污染等方面具有重要作用。近年来，在城市绿化建设过程中提倡城市森林、生态园林建设成为一种新的趋势。要保持城市生态系统的结构和功能的整体性，必须在各个大小不同的斑块之间通过绿色森林廊道连接起来，即要达到林网化。通过水体、道路两侧的行道树形成相互连接的绿廊，与城区、近郊区及远郊区的各个核心林地相连相通，才能形成有效的城市生态环境森林保障体系。与世界平均水平相比，我国城市的绿地覆盖率偏低，绿地树种相对单一，绿地之间缺乏连接通道，城市生态环境的保障体系尚未形成。

城市森林建设的战略目标就是以保障城市生态安全、建设生态文明城市为目标和“城在林中、路在绿中、房在园中、人在景中”的布局要求，建设以森林为主体的城区、近郊、远郊协调配置的绿色生态圈，形成城区公园及园林绿地、河流、道路宽带林网、近郊、远郊森林公园及自然保护区等相结合的城市森林生态网络体系，使全国70%的城市的林木覆盖率在2050年达到45%以上，其中城市林木覆盖率为40%，商业中心区林木覆盖率为15%，居民区及商业区外围为25%，城市郊区为50%，使城市的人居环境有显著地改进，使城乡绿地实现一体化。

城市森林建设的布局不仅要满足提高城市环境质量、居民生活质量和可持续发展能力的要求，而且要满足城市生态环境建设由绿化层面向生态层面提升的要求，以及人与自然和谐相处的要求，其具体依据如下：

1. 将城市森林与城市布局结合起来

城市森林不是城市与森林的简单拼凑，而是二者达到合理布局、密切融合形成的一个全新的森林生态系统。要以城市规划和城市森林规划为依据大力发展城市森林，使城市借助于森林和以林木为主体的绿色隔离带的合理配置，发挥城市森林对建筑用地的分割作用，将经济开发区、居民小区、商贸金融区等隔离开，使城市功能分区的特征更加显著，使城市景观格局更为完善，并有效地消除或减轻城市不断扩大所产生的城市“热岛效应”、大气污染、噪声污染等负面影响。

2. 建设城乡绿地相连的森林体系

城市森林建设总体框架要与农村林业建设的总体框架相结合，以提高城乡林业建设的配套性和互补性。城市保护和建设的自然或近自然的大面积的片林，以及城市范围内河流、公路、铁路等沿线的主干生物廊道和防护林体系，要与农村边缘的森林连成一体，农村的大面积片林和村镇、水体、农田、公路、铁路沿线的防护林网建设，要一直延伸至城市边缘，与城市内部的森林体系成一体，从而加强城市森林内部各种组成成分之间的生态连接，提高城市森林生态系统的稳定性，并有效地溶解城市边缘，实现城乡森林一体化。

3. 将城市森林建设与水体保护结合起来

对于一个城市来说，森林是“城市之肺”，而河流、湖泊等各种湿地则是“城市之肾”，城市因为有了森林和流动的水体而风景优美，空气清新，景色宜人。城市森林建设要与城市水体保护有机地结合起来，一方面较好地发挥森林净化地表径流、吸收重金属等污染物的功能，使城市的水体得到较好地保护；另一方面，充分利用城市水体的功能改善森林生长繁育的环境，以促进森林绿地形成更为完善的植被结构和更为强大的生态功能，从而实现更为优美的生态景观和更为显著的生态环境价值相统一的目标。

4. 充分利用原有植被和原生地形地貌的生态价值

随着城市范围不断扩大，城市森林建设涉及的土地越来越多，新建城市和城乡结合部向城市化过渡的地带，在进行城市森林布局，特别是进行树种选择、森林配置模式选择和以林木为主体的植被配置模式选择时，要充分利用原有的森林植被、林草植被、古老的林木和原生的地形地貌的自然生态价值，通过合理的设计使之成为城市森林的组成部分，这样既可以反映城市的历史，也能体现自然的韵律，使它们的生态价值、文化价值、历史价值更充分、更完美地表达出来，使城市森林在整体上具有更深厚的历史和文化底蕴。

5. 将森林与其他植被整合成有机的城市绿地体系

中国作为一个人均土地资源相对稀缺的国家，在城市森林建设上要以空间上的多层次配置来实现森林绿地植被的多功能发挥，使之能够较好地满足城市居民对森林绿地的多种需要。为了扩大或增加城市森林用地的功能容量，城市森林建设要与园林建设、草地建设有机地结合起来，建成各种植被和园林建筑在空间上的有机叠加，各种功能相互补充、各种绿地紧密相连的城市生态环境保障体系，从而以相对较小的人均森林绿地面积，达到净化、绿化、美化城市的目的。

6. 将以生态效益为主的生态公益林作为城市森林的主体

城市森林不能单纯从资源或类型的角度去理解，而是一种包含众多人为建筑景观在内、受多种因素干扰的新型森林生态系统，其环境服务功能是第一位的。因此，要强调保护原有的地带性天然植被，人工林也应该是近自然的模式，这种近自然就是提倡建设以群落建群种为主，借鉴地带性自然森林群落的种类组成、结构特点，尊重群落的自然演替规律。

7. 保护和建立城市地域范围的自然或近自然的大型森林斑块

城市森林的核心林地中比较重要的是大型森林斑块，它在改善城市生态环境和保护生物多样性方面具有重要的作用。无论是在以保护生物多样性为主要目的的景观生态规划中，还是在近年来城市生态环境建设中提出的城市森林的建设思想，都强调保护和建立大型森林斑块的作用。

大型自然斑块由于能够提供多种生境和较高的生物多样性，对于一个地区和国家的生物多样性保护中占有非常重要的地位。在景观生态学中，景观设计都是以大型自然斑块为核心。从生态学的角度来说，自然斑块当然是越大越好，但在城市内部及周围地区，自然斑块受到来自人为活动的影响而不断缩小，甚至被分割成大小不一的斑块。对于城市的自然斑块来说，斑块的大小也要考虑其环境服务范围和满足一些重要生态过程的要求。Stout

(1995)研究了红尾鹰(*Buteo jamaicensis*)在美国威斯康星州东南部城区、郊区、乡村的生境要求，他建议城区土地要有16%处于自然生境，这些生境40%是林木、60%为草本植物覆盖，以便为这种红尾鹰提供适宜的栖息地，理想的筑巢地面积大约为9hm^{2}林地。

8. 建立具有一定宽度的贯通性主干森林廊道

建立连接斑块的生态廊道，对于保护景观生态功能的整体性和保护生物多样性具有重要意义(Naiman 等，1993)。在城市里一般都有河流或水道以及发达的道路网连接着公园等大型绿地，把这些河流、道路及其沿线的绿化带作为城市贯通性主干森林廊道，在宽度、配置模式等方面强化生态功能，既可以发挥改善环境的生态功能，也可以起到连接各类森林斑块构成网络体系的作用。

廊道宽度是影响其功能的最重要因素，是生态学家、环境保护学家和城市土地利用规划者最为关心的。河流和道路两侧以林木为主的植被宽度的确定，不同的行业有不同的原则，城市园林工作者从美化环境和节省土地的角度考虑，设计的林带通常都是1~2行树，这种模式最为常见。但许多生态学家、生物学家从保护生物多样性、保持景观要素的空间连接的角度，提出了不同的建设模式(Schaefer 等，1992)。Budd 等1987年在美国西北太平洋地区的研究中提出了确定河流廊道最小宽度的方法，他们以能满足鲑鱼(Salmen)适宜生境条件为前提，在分析河道配置、河岸坡度、土壤和河道林隙密度(forest gap density)等因子的基础上，认为在多数情况下河流两侧河岸上河岸植被带的宽度应为11~38m。河岸植被的缓冲和过滤作用是非常重要的(Peter John 等，1984；Forman，1995)，特别是在农田景观区，通常是确定河流廊道宽度的一个主要依据(Lowrance 等，1984，1997)。在瑞典，研究者通过对比污水处理厂与河岸带的清污效率，发现河岸带植被营养物质吸收能力的价值相当于建立一个污水处理厂的成本，因此，瑞典政府采取了相应的经济刺激政策，鼓励营造薪炭林，计划沿河岸边建立一条2~4m宽永久植被带(Robert 等，1990)。

虽然这些研究都是基于林区及农田景观区的背景，重点在于保护野生动物和控制水土流失等生态目标，与城市的环境条件有所不同，但有一点是明确的，就是作为连接各个森林斑块的生态廊道，是不受河流和道路的级别限制的，主要是看能否发挥有利于生物迁移、有利于保护生物多样性等功能，而且一般应该以河流廊道为主。城市河流和道路两侧的林带必须足够宽才能更好地发挥改善环境、连接斑块等功能。因此，一些廊道的林带宽度要改变过去1~2行树的做法，增加林带的宽度，特别是生物廊道的林带可以达到50~100m，甚至更宽，且林带的植物配置结构要以近自然的森林模式为主。在管理上应尽量避免完全按照园林的管理模式，林下可以任由各种灌木草本植物生长，使其形成复层的森林景观。这样不仅可以提高林带的生态功能，也可以减少人工投入，减少水资源的消耗。

9. 现代城市森林建设要与城市化进程同步

城市森林建设既要针对城市现有的状况，同时更要考虑城市的发展趋势和可能产生的新问题进行长远的规划。因此，无论在建设规模、树种配置等技术环节，还是在整体布局的规划上，都要考虑城市未来的发展需求，对于规划的林地和林带要有一些预留空间，这样既有利于其他行业或产业的参与，带动相关产业的发展，也有利于吸收各方面的力量参与城市森林建设。

第二节　城市森林建设布局要点

一、实现生态规划

城市森林的建设以充分发挥生态效益、改善城市环境、促使城市生态系统稳定、平衡为目的，这必须建立在科学的生态规划的基础上。生态规划是结合自然的设计；包括营造接近自然植被的人工林，和周围的景观协调，在提高城市生态系统的功能方面发挥积极的作用的规划。

如何规划涉及许多方面，可以从城市发展、人群居住条件的角度，从商业与经济活动，从交通便利、居民游憩及户外活动，从美学与观赏角度，从改善生态环境角度等，当然所有这些都应该得到充分地考虑，因为规划本身就是一个综合的系统工程。

目前，绝大多数的情况是在原来的城市建设基础上来实施城市森林的建设，而不是与一个全新城市建设同步，因此在更多的场合是对现有城市植被的提高与改造，就实现生态目标而言，城市森林网络体系建设基础是实现生态和环境方面的平衡，主要包括平衡城市的热量以减少热岛效应，增加城市植被的制氧能力以平衡大气 CO_2浓度的增加，增加树冠遮阴以减少夏季降温的能源消耗，改善城市的小气候以增加居民的居住舒适度，增加可提供的生态位以增加野生动物的迁入和生存机会等。凡此种种，在改善居住环境、提高生活质量、创造良好的投资环境的同时繁荣城市经济。

生态规划的基本要点应该考虑以下几个方面：

1. *树冠覆盖率*

树冠覆盖率应达到改善城市小气候的目标，据 Rowantree 的研究，当立木地径面积达到5.5～28m^2/hm^2时才能改变城市的小气候，这相当于每公顷拥有 175～840 株地径为20cm 的树木，约相当于拥有覆盖率 12%～60%。这个原则在国家关于城市园林建设规定中已得到体现，一些城市也作了相关的研究。如上海市在提出启动都市林业时从 3 个方面来测算需要的森林覆盖指数。其一，通过卫星遥感对上海热场现状分析来测算森林需要量，运用城市热场特征，为平衡上海城市化较高的热负荷，需要 2300km^2以上的林地，覆盖率应为 36%；其二，依据人口、能源的耗热量计算年耗氧量超过 7400 $\times 10^4$t，需1900km^2的林地，覆盖率应为 30%；其三，依据生态环境质量和生活需求测算，预防台风、休憩等达到2200km^2，覆盖率应为 34%。根据该项测算以及上海城市人口、土地、绿化现状的实际情况，提出都市森林覆盖率的建设目标为，2005 年达到 20%；2010 年达到25%；2020 年达到 30%，为此今后郊区将有 1/3 的土地通过农业产业结构调整成为林地。这样一个计划，虽然不能完全实现生态目标，但确实是以实现生态平衡为出发点的。

根据大量的文献资料及综合各地的情况，建议：

①市中心的商业区：树冠覆盖率应保持在 10%～15%。主要以行道树、小块街头绿地、小面积的开放式公园、单株的景观树木等来实现。

②住宅区：新建的住宅小区树木覆盖率达到 25%～30%。主要以小区主要通道两侧的行道树、块状绿地、为节约能源消耗而设计种植的树木来实现。

③郊区：林木覆盖率应达到 50% 的目标。主要通过农田林网、村镇绿化、公路水渠

两侧的林带、森林公园、植物园及大型游乐园等来实现。

如此规划，城市的平均覆盖率的目标应为40%。

2. 片状城市森林群落

片状城市森林群落是城市森林的主要组成，应分布均匀，斑块的大小比例适合。一般性的片状植物组群，应以乔木为主、构成自然配置的群落，其面积的大小应以直径至少大于乔木高度的2倍为宜，一般为1 hm^2左右；重点的、以改善周围环境为主要目的的群落配置，面积至少在5 hm^2以上。在市区每个区(功能区或行政管理区)应有面积较大的片林，一般可以大型公园形式出现，以集聚配置的乔木群落构成公园的主体；郊区有森林公园，以地区性的顶极群落为模式、建立自然配植的多树种混交的森林群落类型；理想的状态是，郊区森林公园与市区的公园能通过水系或公路两旁的林带相连接。

3. 林带

城市外环线路及向外辐射的主要通道，两侧宜设林带，林带宽度一般宜在50m以上，初期栽植可选用速生树种、适当密植，待树冠郁闭后应及时稀疏、人为造成林窗，利用林窗的生态效应引入地带性顶极群落树种的小树、幼树，逐步构成异龄林结构、有地带性植被特色的林带。

4. 行道树

行道树总数应为全部树木的15%~20%。

5. 树种选择

树种选择主要原则为常绿树种与落叶树种比例适当；乡土树种为主；外来树种的选用应慎重、需有试栽的过程，特别对于从不同地理纬度带引种的树种更要慎重，比较可靠的是应从当地植物园中筛选适合的树种；注意生物的多样性，一种树种的比例不宜过大，据美国的研究为不超过10%，这个比例可供参考。

6. 规划设计和营造城市森林的注意点

①住宅区植树需注意高大乔木的位置和生长空间，特别注意不宜离建筑物过近，以免构成对建筑物的潜在危险和增加住户降温或采暖的能源消耗。

②公园及大型的片状绿地，宜采用多树种立体混交、自然式组团、模拟地带性植被类型的配植方式。

③注意城市土壤的多变性，特别是建筑垃圾等外来物质对土壤的性质的改变。

④注意采用适当的栽植密度，目前一些城市采用高初相密度的方法值得商榷。在绿地中采用如此方法目的是为了景观效果，但栽植后不久林木间的竞争就会发生，经常必须采用移栽部分树木或增加修剪来解决，不仅增加维护的支出，也是群落不稳定的因素。

⑤注意保护现有的树木，制订最小建筑区域法来最大限度地控制对现有树木的破坏。

⑥目前国内景观大道流行，一般设计较宽的中间隔离带，通常采用地被或低矮的垫状灌木，构成大色块或几何图形，这确实表现了较好的景观效果。但缺点是，道路占地面积过大，栽植带的维护管理不方便，居民不能进入，生态功能较低。一些景观大道的中间隔离区设计了广场式地坪，供居民游憩活动，但忽略了在此活动的人群将处于汽车尾气的污染环境之中，不利于人体的健康。因此，应有节制地运用这种表现手法，减少中间隔离带的宽度，隔离带以1~2行小乔木、花灌木为宜，可适当增加两侧人行道的种植宽度，或把节约的道路土地面积用于开发建设新的片状绿地。

⑦制订适合各地历史和现实情况的树木尺度等级分类体系，按照我国大多数城市的情况，建议把胸高直径大于30cm的定为大树。在没有特殊需要的情况下，不采用大树栽植的方法来企图在短时间内改变环境。一般宜栽植胸径5～15cm，具有自然形状树冠的小树。

⑧为了方便管理和养护，行道树树种的选用可采用各街区不同的方法。

⑨在重要建筑物附近种植树木，特别注意不要选用浅根系、生长过快、枝干强度低的树种，以避免产生不安全的因素。

⑩注意停车场的树木种植，随着汽车工业的发展，城市机动车辆激增，除了建造室内或地下停车场外，露天的停车场势必也会逐渐增加。据研究停车场栽植树木对减少大气污染有很大的作用，因此，在修筑城市停车场时应同步考虑树木的栽植空间，宜选用具有小树冠、枝干强度大、适宜树冠造型修剪的乔木树种。

二、构筑生态廊道

近代发展的许多城市大多与水系紧密相关，由于受制于当时陆上交通，水系为城市带来了极大的方便，工业革命以后许多工厂几乎都是傍着水道而建。但随着陆上交通的发展，水道作为运输通道的功能逐渐减弱，而附近工厂却继续肆意向其排放各种污染物，可以毫不夸张地说，几乎所有城市的河道都曾受到污染。

据俞孔坚等的研究，我国城市对于水系的治理基本采用以下4种方式：即填、盖、断、筑堤衬之(水利称渠道硬化)等。从美化、环境治理、防洪角度等来分析上述的做法均可谓有道理的，特别是城市河道修筑防洪墙减少了许多损失，也是毋庸置疑的。但自然河道的存在是当地自然地理地貌和气候的必然，是景观生态系统的重要组成部分，因此对其的改造应格外慎重，目前西方国家正在掀起一个重新挖掘以往填埋的水系，再塑城中自然景观的热潮。这种热潮更值得我们深思。

上海对苏州河的治理为我们提供了成功的例子，在水质得到改善的同时提出建设沿河道的景观带，如果规划合理，上海市区将出现一个植被廊道。而在此基础上提出重新安排全市的水系，是鉴于历史上上海市曾一度拥有大小4000多个水道，而目前仅保留了约1/4的现实，由于地表径流失去平衡，其负面的影响已得到有识之士的重视。

水系是最重要的景观廊道，城市森林建设规划中应充分重视沿河道的森林景观设计与建设。应把重点放在以下几个方面：

①尽可能构筑河流植被廊道。河流廊道又称为河岸植被(riparian vegetation)，对于控制水流及矿质营养的作用十分明显，沿河流如有良好地延伸到河堤两侧高地的植被带，能有效地降低洪灾危害，保护河堤不受到冲刷及水土流失和净化水质。河流植被的宽度原则上应能有效地控制水土的流失，促使河岸两侧高地森林内部物种沿着河流的运动，因此，理论上河流廊道应包含河流汛期淹没的地域、河堤及两侧(至少一侧)的高地宽于边际效应的范围。

有些城市在河道两侧建设商业区，以高大的建筑来衬托水面构筑城市的美景，这显然是受到世界一些著名城市的影响。但作者认为应利用河道建设城市的主要景观公园，建设和保护河岸植被，尽量保持河道的原来面貌，减少水泥等石质材料的人工护坡，而把标志性建筑退到植被带之后。

②全面规划、疏通城市的现有水系，尽可能使水系相通、河岸植被相连。为此，应建立地理信息系统来管理和分析各水系在汛期可能出现的险情和解决方法，尽量避免简单地采用修筑垂直的堤岸来约束河道的做法。例如，在次级河道可采用大块的卵石护坡，保持水系与河岸之间物质交流的通道，并根据河道的泄洪功能设计不同作用的闸门，用来调节和控制洪水，保证建设河道植被而不会影响城市的安全。

③城市水系的上游应建立水源涵养林，沿整个水系建立控制污染排放的管理机制。

④尽量保持和维护河岸以及与其相连接的湿地，在必须营造人工景观时要注意尽可能减少对自然风貌的破坏，创造与自然融合的景观，而不是刻意的人工雕琢。

三、实现城乡一体化

我国城市用地十分紧张，建设部规定的人均用地指标大大低于发达国家的水平，而且必须指出，由于我国人口的压力在一个相当长的时间内不会减缓，因此期待大幅度增加城市人均用地指标显然是不现实的。但也必须看到，改革开放激发的经济高速发展大大地推动了城市建设，而且这个发展势头还将继续扩大，促使人们对城市环境建设高度重视，其结果必然是对城市绿地建设的要求越来越高，不仅表现在质上面，更在量的方面。为了符合城市建设对环境高质量的要求，又不因有限的用地指标而无法实现，除了需要科学规划以外，解决办法是实现城乡一体化的建设目标。其基本点是以郊区及城市边缘的森林构作城市森林的依托。

复习题

1. 城市森林建设布局的原则。
2. 简述城市森林建设布局的依据。
3. 简述实现生态规划要点。
4. 简述规划设计和营造城市森林的注意点。
5. 简述构筑生态廊道。

第七章
城市森林建设中的植物选择

在城市森林的建设中，在科学、合理的城市森林规划、布局的基础上，如何充分发挥各种森林植物在改善环境方面的功能是城市森林建设成功与否的关键。这其中包括城市森林植物的选择、植物的空间配置模式的建立、城市森林的经营管护等，而城市森林植物选择与应用是建立科学的、稳定的森林植物群落和森林生态系统的根本，因而，对于城市森林建设中植物选择问题的研究也成为城市森林研究中的重点内容之一。

第一节　森林植物应用情况

在城市生态系统中，唯一能够以更新方式改善环境的因素是城市绿化，而在城市绿化中起主导作用、能发挥最大效益的是乔木树种。首先，乔木树种在城市绿化中的生态作用显著，叶面积指数的大小决定了植物生态功能的高低。在同等占地面积下，乔木树种的叶面积指数是灌木树种的2~4倍，是草坪植物的10倍以上。因此，在城市绿化中，应建立以乔木树种为主体的植物群落。其次，乔木树种是城市绿化的骨架，为城市绿化的基调，是形成城市绿化风格的基础。第三，乔木树种在城市绿化中具有不可替代的美学作用。它与建筑、道路、桥梁有机地结合，相得益彰，随着晨昏旦夕、阴晴雨雪、春夏秋冬的变化，而产生丰富的时相、季相变化，从而提高城市美学质量，为人们工作生活创造优美舒适的环境。

我国乔木树种资源丰富，有高等植物3万余种，其中木本植物有8000多种，但乔木树种在城市绿化中的应用情况却不容乐观。在长江以南各城市绿化中，绿化树种比较单一，如行道树最常见的常绿树种多为香樟，落叶树种为悬铃木。尽管二者都是优良的行道树，但不能呈现各地植物的景观特色，不利于生物多样性，容易发生病虫害危害。如江西清江县全县道路92km，90%种植香樟，1985年适逢樟巢螟等虫害大发生，树叶几乎被吃光，生态功能的发挥大幅度降低，景观效果更是不佳。

一、森林植物应用丰富度分析

在全国的城市森林建设热潮中，城市森林总体规划是关系到城市森林建设成功与否的关键，而苗木的选择与培育是各城市森林建设的重要技术与保证措施。在目前全国建设城市森林的大好形势下，多数城市均重视了城市森林的长远规划，但在树种选择和城市森林建设实践中暴露出了许多问题。例如，如何处理地域乡土树种与外来树种的关系、常绿植物与落叶植物的关系、草本植物尤其是草坪植物与木本植物的关系，等等。很多城市盲目从外地大量采购、引种不适合本地生长的苗木，大量引种大树，造成很大损失。不少城市热衷于热门树种的运用。以悬铃木为例，从南到北，从东到西，全国有二十多个城市用它来做主要行道树树种，致使街道景观单调，缺乏各自的特色。在同一个城市中，其绿化效果也显得单调，缺少变化。再如，近年来我国长江以北地区普遍炒作欧美杨、三倍体毛白杨怪现象。另一方面，很多城市对城市森林树种的苗木生产、种质资源的开发利用、多种用途的苗木培育等方面的工作不够重视，缺少综合性、战略性地来考虑发展计划和长远措施。当前的苗木生产带有一定的盲目性和简单化倾向，不能与蓬勃发展的城市森林建设要求相匹配。

在自然植物群落里，一般用相对密度或相对多度、相对频度和相对显著度3项指标之和来表示树种在群落中的重要性，并将这一指标作为树种重要值。结合城市绿化的特点，用相对密度、相对存在度和相对覆盖度之和来表示城市绿化树种重要性，称这一指标为树种重要值。

城市绿化树种的密度是指在单位面积内某种植物的个体总数。

密度：$D = N$(单位面积内某种植物的个体总数)/S(单位面积)

相对密度：RD = 某一树种的密度之和/所有统计树种的密度之和

城市绿化树种的存在度表示一个城市或一个区域内某一树种的个体水平分布的均匀程度和人们对该树种接受程度以及在习惯上的偏爱。分析方法是一个行政单位为取样单位。

存在度：$P = n$(某一树种出现的单位数量)/N(被调查的单位数)

相对存在度：RP = 某一树种的存在度之和/所有统计树种的存在度之和

1. 乡土植物与外来植物

我国素来具有“世界花园之母”的美誉，是世界物种的重要发源地和分布中心之一，丰富的气候、地形和土壤类型，形成了极其丰富的植物资源(表7-1)。以云南省为例，其土地占全国面积的4%，却有种子植物299个科2136个属约14 000种，占全国的科、种总数的50%左右，但现在昆明市应用的绿化树种，绝大多数为江苏、浙江及四川所培育，极少为云南的乡土种类。中国科学院昆明植物研究所植物园尹擎等(2001年)经过近20年对云南植物的野外考察以及引种驯化，对昆明市将来城市森林建设中可供选择的云南乡土

表7-1　中国一些植物园收集植物种类情况

植物园名	面积(hm^2)	植物种数(个)	濒危保护种数
北京植物园	157	1200	225
杭州植物园	231.3	40	
厦门植物园	227	4460	
上海植物园	80.9	91	
沈阳植物园	154	380(木本植物)	15
成都植物园	53.2	1500	
昆明园林植物园	120	1000	14
济南植物园	43	1000	
青岛植物园	69	700	
深圳仙湖植物园	580	1570	100

注：引自杨小波等，2001。

植物进行了初步的小结，筛选出57种乔木树种、43种灌木树种和49种攀缘及地被植物，为昆明市及滇中城市选用乡土植物种类进行城市绿化提供了一定的依据。

1985年，上海市绿化植物材料普查中发现，绿化树种总数为395种，其中常见树种约80种左右。根据1992年上海植物园、上海师范大学抽样调查155个园林植物群落的结果，上海城市园林绿化常用树种只有68种。20世纪末上海市有关部门估计，城市园林绿化树种总数达到500种左右。近些年在引种驯化方面的努力使城市绿化利用树种资源有所增长，但是常用树种数量在这些年来并没有太大的变化。

上海市常用绿化树种中高大乔木约占25%，其余为中小乔木和灌木；常绿树种的比例约为40%。在城市植物群落中出现的频率超过30%的绿化树种只有3种，即主要作为群落上层树种的香樟、广玉兰，以及主要为群落中下层树种的瓜子黄杨。出现树种数量较多的频率段在1%~20%，共有57种。其中出现树种最多的频率段为1%~5%，有24种；出现频率大于10%的树种数量有24种，达到常用树种总数的近1/3左右。因此，总的看来，由于常用树种数量少及部分树种的出现频率高，反映出上海市园林植物群落中树种组成类型比例大，缺少组合的丰富和变化。在今后的绿化建设中，除增加常用树种数量这一主要途径外，在常用树种中应在适地适树的前提下适当增加低频率树种的应用。

调查统计表明，海南城市的绿化树种有224种(不含野生种和引种未成功的种以及兰科、禾本科和莎草科植物)，隶属于96科192属，其中比较常见的有188种，隶属于61科134属。在对常见植物的植物区系的系统分析中，明显地以热带分布的科占绝大多数；热带属所占的比例也相当大，表明海南绿化人工植被具有明显的热带特性，从而说明了人们在城市绿化的实践中，有意或无意地选择了适宜地方气候特色、土壤特点的树种作为绿化树种，使城市绿化能达到反映地方特色的自然美。调查统计的结果也表明，海口市重要值最大的15个树种，在不同程度上也是其他各县市重要值较大的树种，其模式也基本一致。城市的绿化建设应该紧密地结合当地的生态条件，做到因地制宜，合理布局。这样才能更好地使城市绿化恰如其分地反映出地方特色。

2. 常绿植物与落叶植物

常绿植物，由于其叶片的寿命较长，多在一年以上或多年，每年仅脱落部分老叶，又能增生新叶，因此全树终年连续有绿叶存在。常绿树种在城市绿化中应用，为冬季的城市创造出生机与活力。北方城市在城市森林的建设中，尤其重视常绿树种的使用，一方面增加北方城市的冬季植物景观效果，另一方面希望通过常绿树种的种植提高城市冬季的植物生态功能，减少冬季城市污染。

落叶植物，具有明显的季节变化规律，冬季落叶，表现出季节性的生态功能低下。因此，在冬季景观单调而又由于取暖等原因造成严重污染的北方城市，在进行城市森林规划和种植设计、施工中，往往钟情于常绿树种的使用。这样做的结果实际上经常是事与愿违，首先，所种植的常绿树种非本地区的地带性植被种类，对其种植环境的适应能力较差，无法正常越冬，造成经济上的巨大损失；其次，即使在精心的呵护下勉强生长，树种生理上处于基础代谢的休眠或半休眠状态，生态功能几乎为零或有效积累为负增长，事实上只发挥出景观效果满足人们冬季对绿色的心理需求；第三，大量使用引进的常绿树种，投入高，代价大，也必然淡化本土的地带性植物景观特点，最终导致城市植物景观特色的丧失。

落叶植物冬季落叶的本能，在城市森林建设中也具有明显的好处，如在冬季多雨的南方城市，城市森林建设的上层高大乔木层选择落叶树种，可以起到增加城市冬季透光、降低湿度、提高温度的作用，有效调节城市的可居住度。

加拿大科学家近期发现，落叶树木能够吸收更多的 CO_2，能有效减缓全球变暖(欧静，2001)。所以，在城市森林建设的树种规划和使用中，要科学合理地应用常绿植物与落叶植物，创造合适的比例，有机搭配，充分发挥出常绿植物和落叶植物的各自特点和功能，更好地为城市生态环境建设服务，为城市居民创造使其身心健康、精神愉悦的居住空间。

3. 草本植物与木本植物

以乔木为主，乔、灌、草等结合组成的森林生态系统，是地球上陆地生态系统中生物多样性最丰富、层次结构最复杂、生物量与生物生长量最高的系统。森林单位面积的生物量平均约高于草的20倍。

叶片是植物进行光合作用、积累物质的重要器官，因此在单位面积上叶片量大的植物个体一定具有高的生物合成能力是不争的事实。木本植物芽点多、芽位在空间上具有高度、朝向等的不同，因而木本植物相对于草本植物空间占有能力强，表现在枝条数量、冠层大小、叶片着生方向及叶片数量等方面，对光线的利用能力远远高于草本植物。大量的研究数据表明，木本植物在吸收 CO_2、放出 O_2、光合积累、蒸腾增加湿度、夏季降温、吸收有害气体、杀菌、防风等方面的作用为草本植物的十几倍或几十倍。值得一提的是，草坪在许多城市迅速发展，在城市环境建设中被大面积地应用。草坪作为城市绿化美化的重要组成部分，具有良好的景观效果，上海市1995年约有 $500 \times 10^4 m^2$ 草坪，北京市2000年共有草坪面积近 $4000 \times 10^4 m^2$，大连可以说是通过种草使城市景观发生了根本的变化，而在中国乃至世界确立了自己的地位。但草本是最朴实的，在城市绿化中应该处于陪衬地位，与乔木、灌木等绿化材料相辅相成，草取代不了木本植物，只有合理地配置才能符合各自的生长要求，发挥各自的功能。

二、典型城市绿化树种使用情况分析

从南到北我们选择了哈尔滨、合肥和厦门3个典型城市的绿化树种资源使用情况进行了分析，并以合肥市为主，进行了重点研究。

1. 哈尔滨市绿化树种使用现状

对哈尔滨市绿地系统树种(组)结构的比例估计是根据1998年哈尔滨市绿化普查数据材料进行的。1998年，哈尔滨市绿化普查只对道路绿地、公园及游园绿地、居住区绿地分树种调查的，其他绿地均没分树种调查。所以本次估计仅仅可以看作根据道路、公园、游园、居住区绿地树木调查数据对哈尔滨市区绿化树种比例的一次(团状)抽样估计。哈尔滨市绿化树种150种以上，为了更清楚地了解绿地系统中树种组成结构的总体情况，将哈尔滨市绿化树种归并为两组13类(表7-2)。

由表7-2可以看出，哈尔滨市的绿化树种以阔叶树为主，占90%左右，而针叶树不足10%。在阔叶树种中仅杨、柳、榆类就占55.79%，而槭树、桦树、椴树类这些能够体现北方特色的乡土树种合起来也不到3%，反映了北方城市在绿化树种使用上的普遍缺陷。以槭树类为例，本地区总计有11种之多，在秋季或金黄或火红的树叶一直受到人们的喜爱，目前只有外来种——糖槭在城市绿化中使用的较多，其他的像假色槭、拧筋槭、色木槭等这些本地区的树种则使用得很少，这些槭树类在当地的绿化潜力还远远没有发挥出来。

表 7-2 哈尔滨市绿化树种(类别)组成比例估计

树种组	树种类别	株 数	株数比例(%)
针叶树组	松杉类	416 723	9.1
	桧柏类	25 164	0.5
阔叶树组	杨树类	1 159 727	25.5
	柳树类	686 077	15.1
	柳通类	91 630	2.0
	榆树类	604 611	13.3
	丁香类	418 643	9.2
	果树类	153 217	3.4
	槭树类	102 267	2.2
	桦树、椴树类	23 880	0.5
	一般硬杂木类	81 935	1.8
	一般灌木类	787 108	17.3
	其他阔叶类	6027	0.1
	总 计	4 557 009	100

因此，增加城市绿化树种的多样性除了要适当引进一些外来树种以外，更重要的是充分利用本地的树种资源。盲目地引进外来树种不仅资金投入大，而且也会抹杀北方城市的地域特点，是得不偿失的。

2. 厦门市现有绿化树种现状

厦门位于24°25′~24°54′N，117°53′~118°25′E，系我国闽浙低山丘陵的延伸部分。厦门属南亚热带海洋性气候区，按植被分区厦门属南亚热带常绿阔叶林地带闽粤沿海丘陵台地植被区。现建成区绿化覆盖率达36%，人均公共绿地9.5 m^2，其群体效应基本符合城市生态系统原理的要求(柯合作等，1999)。

厦门植物资源较为丰富多样，外来植物也相当繁多。经调查统计，全市绿化树种种类有930种(含变种)，隶属91科254属。厦门市绿化树种大体可以划分成5组9类(表7-3)。

由表7-3可以看出，厦门市绿化树种的种类虽然有930种之多，但较常用的仅有180种，主要以常绿乔灌木为主，占调查树种总数的19.4%，利用率并不高。在常用的绿化树种中，不同种类的树种利用率也不均衡。全市乔木树种451种，种类非常丰富，但常用的仅有71种，占总数的15.8%，即使是种类最多的常绿阔叶乔木，在286种当中常用的也只有51种，仅占17.5%。60种针叶乔木树种中仅有7种比较常用，占11.7%，而7种针叶落叶乔木几乎没有被使用。同样，作为垂直绿化的藤本植物多达30种，但实际常用的也不过6种，占20%，186种地被植物中常用的也只有32种。

当然，无论是绿化树种种类的总数，还是常用树种的使用，由于地缘优势，厦门市较之于北方的一些城市要丰富得多，但与本地区植被多样性状况相比，还有进一步丰富的余地。因此，厦门市的绿化树种资源的使用潜力还可以进一步挖掘，充分体现物种丰富、模式多样的地域特点，使厦门市的城市生态环境得到更好地改善。

表 7-3　厦门市绿化树种分类统计

组　别	树种类别	调查树种		常用树种		常用树种占调查树种的百分比(%)
		种数	百分数(%)	种数	百分数(%)	
乔木	针叶常绿乔木	53	5.7	7	3.9	13.2
	阔叶常绿乔木	286	30.7	51	28.3	17.5
	针叶落叶乔木	7	0.8	0	0	0
	阔叶落叶乔木	105	11.3	13	7.2	12.4
灌木	常绿灌木	202	21.7	53	29.5	26.2
	落叶灌木	39	4.2	14	7.8	35.9
藤本	藤本植物	30	3.2	6	3.3	20.0
竹类	竹类植物	22	2.4	4	2.2	18.2
地被	地被植物	186	20.0	32	17.8	17.2
合计		930	100	180	100	19.4

3. 合肥市现有绿化树种现状

合肥市属于北亚热带气候，地带性植被为落叶与常绿阔叶混交林。据调查，合肥城市范围计有 450 余种木本植物，分属于 73 科 170 属，其中 22 个裸子植物属，148 个被子植物属。在调查的一环路以内的城区，组成城市森林的主要树种有 85 种，其中裸子植物 24 种、被子植物 61 种。这里将 15 种主要裸子植物和 30 种主要被子植物树种的分布情况进行了统计(表 7-4)。

表 7-4　合肥市主要树种情况

排　序	树　种	株　数	占种类百分比(%)	分布情况(%)				
				街道	公园	环城公园	高校及机关	住宅区
	裸子植物							
1	水杉	43 229	33.0	0.0	15.6	4.7	22.8	56.9
2	雪松	27 459	21.0	0.9	2.9	14.4	21.0	60.8
3	龙柏	17 231	13.2	0.0	0.0	0.0	22.9	77.1
4	刺柏	8110	6.2	0.0	11.7	0.0	1.7	86.6
5	塔柏	7104	5.4	0.0	1.4	0.0	1.1	97.5
6	马尾松	7009	5.4	0.0	15.7	0.4	0.4	83.5
7	圆柏	4902	3.7	9.4	27.2	3.8	14.7	44.9
8	侧柏	3553	2.7	0.6	39.8	34.5	25.1	0.0
9	北美圆柏	2300	1.8	0.0	0.0	0.0	100.0	0.0
10	池杉	2239	1.7	0.0	31.6	0.0	16.1	52.3
11	银杏	1812	1.4	43.7	5.8	19.5	14.9	16.0
12	黑松	1780	1.4	0.0	0.0	0.0	100.0	0.0
13	火炬松	1150	0.9	0.0	0.0	0.0	100.0	0.0
14	铅笔柏	1070	0.8	0.0	0.0	0.0	100.0	0.0
15	柳杉	535	0.4	0.0	0.0	0.0	100.0	0.0
16	其他针叶树	1396	1.1	0.0	5.2	1.4	80.7	12.6
	小计	130 879		1.2	10.4	6.0	22.9	59.6

（续）

排序	树种	株数	占种类百分比（%）	分布情况（%）				
				街道	公园	环城公园	高校及机关	住宅区
	被子植物							
1	女贞	92 652	42.6	1.4	3.4	4.3	6.2	84.7
2	香樟	17 797	8.2	8.1	17.5	0.2	14.4	59.8
3	红叶李	13 198	6.1	20.9	1.9	0.0	11.7	65.5
4	广玉兰	12 453	5.7	13.0	5.4	0.0	23.0	58.6
5	刺槐	8735	4.0	0.0	1.1	92.2	6.7	0.0
6	泡桐	8569	3.9	0.0	0.1	0.0	4.2	95.7
7	乌柏	6634	3.0	0.0	2.3	2.5	6.9	88.3
8	悬铃木	6627	3.0	55.5	1.9	2.8	39.8	0.0
9	香椿	6204	2.9	0.0	0.0	0.0	0.0	100.0
10	槐树	5979	2.7	58.4	1.9	2.0	18.1	19.6
11	构树	4196	1.9	0.0	0.0	65.3	6.8	27.9
12	三角枫	3788	1.7	0.0	90.7	3.0	6.3	0.0
13	枫杨	3486	1.6	0.0	24.2	21.7	28.7	25.5
14	桂花	3056	1.4	74.7	10.6	0.0	14.7	0.0
15	石榴	2690	1.2	0.0	5.5	0.0	7.4	87.1
16	重阳木	2613	1.2	0.0	0.0	4.3	50.9	44.8
17	白玉兰	2331	1.1	11.4	12.5	4.8	21.1	50.2
18	桃	2305	1.1	0.0	0.0	0.0	49.2	50.8
19	刺槐	1490	0.7	19.9	14.4	0.0	0.7	65.0
20	枇杷	1341	0.6	0.0	0.0	0.0	12.7	87.3
21	加拿大杨	1206	0.6	9.7	71.7	14.4	4.1	0.0
22	柿树	1171	0.5	0.0	0.0	0.0	0.0	100.0
23	梧桐	834	0.4	0.0	9.1	53.7	37.2	0.0
24	垂柳	833	0.4	0.0	95.2	0.0	4.8	0.0
25	无患子	831	0.4	0.0	17.2	73.9	8.9	0.0
26	枫香	689	0.3	0.0	18.4	16.3	65.3	0.0
27	木槿	666	0.3	100.0	0.0	0.0	0.0	0.0
28	楝树	561	0.3	0.0	57.8	20.1	22.1	0.0
29	榆树	473	0.2	0.0	12.9	53.3	33.8	0.0
30	麻栎	450	0.2	0.0	0.0	0.0	100.0	0.0
31	其他阔叶	3676	1.7	4.8	32.6	19.8	42.7	0.0
	小计	217 534		8.5	7.7	9.0	12.3	63.0
	总计	348 413		5.6	8.6	7.6	16.2	64.9

由表7-4可以看出，不同树种使用的频率不同。这些种类中个体数目最多而占显著地位的只是少数几个种。例如，水杉、雪松、龙柏、刺柏、塔柏5个针叶树种占全部针叶树的78.8%；而女贞、香樟、红叶李、广玉兰、刺槐、泡桐、二球悬铃木、乌柏、槐树、香椿10种阔叶树则占了所有阔叶树种的82.1%。另外，种类组成中常绿乔木的比例相对较高，占总数的63%，这当中针叶树种占37%，常绿阔叶树种占26%。

不同树种在城市里的分布地类也存在很大差异。从数量上看，60%的树木都分布在住宅区，道路为5.6%，公园为8.6%，环城公园7.6%，高校及机关16.2%。裸子植物树种分布多少的顺序为住宅区>高校及机关>公园>环城公园>街道，被子植物树种分布多少的顺序为住宅区>高校及机关>环城公园>街道>公园；在所有地类中都有使用的树种只有雪松、银杏、圆柏、女贞、香樟、槐树和白玉兰这7种，占树种总数的8.2%，在四种地类中出现的树种有10种，占11.7%，在三种地类中出现的树种有19种，占22.4%，在二种地类中出现的树种有14种，占16.5%，仅在一种地类中出现的树种有35种，占41.2%；而具体每个树种的分布又不一样，如有56.9%的水杉分布在住宅区，有55.5%的悬铃木分布在街道，100%的黑松、火炬松、铅笔柏、柳杉和北美圆柏都分布在高校及机关区。这种分布特征与树种本身的生物学特性和不同地类对树种的要求差异有关，也反映了人们的一种栽植习惯。其中行道树的种类组成变化较大，具有时代的特色。50~60年代的道路以二球悬铃木、加杨、侧柏等为主；70~80年代以槐树、女贞、广玉兰、桂花、乌桕、香樟、银杏为主；90年代种类增加较多，增加了如白玉兰、龙爪槐、石榴、木模等。

由于种类组成的这一特点，植物景观的丰富性仍显不足，特别容易引发一些种类的病虫害发生。构成合肥树种丰富性较低的原因主要有：一些种类容易获得种苗，因此集中栽植，如水杉、红叶李；常绿树种的可选范围小，只集中在香樟、女贞、柏类等；城市居民偏爱某些树种，如广玉兰、香椿等；历史的原因，如早期大量栽植刺槐，经营者受传统理念的影响。

前面我们已经分析过，影响城市绿地发挥生态效益的因素有多种，对于以林木为主体的城市森林而言，不同类型城市森林的林分分布、径级结构、林木健康状况等因素是城市森林建设水平的直接反映。Rowntree的研究指出，当树木的疏密度达到5.5~25m^2/hm^2时能发挥类似森林的功能(Rowantree，1984)。下面借鉴美国加州首府萨克拉曼多市对城市森林的研究方法(McPherson，1998)，以合肥市为例进行调查分析。

从不同地类的树种丰富度和优势树种所占比例来看，不同的类之间存在很大的差异。对合肥市城区及5种地类的绿化树种使用情况进行了统计。总的来看，调查区内按种群大小排在前10位的树种是：女贞、水杉、雪松、香樟、龙柏、红叶李、广玉兰、刺槐、泡桐和刺柏，占全部树木数的71.6%，而其他的75余种只占28.4%。

①行道树共有19个树种，其中2个是独有的。株数最多的10个树种依次是：悬铃木>槐树>红叶李>桂花>广玉兰>香樟>女贞>银杏>木模>圆柏，这10种树种的数量占总数的94.2%，其他9种树种仅占5.8%，而悬铃木、槐树和红叶李3种最多，占50.4%。

②公园是城市绿化树种分布最为集中的地方，合肥市公园有52个树种，其中10个是独有的。株数最多的10个树种依次是：水杉>三角枫>女贞>香樟>侧柏>圆柏>马尾松>刺柏>加拿大杨>枫杨，这10种树种的数量占总数的76.7%，其他42种树种仅占23.3%。树种中水杉、三角枫、女贞和香樟4种占55%，水杉就占22.5%。

③环城公园经过多年的建设，已经成为合肥市的一道风景，这里有34个树种，其中2个是独有的。株数最多的10个树种依次是：刺槐>雪松>女贞>构树>水杉>侧柏>枫杨>无患子>梧桐>银杏，这10种树种的数量占总数的90.6%，其他24种树种仅占

9.4%。树种中刺槐、雪松和女贞3种占60%，刺槐就占30.3%。

④高校及机关区有66个树种，其中18个是独有的。株数最多的10个树种依次是：水杉>雪松>女贞>龙柏>广玉兰>侧柏>香樟>北美侧柏>黑松>红叶李，这10种树种的数量占总数的69.1%，其他56种树种占30.9%。树种中水杉、雪松和女贞3种比较多，占37.9%，相比于其他地类来说，树种种类多，使用上也呈现多样化的特点。

⑤各类住宅区有28个树种，其中3个是独有的。株数最多的10个树种依次是：女贞>水杉>雪松>龙柏>香樟>红叶李>泡桐>广玉兰>刺柏>塔柏，这10种树种的数量占总数的84.2%，其他18种树种占15.8%。树种中以女贞最多，占36.3%。

由此可以看出，合肥市公园和高校及机关区的树种丰富度是比较高的，这与高校和机关的自然和人文环境有很大关系。一方面这类地方的绿化队伍素质高，人们保护树木的意识强；另一方面也与许多高校为教学和科研而建立小型植物园，注意引进新品种有关。我国其他城市的高校及机关区也有这种特点，而公园包括植物园本身就非常注意树种的引进和栽培，多数公园还专门建有各类专业园，进行树木种类的收集，说明高校及机关区、公园这两种地类在增加城市树种多样性方面有重要作用。环城公园作为道路与近水区的交错地带，是行道树模式与河岸带模式相融合的一种类似于公园的沿河绿化带，反映出城市水体(包括河流及湖泊等)周围绿化特点。

三、植物材料应用的发展趋势

1. 树种选择的科学性将越来越受到重视

在城市绿化的人工植被中，从区系的角度对判断、分析城市绿化树种的组成、植被特征和探讨绿化树种的选择原则提供了重要的依据，并具有重要的意义。例如，龙脑香科是东南亚热带雨林的特征科，而通过我国云南、广西、海南等热带北缘地区的森林群落组成的分析，了解到含有龙脑香科的青皮属、坡垒等，并占有一定的数量和优势，这对认识热带雨林在我国的分布、特征、类型及其与东南亚热带雨林的关系，都具有重要的意义(王伯荪，1987；胡玉佳，李玉杏，1992)。又如，我国亚热带区域广阔，代表性植被类型是亚热带常绿阔叶林，通过区系成分分析，了解到它们的主要组成都是樟科、壳斗科、山茶科、木兰科和金缕梅科等，它们成为我国亚热带常绿阔叶林的标志。再如，对西双版纳热带雨林植物区系组成分析，发现热带区系占81.3%，热带亚热带区系占10.4%，温带区系占2.5%等，这种区系比例表明西双版纳热带森林在区系组成上以热带区系为主，说明现在的西双版纳热带森林具有较强的热带特征。而对于现在存于西双版纳傣寨传统的315种栽培植物进行区系分析，发现它们绝大多数是原产于热带雨林地区、热带季雨林地区和热带高海拔地区的植物。

绿色植物不仅丰富了城镇的色彩，更通过优美的体态、丰富的绿叶、迷人的花香和多种有益的生态功能来陶冶人们的情操和美化生活环境，赋予了城镇生命的色彩，给居民适宜的生活环境。因此，城市绿地建设越来越受到重视，建立完善的城镇森林生态网络体系已经成为现代城镇建设必不可少的重要内容。但绿色植物如果使用不当，也会对环境造成污染，给人们的日常生活带来不便，甚至对人体健康产生不利的影响。

因此，在城市绿化建设过程中，除了要了解植物的生长、观赏价值等特性以外，还要研究它与人体健康的关系，才能创造优美温馨、整洁干净的绿色环境，真正体现“以人为本”

的城镇绿化建设主旨。对植物在城市中的生长适应性的研究将受到人们极大地关注。植物在城市环境中的生长状况、健康程度已成为城市森林建设中植物选择的主要依据和指标。

2. 树种的生态功能性日益突出，选择的目的性将越来越明确

树种在改善城市生态环境方面的功能更加引起人们的重视，对植物的生态功能的研究也将更加深入，对城市绿化建设中的树种选择和应用的目的性也将越来越明确，树种的功利性更加突出。

树木在滞尘、杀菌、降温增湿方面的能力将是树种选择所要考虑的因素之一。榆树叶片单位面积的滞尘量为 12.27g/m^2，朴树为 9.37g/m^2，夹竹桃为 5.28g/m^2，而悬铃木为 3.73g/m^2，存在很大差异。陈自新等（1998）测定了北京市主要园林树种和花灌木的滞尘能力，结果显示乔木树种中较强的有圆柏、毛白杨、元宝枫、银杏和槐树，花灌木有丁香、紫藤、锦带花和天目琼花。在杀茵方面的差异也有很大的不同，据戚继忠等(2000)对吉林市 28 种园林植物的清除细菌能力测定表明，一串红、接骨木、火炬树、京桃等植物的除菌率不足 40%，圆柏、落叶松、垂榆、鸡冠花、黑心菊等介于 40%~80%，而油松、锥绣球花的除菌率在 80% 以上。

在城镇绿化树种选择上除了要考虑上述对大气污染、土壤污染的抗性和净化作用以外，植物的危害作用也必须引起足够的重视，一些植物在具有多种有益功能的同时，也有一定的负效应，特别是对人体健康可能带来的影响更应该注意，如悬铃木的球果飞毛会给人带来过敏反应，夜来香夜间开花，芳香醉人，但香气中含有一种毒素，久闻后会使人头昏脑涨。而很多观赏植物也像夜来香一样，如杜鹃花、马蹄莲、水仙、夹竹桃等，它们的花香使人陶醉，但它们的花、茎、叶或根具毒的，因此都只能看而不能食用。

不同的植物在降温、除尘、杀菌等本身的环境效益方面都有各自的长处，对干旱、污染等外界环境条件胁迫的适应能力和抵抗能力也存在很大的差异，对植物生态功能的“求全责备”是不恰当的。我们对植物这些内在特点深入研究和了解，把城镇环境背景、城镇环境发展趋势与植物的适应性和抗性结合起来，进行合理地选择利用，是搞好城镇绿地系统建设的基础。

3. 植物对人体身心健康的影响越来越受到关注

不少植物的花果枝叶有很高的观赏价值，也有一定的医疗保健作用。据有关资料介绍，颜色对精神病人有一定的作用。应用植物形态和颜色治疗人体器官疾病(表 7-5)，达到保健的作用将受到人们的普遍关注。按照植物不同色彩配置的群落，预期在赏景的同时对人类某些疾病会有不同的疗效。

表 7-5　应用植物形态颜色治疗人体器官疾病

植物形态部位	枝叶	花	茎	果	根
植物颜色	青	赤	黄	白	黑
植物最佳性	湿	热	平	凉	寒
相应人体内脏	肝	心	脾	肺	肾
可治疗的人体器官	口	舌	口	鼻	耳

另外，由于绿色植物本身产生的物质达到某种程度，而对人体和环境产生不利影响的现象，也必然引起人们的高度重视。这种影响称作植源性污染，主要的致敏源包括花粉、

飞毛飞絮、气味等。据中国预防医学科学院病毒研究所曾毅院士领导的研究小组对1693种植物检测研究发现，有52种与人类关系密切的植物被认为是诱发癌症的“危险植物”(表7-6)。在城市森林建设植物选择中，对于植源性污染植物的使用要慎重。

表7-6　52种被认为是诱发癌症的“危险植物”

科	属	名　称	目前用途
沉香科	沉香属	上沉香	药用、肥皂、打字蜡纸原料
大戟科	大戟属	狼毒	药用、纤维植物
大戟科	石栗属	石采	药用、绿化、工业用油
大戟科	变叶木属	变叶木	观赏
大戟科	变叶木属	细叶变叶木	观赏
大戟科	巴豆属	石山巴豆	绿化
大戟科	巴豆属	毛果巴豆	绿化
大戟科	巴豆属	巴豆	药用、杀虫剂
大戟科	大戟属	火秧簕	药用、绿篱、观赏
大戟科	大戟属	猫眼草	药用
大戟科	大戟属	泽漆	药用、土农药、工业用油
大戟科	大戟属	续随子	药用、土农药、工业用油
大戟科	大戟属	甘遂	药用
大戟科	大戟属	高山积雪	观赏
大戟科	大戟属	铁海棠	药用、观赏、绿篱
大戟科	大戟属	千根草	药草
大戟科	海漆属	鸡尾木	药用
大戟科	海漆属	红背桂	药用、观赏
大戟科	麻疯树属	多裂麻疯树	药用
大戟科	红雀珊瑚属	红雀珊瑚	药用、绿化
大戟科	乌桕属	山乌桕	药用、工业用油
大戟科	乌桕属	乌桕	药用、杀虫剂、重要蜜源、工业用油
大戟科	乌桕属	回叶乌桕	药用、杀虫剂、绿化、工业用油
大戟科	油桐属	油桐	药用、工业原料、工业用油
大戟科	油桐属	木油桐(皱桐)	药用、绿化、工业用油、活性炭原料
大戟科	大戟属	三棱	药用
蝶形花科	山蚂蝗属	金钱草	药用
防己科	青牛胆属	青牛胆	药用
凤仙花科	凤仙花属	凤仙花	药用、玩赏、榨油
胡椒科	胡椒属	海南蒌	药用
菊科	苦荬菜属	剪刀股	药用
马鞭草科	假连翘属	假连翘	药用、观赏
马鞭草科	豆腐柴属	黄毛豆腐柴	药用
毛茛科	铁线莲属	黄花铁线莲	药用
猕猴桃科	猕猴桃属	阔叶猕猴桃	食用、药用
茜草科	红芽大戟属	红芽大戟	药用
茜草科	拉拉藤属	猪殃殃	药用

（续）

科	属	名　称	目前用途
蔷薇科	杏属	苦杏仁	食用、药用
茄科	曼陀罗属	曼陀罗	药用、兽药、土农药、工业油
忍冬科	荚蒾属	坚荚树	药用、兽药、绿化
瑞香科	荛花属	荛花	药用
瑞香科	结香属	结香	药用
瑞香科	荛花属	黄荛花	药用、土农药、纤维植物
瑞香科	荛花属	了哥王	药用、杀虫剂、纤维植物、油脂植物
瑞香科	荛花属	细轴荛花	纤维植物
伞形科	独活属	独活	药用
桑科	榕属	蜂腰榕	观赏
天南星科	麒麟尾属	麒麟冠	观赏
苋科	牛膝属	怀牛膝	药用
鸢尾科	射干同	射干	药用、兽药、观赏
云实科	云实属	苏木	药用、染料、绿化
中国蕨科	粉背蕨属	银粉背蕨	药用、钙质土指示植物

第二节　不同植物材料生态功能分析

有科学家1994年对重庆市中区大气中 SO_2、NO_x、TSP 3 项大气污染指标与肺癌死亡率的相关性进行研究，表明 TSP 与肺癌死亡率具有明显的相关性。大气 TSP 中含有的苯并(a)芘是一种强致癌化合物。

空气悬浮物的粒径、来源、成分及浓度对健康有重要的影响。

研究表明，森林植物特别是木本植物在消除环境污染方面具有十分重要的作用，它能吸收多种有害气体，并能滞尘、杀菌，起到净化空气的功能。但不同植物对污染物的抗性及吸收能力的差异很大，只能根据不同污染物的情况进行合理筛选，才能达到防污抗污、改善环境、保证城市居民身体健康的目的(表7-7)。

表7-7　各类林分(植物)净化(吸附)空气粉尘、烟尘、悬浮物量　　$t/hm^2 \cdot a$

林分	阔叶树	云杉	松树	针阔混交林	水青冈	臭椿	榆树	加拿大杨	桑树	榕树	悬铃木	五爪金龙	木槿	大叶黄杨	草坪
吸附量	39.0 54.0	32.0	36.4	34.0	58.8	12.27	20.6	53.9	56.0	56.0	37.0	66.0	9.37	6.63	5.0 11.8

注：引自姜东涛，2001。

森林植物分泌一些雄烯、酒精、有机酸、醚、醛、酮等杀菌素，如圆柏林一昼夜可分泌30~60kg/hm^2杀菌素，可杀灭以森林为半径2km范围内空气中的白喉、结核、伤寒、痢疾等细菌和病毒，白皮松、柳杉、悬铃木、地榆、稠李、冷杉、松树、景天等都有很强的杀菌能力。我国城市的空气含菌量平均达100万个/m^3。据测定，一般森林公园和绿地的空气含菌量比居民区少86%以上。

负离子能使人镇静、净化血液、增进新陈代谢、强化细胞功能、延年益寿。人正常生活中需要的负氧离子含量达 700 个/m^3 以上。据测定，一般城市空气的负氧离子含量在 300~700 个/m^3，工业区 220 个/m^3，城市森林区 1000 个/m^3 以上，林区腹部 2000~3000 个/m^3。

一、净化有毒气体

植物对空气污染的反应，可以分为污染敏感植物和抗性植物。敏感植物是指对空气中某种污染气体的反应敏感，表现出危害症状，如叶片伤害等，伤害程度随污染气体的浓度大小而表现或重或轻，因此，敏感植物可以作为气体污染环境的指示植物，来监测大气中的污染物的种类、存在浓度和变化规律。抗性植物，可以作为污染地区的环境修复材料，改善空气环境质量。

1. 植物对 SO_2 的反应

目前所知道的对 SO_2 敏感的植物主要有：紫花苜蓿、芝麻、苔藓、菠菜、胡萝卜、地瓜、黄瓜、燕麦、棉花、大豆、辣椒、月季、合欢、梅花、悬铃木、油松、马尾松、落叶松等。对 SO_2 抗性较强的植物种类见表 7-8。

表 7-8　不同地区抗 SO_2 的树种名录

地区	树种名称
华北、东北、西北	构树、皂荚、华北卫矛、榆树、白蜡、沙枣、柽柳、臭椿、旱柳、侧柏、小叶黄杨、加拿大白杨、刺槐、枣树、槐树、泡桐、紫藤、火炬树、珍珠梅、紫穗槐
华东、华中、西南部分地区和河南、陕西、甘肃等省的南部地区	大叶黄杨、龙柏、蚊母、夹竹桃、构树、凤尾兰、女贞、珊瑚树、梧桐、臭椿、朴树、紫薇、木槿、构橘、无花果、青冈栎、苦楝、构骨、山茶、香樟、结香、厚皮香、丝兰、月桂、银杏、刺槐、海桐、榔榆、十大功劳、丝棉木、喜树、广玉兰
华南和西南的部分地区	夹竹桃、棕榈、构树、印度榕、高山榕、樟叶槭、栎树、广玉兰、木麻黄、黄槿、鹰爪、石栗、红果仔、红背桂、黄金条

2. 植物对 HF 的反应

对 HF 敏感的植物研究最多的是唐菖蒲，该植物在 HF 浓度为 $1\times10^{-9}\mu g/m^3$ 下延续 2~3 天或在浓度为 $10\times10^{-9}\mu g/m^3$ 下延续 20h 就要受到伤害。此外，杏、郁金香、葡萄、大蒜、雪松、苔藓、玉米、烟草等对 HF 较为敏感。对 HF 有较强抗性的树种见表 7-9。

表 7-9　不同地区抗 HF 的树种名录

地　区	树种名称
华北、东北、西北	构树、皂荚、华北卫矛、榆树、白蜡、沙枣、柽柳、臭椿、云杉、侧柏、圆柏、杜松、胡杨、复叶槭、枣树、山杏、白桦、丁香、泡桐、葡萄、月季、海棠
华东、华中、西南部分地区和河南、陕西、甘肃等省的南部地区	大叶黄杨、蚊母、海桐、棕榈、朴树、凤尾兰、构树、桑树、珊瑚树、女贞、龙柏、梧桐、山茶、月季
华南和西南的部分地区	夹竹桃、棕榈、构树、广玉兰、桑树、银桦、蓝桉、湿地松

3. 植物对 Cl_2 的反应

目前发现的对大气中氯和氯化物敏感的植物有复叶槭、落叶松、油松、木棉、假连翅、苹果、桃、荞麦、玉米、大麦、白菜、萝卜、韭菜、冬瓜、洋葱、向日葵等。对 Cl_2 具有较好抗性的树种见表 7-10。

表 7-10　不同地区抗 Cl_2 的树种名录

地　区	树种名称
华北、东北、西北	构树、皂荚、榆树、白蜡、沙枣、柽柳、臭椿、侧柏、杜松、紫藤、华北卫矛、木槿、合欢、五叶地锦、构树、紫荆、紫藤、黄波罗、胡颓子、杨树、榆树、接骨木、槐树、紫穗槐、杠柳
华东、华中、西南部分地区和河南、陕西、甘肃等省的南部地区	大叶黄杨、龙柏、蚊母、夹竹桃、木槿、海桐、凤尾兰、构树、无花果、梧桐、棕榈、小叶女贞、柳杉、罗汉松、马尾松、南洋杉、黄杨、女贞、银杏、桂花、水杉、樟树、玉兰、棠梨、十大功劳、合欢、五叶地锦、紫荆、紫藤、油茶
华南和西南的部分地区	夹竹桃、构树、棕榈、樟叶槭、细叶榕、木麻黄、广玉兰、黄槿、海桐、石栗、木兰、蝴蝶果、黄馨、夹竹桃、南洋杉、油茶

另外，目前发现的对 O_3 敏感的植物有：烟草、美洲五针松、牡丹、菠菜、燕麦、番茄、萝卜、马铃薯、甜瓜等。

对过氧酰基硝酸盐（PAN）敏感的植物有：菜豆、莴苣、烟草、牵牛花、番茄、芥菜等。

对 NO_2 敏感的植物有：烟草、燕麦、胡萝卜、小麦、玉米、番茄、马铃薯、洋葱、蚕豆、柑橘、瓜类等。

4. *植物对粉尘悬浮物的滞留作用*

树冠、叶面积大并有绒毛或麻面叶的树种，截留粉尘悬浮物量就大，否则就小。常绿树种年截留量大，落叶树种年截留小，平均年截留量达 $21t/hm^2$（逄丽艳，1999）。

二、减少粉尘

植物种滞尘量大小差异很大，原因是各树木本身生物学特性的不同，决定了树木的叶片大小、叶片形状、叶面质地、枝干分枝角度和树冠形态特征等各不相同。根据合肥市 15 个树种滞尘量测定结果，阔叶乔木树种单位面积滞尘量：广玉兰 > 女贞 > 棕榈 > 悬铃木 > 香樟，阔叶灌木树种：石楠 > 木槿 > 红叶李 > 小叶女贞 > 大叶黄杨 > 桂花；针叶树种单位重量滞尘量：雪松 > 龙柏 > 蜀桧。具体数据见表 7-11。

表 7-11　滞尘能力测定

树种	胸径（cm）或树高（m）	单株树总叶面积（m^2）或叶重（kg）	7 天滞尘量（g/m^2）或（g/kg）	每株树 7 天滞尘量（kg）	每公顷 500 株计算滞尘量（t）	每年每公顷滞尘量（t）
广玉兰	20.0	204.31	4.211	0.860	0.430	14.134
樟树	20.0	500.77	2.085	1.044	0.522	17.153
银杏*	20.0	148.56	1.090	0.162	0.081	2.660
悬铃木*	20.0	411.12	1.186	0.488	0.244	8.010
女贞	9.7	114.74	3.920	0.450	0.225	7.389
棕榈⊙	13.1	13.29	3.226	0.043	0.021	0.704
桂花	3.2	109.03	2.566	0.280	0.140	4.596
石楠	3.9	51.70	5.582	0.289	0.144	4.741

（续）

树种	胸径(cm)或树高(m)	单株树总叶面积(m^2)或叶重(kg)	7天滞尘量(g/m^2)或(g/kg)	每株树7天滞尘量(kg)	每公顷500株计算滞尘量(t)	每年每公顷滞尘量(t)
大叶黄杨	1.3	34.88	3.408	0.119	0.059	1.953
红叶李	6.4	28.95	3.912	0.113	0.057	1.861
木槿	3.0	14.50	3.994	0.058	0.029	0.951
雪松	20.0	13.73	10.191	0.140	0.070	2.310
蜀桧	10.0	8.43	8.129	0.069	0.034	1.126
龙柏	10.7	23.14	8.825	0.204	0.102	3.355

注：乔木——胸径(cm)，灌木——株高(m)，针叶树——叶重(kg)。* 中等滞尘量，⊙冠高。表中每公顷绿化树按500株计算，是根据行道树株距5 m计算，即每株占地面积为19.625m^2，近似20m^2，故每公顷按500株计算。每公顷每年滞尘量，是将每公顷7天滞尘量乘以33周(即生长期230天)。

从表7-9可见，每公顷滞尘量较大的乔木树种有：樟树、广玉兰、女贞等，滞尘量较小的乔木树种有：棕榈、蜀桧、雪松、银杏；一般阔叶树大于针叶树，乔木大于灌木。说明各树种滞尘能力大小与树冠总叶面积有密切关系。

根据对各个树种滞尘量的测定，阔叶乔木树种单位面积滞尘量：广玉兰 > 女贞 > 棕榈 > 悬铃木 > 香樟，阔叶灌木树种：石楠 > 木槿 > 红叶李 > 小叶女贞 > 大叶黄杨 > 桂花；针叶树种单位重量滞尘量：雪松 > 龙柏 > 蜀桧。而每公顷滞尘量较大的乔木树种是：樟树、广玉兰、女贞等；滞尘量较小乔木树种有：棕榈、蜀桧、雪松、银杏；一般阔叶乔木树大于针叶树，乔木大于灌木。可见各树种滞尘能力大小与叶子表面特性(皱纹、粗糙、绒毛、油脂等)和本身的湿润性及树冠总叶面积有密切关系。

对北京市21种有代表性的园林植物(其中花灌木11种，乔木10种)单叶在雨后1周、2周、3周和4周时的滞尘量的测定后，然后根据单叶面积换算成各树种单位叶面积的滞尘量(表7-12)。

表7-12　北京市主要园林植物滞尘能力测定

植物名		单叶片滞尘量(g/叶片)				滞尘能力(g/m^2叶面积)			
		1周后	2周后	3周后	4周后	1周后	2周后	3周后	4周后
花灌木	丁香	0.0011	0.0042	0.0051	0.0081	1.068	4.078	4.951	5.757
	紫薇	0.0009	0.0023	0.0030	0.0034	1.125	2.875	3.750	4.250
	锦带花	0.0029	0.0039	0.0052	0.0058	2.101	2.826	3.768	4.232
	天目琼花	0.0032	0.0064	0.0072	0.0094	1.391	2.783	3.130	4.087
	榆叶梅	0.0050	0.0080	0.0102	0.0116	1.612	2.580	3.354	3.742
	棣棠	0.0026	0.0034	0.0040	0.0042	1.858	2.428	2.858	3.000
	月季	0.0008	0.0012	0.0031	0.0034	0.571	0.857	2.214	2.400
	金银木	0.0011	0.0035	0.0046	0.0051	0.155	1.446	1.901	2.107
	紫荆	0.0010	0.0056	0.0072	0.0080	0.213	1.191	1.532	1.702
	小叶黄杨	0.0001	0.0002	0.0003	0.0003	0.389	0.735	1.100	1.200
	紫叶小檗	0.0001	0.0002	0.0003	0.0003	0.312	0.625	0.938	0.938
平　均		0.0017	0.0035	0.0046	0.0054	1.009	2.039	2.681	3.038

（续）

植物名		单叶片滞尘量(g/叶片)				滞尘能力(g/m^2叶面积)			
		1周后	2周后	3周后	4周后	1周后	2周后	3周后	4周后
乔木	圆柏	0.0028	0.0043	0.0158	0.0185	0.294	0.708	2.579	4.113
	毛白杨	0.0030	0.0086	0.0110	0.0171	0.671	1.924	2.472	3.822
	元宝枫	0.0036	0.0040	0.0070	0.0083	1.500	1.667	2.917	3.458
	银杏	0.0016	0.0030	0.0032	0.0033	1.619	3.093	3.299	3.433
	槐树	0.0006	0.0010	0.0015	0.0018	1.132	1.887	2.830	3.396
	臭椿	0.0004	0.0013	0.0037	0.0071	0.138	0.448	1.276	2.448
	栾树	0.0031	0.0079	0.0102	0.0152	0.492	1.254	1.619	2.413
	白蜡	0.0010	0.0018	0.0032	0.0046	0.325	0.584	1.039	1.494
	油松	0.0004	0.0015	0.0043	0.0086	0.055	0.204	0.586	1.172
	垂柳	0.0002	0.0004	0.0010	0.0011	0.191	0.381	0.905	1.048
平　均		0.0017	0.0025	0.0061	0.0086	0.642	1.215	1.952	2.680

从植物滞尘能力测定(表7-12)和植物单位叶面积滞尘能力排序(表7-13)可以得到：

①各种植物单位叶面积的滞尘能力排序值随时段不同而有一定变化；

②通过4周的测定，基本上可以看出以下结论：

花灌木单位叶面积滞尘能力(单位：g/m^2)：最强——丁香5.757，较强——紫薇4.250、锦带花4.232、天目琼花4.087、榆叶梅3.742，一般——棣棠3.000、月季2.400、金银木2.107、紫荆1.702，较弱——小叶黄杨1.200、紫叶小檗0.938。其中最大值(丁香5.757)是最小值(紫叶小檗0.938)的6倍多。由此可见，丁香是北京城市绿化中可选的最理想的滞尘树种之一。

表7-13　北京市主要园林植物单位叶面积滞尘能力排序

植物名		滞尘能力(g/m^2叶面积)							
		1周后		2周后		3周后		4周后	
		滞尘量	排序	滞尘量	排序	滞尘量	排序	滞尘量	排序
花灌木	丁香	1.068	6	4.078	1	4.951	1	5.757	1
	紫薇	1.125	5	2.875	2	3.750	3	4.250	2
	锦带花	2.101	1	2.826	3	3.768	2	4.232	3
	天目琼花	1.391	4	2.783	4	3.130	5	4.087	4
	榆叶梅	1.612	3	2.580	5	3.354	4	3.742	5
	棣棠	1.858	2	2.428	6	2.858	6	3.000	6
	月季	0.571	7	0.857	9	2.214	7	2.400	7
	金银木	0.155	8	1.446	7	1.901	8	2.107	8
	紫荆	0.213	11	1.191	8	1.532	9	1.702	9
	小叶黄杨	0.389	9	0.735	10	1.100	10	1.200	10
	紫叶小檗	0.312	10	0.625	11	0.938	11	0.938	11
平　均		1.009		2.039		2.681		3.038	

（续）

植物名		滞尘能力(g/m²叶面积)							
		1周后		2周后		3周后		4周后	
		滞尘量	排序	滞尘量	排序	滞尘量	排序	滞尘量	排序
乔木	圆柏	0.294	7	0.708	6	2.579	4	4.113	1
	毛白杨	0.671	4	1.924	2	2.472	5	3.822	2
	元宝枫	1.500	2	1.667	4	2.917	2	3.458	3
	银杏	1.619	1	3.093	1	3.299	1	3.433	4
	槐树	1.132	3	1.887	3	2.830	3	3.396	5
	臭椿	0.138	9	0.448	8	1.276	7	2.448	6
	栾树	0.492	5	1.254	5	1.619	6	2.413	7
	白蜡	0.325	6	0.584	7	1.039	8	1.494	8
	油松	0.055	10	0.204	10	0.586	10	1.172	9
	垂柳	0.191	8	0.381	9	0.905	9	1.048	10
平　均		0.642		1.215		1.952		2.680	

注：按花灌木和乔木分别排序。

乔木树种单位叶面积滞尘能力(单位：g/m²)：

较强——圆柏4.113、毛白杨3.822、元宝枫3.458、银杏3.433、槐树3.396；一般——臭椿2.448、栾树2.413；较弱——白蜡1.494、油松1.172、柳树1.172。其中最大值(圆柏4.113g/m²)是最小值(垂柳1.048g/m²)的近4倍。

三、杀灭有害病菌

城市森林通过植物本身的叶、芽和花所分泌的挥发性物质杀死空气中的细菌、真菌和原生动物等，同时由于植物吸滞粉尘减少细菌载体，使得大气中的细菌数量大为减少。北京市常用绿化植物的杀菌能力见表7-14。

表7-14　北京市常用园林植物的杀菌力分类

树木种类	杀菌力强	杀菌力较强	杀菌力中等	杀菌力弱
常绿乔木	油松	白皮松、侧柏、圆柏、洒金柏	华山松	
落叶乔木	桑树 核桃	栾树、槐树、杜仲、泡桐、悬铃木、臭椿	构树、绒毛白蜡、银杏、绦柳、馒头柳、榆树、元宝枫	加杨洋白蜡、毛白杨、玉兰
常绿灌木		早园竹	大叶黄杨、小叶黄杨	
落叶灌木		碧桃、紫叶李、金银木、黄栌、紫丁香、紫穗槐、珍珠梅	北京丁香、丰花月季、海州常山、蜡梅、石榴、紫薇、西府海棠、平枝荀子、紫荆、金叶女贞、黄刺玫	玫瑰、报春刺玫、太平花、樱花、榆叶梅鸡麻、美蔷薇、野蔷薇、山楂、迎春
藤本		中国地锦、美国地锦	山荞麦	
草本		美人蕉	鸢尾、地肤	萱草

可见，不同植物的杀菌作用差异很大，具体表现为：

第一类(杀菌力强)：植物对杆菌和球菌的杀菌力均很强，既能杀死某些球菌，又能杀死某些杆菌。这类植物可以作为医院、居民区等绿化的首选植物材料。

第二类(杀菌力较强)：植物对两种菌的杀菌力都较强或对其中一个菌种的杀菌力强而对另一个菌种的杀菌力中等。它们全部都是北京市园林绿化中最常用的植物。

第三类(杀菌力中等)：植物对球菌和杆菌的杀菌力中等，或对其中一个菌的杀菌力较强而对另一种菌的杀菌力中等。

第四类(杀菌力弱)：植物对球菌和杆菌的杀菌力均弱。特别值得注意的是，在研究中发现，在某些情况下，绿地的减菌作用并不明显。分析其原因为，在温暖的季节里，绿地相对阴湿的小气候环境有利于菌类的滋生繁殖；另外，如果绿地的卫生条件不良，也会增加空气中的菌含量。所以，在城市绿化工作中，必须合理安排植物的种植结构，保持良好的通风条件，避免形成有利于菌类滋生繁殖的阴湿小环境。同时，还要加强绿地的卫生管理，这样也能减少菌类的滋长。

彭旦明(2001)研究，香樟、蜡梅等叶和花能减少大气中的细菌数量，具体参见表 7-15 和表 7-16。

表 7-15　樟树叶提取物体外抗菌作用

菌　种	水煎(0.5g/mL)	水煎(0.25g/mL)	油水(33μL/mL)	油水(16μL/mL)	全油(16μL/mL)
金黄色葡萄球菌	-	+	—	+	-
乙型链球菌	-	+	+	+	-
绿脓杆菌	-	+	+	+	+
肺炎双球菌	-	+	+	+	-
痢疾杆菌	-	+	-	-	-
甲链球菌	-	+	+	+	-
大肠杆菌	+	+	-	+	-
白色念珠菌	+	+	+	+	+
甲奈球菌	-	+	+	+	-

表 7-17　蜡梅提取液体外抗菌作用

菌种	水煎(20mg/mL)	水煎(10mg/mL)	油饱和水溶液
金黄色葡萄球菌	-	+	+
乙型链球菌	+	+	+
绿脓杆菌	+	+	+
肺炎双球菌	+	+	+
痢疾杆菌	-	-	+
甲链球菌	+	+	+
大肠杆菌	+	+	+
白色念珠茵	+	+	+
甲奈球菌	-	+	+

四、修复污染土壤

1. 植物修复污染土壤

土壤是人类获取食物和其他再生资源的物质基础。因为种种原因，某些土壤受到了严重的污染，其中，土壤重金属污染是一个全球性的棘手问题。由于重金属在土壤中的滞留时间长，植物或微生物不能将其降解，因而影响土壤理化活性，影响作物的生长和品质。因此，这种污染是一个不可逆的过程。重金属在作物可食部位积累后易于通过食物链传递给人或动物，对人类健康带来严重危害。世界闻名的水俣病、Hg 中毒、骨痛病、Cd 中毒等就是典型的例证。

到目前为止，较为成熟的可用于土壤重金属污染修复的技术有：固化、玻璃化、热处理、土壤冲洗、泵处理、电动修复等，但这些方法往往投资比较昂贵，需要复杂设备或打乱土层结构，对大面积的污染更是无可奈何。大量的研究表明，植物除了具有抵抗和净化大气污染的能力以外，对土壤污染、水体污染的净化能力也是不可忽视的。有些特殊的植物在生理代谢过程中能富集、整合和积累重金属，可以利用这些植物来修复重金属污染的土壤，此修复技术对环境扰动少，在去除土壤重金属的同时还可以在一定程度上降低污染土壤周围大气和水体中的污染物水平，而且费用低。

芝加哥是美国儿童铅中毒数目最多的地区，每年有 2 万多名 6 岁以下儿童被确定为血液中铅含量超标，其程度足以对儿童造成永久的智力损伤。当地采用种植向日葵等植物来吸收土壤中的铅。研究结果表明，一枝黄花、羊茅、玉米和向日葵等植物能从被污染的土壤中吸取有毒物质。种植这些植物是清除人们住宅周围土壤中所含的铅的经济而又便捷的方法。美国佛罗里达大学的科学家发现，利用蕨类植物，可以很有效地将土壤内的 As (砷)吸走。用植物清理被污染的土壤的“植物疗法”在美国等国家已使用了数年时间，人们用这种方法清理受污染的工业区。1986 年，苏联切尔诺贝利核电站事故后种植向日葵，用以清除地下水中的核辐射，Dushenkov 等 1999 在研究中发现某些苋属栽培种对^{137}Cs (铯)的累积性最强。这种方法比移走受污染土壤要廉价得多，可以通过几个途径来实现，最简单的做法是用诸如草类植物织成一张“绿毯”覆盖被污染的土壤。更令人感兴趣的是一种被称为植物萃取(phytoextraction)的过程。某些植物能通过根部吸收铅元素，人们把这些植物收割以后，可以在原地种上第二批植物，直到土壤中的铅含量降低到允许的水平。蕨类植物可以直接将吸收了的砒贮藏在它的叶和茎，某些植物吸收的砷、铅也许最终能从根部输送到地上的枝叶中，这样只需修剪枝叶就可以清除 AS、Pb，不必拔除整棵植物。因此，多年生植物特别是木本植物是清除土壤中的 Pb、As 等污染物最理想的手段。Jaffre 等(1976)在《科学》(*Science*)上撰文称，他们在新喀里多尼亚所发现的 Ni(镍)超富集树种(*Sebertia acuminata*)当树皮切开后，外皮层汁液中的 Ni 浓度竟高达其干重的 25%。我国在植物修复(phytore mediation)的研究中也取得了很大进展，但整体上尚处于起步阶段，有些木本植物如某些旱柳品系可以蓄积 47. 19mg/kg 的 Cd，当年生加拿大杨对 Hg 的蓄积量高达 6. 8mg/株，是对照的 130 倍。据统计，目前有大约 400 种植物可以吸收毒素，而利用植物修复的市场正在迅速增长。

植物修复是指将某种特定的植物种植在重金属污染的土壤上，而该种植物对土壤中的污染元素具有特殊的吸收富集能力，将植物收获并进行妥善处理(如灰化回收)后可将该种重金属移出土体，达到污染治理与生态修复的目的。这种植物称为“超富集体”(hyper-accumulator)，其一般定义为：在地上部分能较普通作物积累10~500倍以上某种重金属的植物(Chaney等，1997)。城市森林中的植物具有吸收、转化、清除或降解环境污染物，实现环境净化、生态功能修复的功能，因而，随着人们对生存环境空间质量的关注，植物在改善生态环境、保障人体健康等方面的自然功能越来越受到人们的高度重视。

2. 植物修复土壤重金属污染

(1)重金属超富集植物

植物对重金属污染位点的修复有3种方式：植物固定、植物挥发和植物吸收，通过这3种方式去除土壤环境中的重金属离子。

植物固定是利用植物使土壤环境中的重金属流动性降低，生物可利用性下降，使重金属对生物的毒性降低。植物挥发是利用植物去除环境中的一些挥发性污染物(如Hg)，即植物将污染物吸收到体内后又将其转化为气态物质，逸出土体后再回收处理。而植物吸收是目前研究最多并且最具有发展前景的植物修复方式，它利用耐受并能积累重金属的植物吸收土壤环境中的金属离子，将它们输送并贮存在植物体的地上部分。这类植物有两种，一是具有超耐性的植物；二是营养型超富集植物。超耐性植物能够较普通植物积累10~500倍以上的某种重金属，在非生理毒害情况下，*Thlaspi caerulescens* 和 *Arabidopsis halleri* 能在茎内富集30 000mg/kg Zn，而大多数作物的临界值是500mg/kg。香蒲植物、绿肥植物天叶紫花苕子对Pb具有超耐性，羊齿类铁角蕨属植物对Cd有超耐性。营养型富集植物指天生就超量地吸收某种或某些重金属，并以这些元素作为自身生长的营养需求的植物，它们往往在元素正常浓度下难以适存。某些超富集植物的名称与富集重金属的功能列于表7-17。

表7-17　某些植物对重金属的超富集状况

重金属元素	植物种类	叶片中重金属含量(mg/kg)	发现地点	一般植物体内平均含量(mg/g)
Gd	*Thlaspi caerulesccens*	1800	美国宾夕法尼亚	0.21
Cu	*Ippmea allpina*	12 300	刚果(金)	3.49
Co	*Haumaniastru robertii*	1020	刚果(金)	0.036
Pb	*Thlaspi rotundifolium*	8200	不详	2.52
Mn	*Macadamia neurophslla*	51 800	新喀里多尼亚	25.65
Ni	*Psychotria douarrei*	47 500	新喀里多尼亚	0.49
Zn	*Thlaspi calaminare*	39 600	德国	20.99
Se	*Astragalus racemosus*	14 900	美国怀俄明	5

注：引自刘秀梅，聂俊华等，2001。

利用超富集体改良土壤的一个典型例证是1991年由纽约的一位艺术家MelChin开始的，他在环境科学家Chaney、Homer和Brown的协助下，成功地塑造了一件巨大的“环境艺术品”。该艺术品由5种植物组成：遏蓝菜属的 *Thlaspi caerulesccens*，麦瓶草属的 *Silene vulgaris*，长叶莴定，Cd累积型玉米和Zn、Cd抗性紫洋芋。利用这件艺术品为工具“剔除”了土壤中的Cd的毒性，将一片光秃的死地变成生机盎然的活土(刘秀梅等，2001)。

我国也曾在植物修复方面做过研究，黄会一等(1998)发现杨树对Cd和Hg污染有很好的削减和净化功能；熊建平等(1996)研究，水稻田改种苎麻后，极大地缩短了受汞污染的土壤恢复到背景值水平的时间。至今，已有400种植物被证明对重金属具有吸收超富集作用。

(2)非超富集植物吸收重金属能力的比较研究

植物对重金属的吸收在种、枝、叶、根等样品中的含量不同，结合各树种的综合生长状况，在重金属污染厂区的绿化树种表现出不同吸收能力和忍耐能力，如法国冬青、紫藤、木芙蓉、女贞和龙柏等树种富集重金属能力较强，且生长状况较为良好，最适于作为重金属污染厂区的生态防护绿化的主要树种；而蚊母树、夹竹桃和石楠等植物种类虽然富集重金属能力较低，但有较强的耐性，能良好生长，也适于作为污染区绿化美化树种。海桐、棕榈、小叶黄杨生长较差，可选择适量应用。对于富集能力明显较差而又生长差的植物种类，如丝兰，则不适于作为污染区主要绿化材料。黄银晓等曾经对北京地区主要绿化植物，测定植物体内的重金属含量，以及江西、广东等地少量树种的研究数据，平均值如表7-18所列，可作为重金属污染防护树种选择时参照。

表7-18　其他地区测定的部分树种重金属元素富集能力参照　　mg/kg

种　类	Zn	Cu	Cd	Pb	Ni
泡桐	39.075	40.225	0.214	4.327	3.51
臭椿	39.170	18.087	2.485	8.879	5.419
毛白杨	75.064	19.60	4.401	8.498	4.811
加杨	71.800	14.503	4.020	2.796	9.088
刺槐	32.367	15.833	2.719	3.537	3.898
银杏	18.200	12.300	0.159	2.493	6.152
白蜡	30.000	14.880	0.070	5.366	2.656
旱柳	60.030	11.933	0.287	3.268	6.410
榆树	19.730	10.067	0.021	2.492	0.463
五角枫	30.367	16.167	0.087	4.601	3.435
桑树	40.200	16.600	0.181	5.553	4.946
核桃	25.533	12.267	0.042	4.313	3.200
朴树	46.900	18.200	0.411	3.157	6.536
卫矛	34.56	10.880	0.078	2.911	4.717
悬铃木	20.930	17.267	0.086	1.789	9.085
槐树	24.436	12.727	0.175	5.130	3.400
油松	22.237	19.655	0.065	4.384	0.677
侧柏	34.477	25.431	0.258	5.803	1.835
圆柏	24.498	21.300	1.138	5.198	2.159
白皮松	26.743	9.371	0.022	5.274	0.596
雪松	18.333	29.667	0.033	3.124	2.083
云杉	28.400	19.650	0.028	3.144	1.575
紫薇	26.460	17.720	0.358	5.329	3.847
榆叶梅	39.000	12.200	0.342	2.923	3.083
黄刺玫	20.933	11.833	0.097	2.719	1.412
紫穗槐	40.160	18.200	0.065	5.308	3.709

（续）

种　类	Zn	Cu	Cd	Pb	Ni
丁香	32.600	9.511	0.047	3.983	3.554
连翘	36.200	14.222	0.056	4.428	4.736
木槿	30.800	18.900	0.062	2.361	3.973
小叶黄杨	21.600	17.800	0.020	2.824	4.212
大叶黄杨	24.800	16.000	0.026	0.888	8.795
多花蔷薇	24.300	10.250	0.131	2.540	4.795
贴梗海棠	30.600	17.000	0.606	4.891	5.108
海棠	24.400	12.400	0.042	2.121	6.110
珍珠梅	21.467	14.200	0.178	4.557	4.348
甜槠	12.79	1.38	0.044	0.419	—
苦槠	14.295	1.717	0.045	0.343	—
青冈	11.25	2.04	0.087	0.349	—
长叶石栗	12.05	2.158	0.088	0.958	—
石栗	11.31	0.555	0.051	0.084	—
樟	14.96	0.935	0.151	0.512	—
木荷	9.65	1.142	0.059	0.647	—
枫香	27.96	2.002	0.098	0.632	—

3. 植物修复在降解土壤残留 TNT 中的作用

植物也可以降解土壤中的 TNT。如据 Best 等报道，对受美国阿依华陆军弹药厂爆炸物所污染的地表水进行水生植物和湿地植物修复的筛选与应用研究中发现，*Myriophyllum aquaticum* Veil. Verdc 的效果甚佳(Best 等，1997)。Roxanne 等研究了受 TNT 污染地表水的植物修复技术，在所有浓度为 1mg、5mg、10mg 的土壤条件下，与对照相比，利用植物的降解、移除量可达到 100%(Roxanne，1998)。另据 Peterson 等报道，在全美的原军事基地中，大约有 $82 \times 10^4 m^2$ 的土壤受到爆炸物污染，主要污染物是 TNT 及其降解的中间产物，利用植物柳条稷进行降解和修复是一有效途径(Peterson 等，1998)。Burken 等报道用 ^{14}C 技术研究杂交杨对残留在土壤中美去净的净化效果，认为通过杨树截干可以清除大部分所应用的萎去净且对树木生长没有任何副作用（Burken 等，1996）。

4. 植物修复 Hg 污染土壤的作用

无机汞在污染土壤和沉积物中是相对较难移动的，且通过生物或化学过程可以转变为毒性很强、生物有效性很高的甲基汞。传统治理汞污染土壤造价昂贵且需要挖出土体。Heaton 等采用一种转基因水生植物盐蒿和陆生植物拟南芥、烟草去移除土壤中的无机汞和甲基汞，这些植物携有经修饰的细菌 Hg 还原酶基因 *merA*，可将根系吸收的 Hg^{2+} 转化为低毒的 Hg^0 从植物体中挥发出来。而转入能表达细菌有机 Hg 裂解酶基因 *merB* 的植物可以将根系吸收的甲基 Hg 转化为流基结合态 Hg^{2+}，拥有这两种基因的植物可以有效地将离子态 Hg 和甲基 Hg 皆转化为 Hg^0，并通过植物气孔挥发释放入大气(Heaton 等，1994)。

5. 植物修复 PAH 等污染土壤的作用

植物可以降解与修复多环芳烃(PAH)污染的土壤。苜蓿和柳条稷种植于 PAH 污染土壤上 6 个月后，土壤中的总 PAH 浓度下降了 57%，再继续种植苜蓿可进一步减少 PAH 总量的 15%(Peterson 等，1998)。

第三节　森林植物选择的原则与方法

我国的城市森林建设与城市园林绿化正日趋融合，但在包括功能目标侧重、规划尺度、经营管理、景观的自然属性等方面也有一定的区别。正因为如此，城市森林树种的选择规划，应充分借鉴传统林业和城市园林绿化树种选择规划的方法和经验，并形成自己的特点，才能满足城市森林建设发展的需要。

一、森林植物选择的原则

1. 适地适树原则

优先选择生态习性适宜城市生态环境并且抗逆性强的树种。城市环境是完全不同于自然生态系统的高度人工化的特殊生态环境，在城市中光、热、水、土、气等环境因子均与自然条件有极其显著的差异，因此，对于城市人工立地条件的适应性考虑是城市森林建设植物选择的首要原则。

2. 生态功能优先原则

在确保适地适树的前提下，以优化各项生态功能为首要目标，尤其是主导功能。城市森林建设是以改善城市环境为主要目的，以满足城市居民身心健康需要为最终考核指标的，因此，城市森林建设的植物选择与应用的根本技术依据是最大效应地发挥植物的生态功能。

3. 乡土树种与外来树种结合原则

以乡土树种为主，适当引进外来树种，满足不同空间、不同立地条件的城市森林建设要求，实现地带性景观特色与现代都市特色的和谐统一。乡土植物经过长期的自然选择，对本地区的自然环境条件适应能力较强，易于成活，就地取材建设城市森林，节省经费又易于见效，并且能够反映地方特色。外来植物的选择，种类要多，以形成既具有城市特色，又有季相变化、丰富多彩的城市绿化景观。在进行植物选择时，应以乡土植物为主，外来植物为辅，在数量上乡土植物要形成一定的优势，统率全局，突出地方特色。

4. 景观价值方法原则

实现树种观赏特性多样化，充分考虑城市总体规划目标，扩大适宜观花、观形、遮阴树种的应用范围，为完善城市森林的观赏游憩价值、最终建成生态园林城市奠定坚实基础。

5. 生态经济原则

与建设环保型城市的目标相适应，生态功能与景观效果并重，适当兼顾经济效益。城市森林建设用地主要集中在城乡结合部和城市近郊区、城市远郊区县，这些区域的土地大部分为农业用地，土地基本为农民承包经营。因此，在城市森林建设中，树种选择必须按照生态经济的原则，选择生态效益高，同时又有较好的经济产出的经济树种，保证农民的经济收入问题，保证城市森林建设地带的生态功能的长久性。在城市森林建设树种选择的同时，调整城乡结合部、城市近郊区、城市远郊区县的产业结构。

6. 生物多样性原则

丰富物种、品种资源，提高物种多样性和基因多样性。丰富植物生态型、植物生活型，乔、灌、藤、草本植物综合利用，且比例合理。城市森林建设又是乔、灌、草、藤和地被植物交织构成的，在植物配置上应十分重视形态与空间的组合，使不同的植物形态、色调组织搭配得疏密有致、高低错落，使层次和空间富有变化，从而强调季相变化效果。通过和谐、变化、统一等原则，有机结合，体现植物群落的整体美，并能发挥较好的生态效益。

7. 速生树种与慢生树种相结合

速生树种生长迅速、见效快，对城市快速绿化具有重要意义，但速生树种的寿命通常比较短，容易衰老，对城市绿化的长效性会带来不利的影响。慢生树种虽然生长缓慢，但寿命一般较长，叶面积较大、覆盖率较高、景观效果较好，能很好地体现城市绿化的长效性。在进行植物选择时，要有机地结合二者，取长补短，并逐渐增加长寿树种、珍贵树种的比例。

二、森林植物选择的方法

有关林业树种的选择规划，我国已有大量的研究与实践，如通过立地分类和立地质量评价的方法，造林对比试验的方法，以及根据对干旱、盐碱的逆境条件的耐性或抗性来进行树种的选择规划等，主要目标是通过选择对生境条件具有最佳生长适应性的造林树种来提高森林的生物生产力和经济效益，两者间有较好的一致性。而城市绿化树种规划，历来较偏重树种的观赏特性及其景观功能，目前正朝着景观功能与生态功能并重的方向发展；在选择规划过程中，生长适应性作为功能基础而加考虑，注重树木生长状况与形态对实现其功能目标的影响。城市森林建设的功能目标多样化，强调城市生态环境服务功能，有良好的景观功能，以及要求一定的物质生产和经济效益能力。因此，城市森林树种的选择规划，与园林绿化树种的选择规划相比较，要更加地重视生长适应性基础，而与林业树种选择规划相比较，则应更多地考虑如何适应多功能目标的综合要求。综上所述，城市森林树种的选择规划应重视以树种生长适应性为基础，同时考虑多功能适应性的综合规划，是理想的规划途径。

综合规划体现为主要生长限制因子的影响作用以及主要功能目标的要求，在单因子规划的基础上完成。在以生长适应性为指标进行树种选择规划时，根据具体的自然生态条件特点，可以就主要的影响因子进行单因子选择规划，如根据气候、土壤因子可分别规划选择气候适宜种、土壤适宜种。单因子适宜种类较多，规划中主要应满足对起关键作用的限制因子的生长适应性要求，关键单因子或少数多因子选择规划可以合理充分利用绿化树种资源，丰富树种应用形式。而根据绿化树种对综合生境的整体生长适应性表现可选择规划普适种，普适种类的规划选择可以为确定城市森林中的主栽树种奠定基础和提供依据。在功能适应性规划中，主要包括景观、生态、经济三大方面，每一方面仍然要根据实际情况选择具体指标进行单因子选择规划，如不同的观赏特性和生态功能指标。在城市森林实践中，树种的选择应用实际就是在生长适应性和功能适应性规划基础上权衡利弊综合选优的结果。

1. 森林植物本底调查

包括自然植被类型和乡土植物种类调查、城市建设中保留的原生植被生长状况调查、城市中人工种植植物种类及生长健康状况调查、城市居民对城市绿化植物种类的喜好程度调查等。调查可以采用问卷法、实地调查法、资料分析法等。

2. 植物生态功能测定分析

在植物调查的基础上，对各种植物的生态功能进行定量化的测定，找出各种植物的突出或主导生态功能指标。测定的内容包括：植物固定 CO_2 能力、蒸腾散水能力、遮阴降温效果、吸收(抗)污染(如 SO_2、Pb、Cd、氟化物等)能力、滞尘作用、是否分泌杀菌素及杀菌能力、水源涵养能力等。

3. 功能及适应性评价

综合评价植物的生长适应性和生态功能，提出各种植物的适宜生长立地条件，以及在城市森林建设中可以发挥的生态功能的排序，为城市森林建设不同生态功能分区的植物选择提供科学的选择依据。

4. 城市森林建设植物规划

在森林立地类型区划基础上，调查树种生长状况，以综合生长适应性为依据，选取各立地类型上现有代表性植物。综合树种功能特性和各类立地条件下的生长适应性，根据城市森林类型的功能目标特点完成各类森林树种的选择规划。

复习题

1. 你认为沈阳市城市森林植物应用有哪些？(列表说明：乡土植物与外来植物、常绿植物与落叶植物、草本植物与木本植物)
2. 如何计算密度、相对密度。
3. 如何计算存在度、相对存在度。
4. 哈尔滨市绿化树种使用有什么特征？
5. 厦门市现有绿化树种有什么特征？
6. 合肥市现有绿化树种有什么特征？
7. 什么是植源性污染？
8. 简述森林植物应用的发展趋势。
9. 对 SO_2 抗性较强的植物在东北地区主要有哪些？
10. 对 HF 有较强抗性的树种在东北地区主要有哪些？
11. 对 Cl_2 具有较好抗性的树种在东北地区主要有哪些？
12. 北京市 21 种有代表性的园林植物滞尘能力排序是怎样的？
13. 在北京市常用绿化树种中杀菌能力强又能用于东北地区主要有哪些？
14. 植物修复污染土壤的原理是什么？
15. 重金属超富集植物是怎样净化土壤的？
16. 简述森林植物选择的原则。
17. 请解释速生树种与慢生树种怎样相结合。
18. 简述森林植物选择的方法。

第八章
城市森林建设的植物配置与未来趋势

森林生态系统以其强大的生态服务功能为人们解决城市环境问题提供了一条有效的途径。良好的生态环境必须由一定的绿地和绿量来保证，德国著名生态学家认为各种树丛和树木覆盖区，是减少城市过热的唯一可行的办法，树木对恢复生态平衡有着极其重要的作用。城市森林不仅仅是观赏、旅游、休闲的场所，更重要的功能是维持城市生态平衡和保证良好生态环境。城市森林类型不同，系统里面存在的绿量就不同，绿色植物所发挥的生态效益就有很大差别，因而生态环境的差别就很大。在城市森林建设过程中，既要注重城市森林的景观效果，也要强调生态效益，特别是注重考虑植物在个体、种群及群落不同尺度上对人的影响，把以人为本的建设宗旨体现在具体的森林植物选择、配置及整体布局的各个环节。在现阶段，如何通过调整各土地类型或配置不同类型的城市森林，为城市人居提供更加舒适的环境，是城市森林建设中的重要课题。

不同的树种具有不同的生态功能和生态地位，人为的植物配置设计也必须考虑植物本身的特点。一个相对稳定的森林群落是各种植物包括动物长期相互适应的结果，有一个自我维持的机制。因此，对于以人工植被为主的城市森林建设，应在充分认识各种植物的生物学和生态学特性的基础上，以植物生态学、森林生态学、景观生态学等原理为指导，把乔木、灌木、草本和藤本植物因地制宜地配置在一个群落中，使种群间相互协调，既有复合的层次和相宜的季相色彩变化，更具有改善生态环境的多种生态功能，有利于保护和提高城市的生物多样性，为城镇居民创造出清洁、舒适、优美、文明的现代化生态环境。

从目前国内城市绿化建设的现状来看，许多城市和单位在进行绿化时，在植物配置方面考虑最多的是景观效果，很少考虑到生态与园林景观的结合。自“草坪热”后，又出现了要求在设计施工草坪上点缀一二株常绿乔木即所谓的疏林草地模式，而且强调热衷于常绿乔木。这种简洁的绿地建设有其优点，但其生态功能非常有限，而且需要不断地维护。从促进生态平衡的高度，结合绿地建设的投入产出情况，及谋求优良的生存环境的可持续发展的长远观点来看，在我国人多地少、城市绿地面积十分有限的现实情况下疏林草地模式是不值得推广的。城市森林建设要转变传统的观念，强调提高城市森林绿地植物群落的多样性、复杂性和多功能性，重视乡土植物的使用，把城市森林的主体建设成为以近自然的地带性森林植被为主的模式，全面提高城市有限绿化建设用地的生态效益，达到城市森林效益和景观美化的有机统一，为城市发展提供生态服务。

第一节　植物配置现状分析

在自然森林生态系统中，森林植物群落在物种组成上是丰富多样的，在群落的垂直结构上，乔、灌、草层次丰富，种类数量比例适当，因此能够最大效率地利用光能、土地资源等，在单位面积上获得最大限度的能量同化积累和生态效益的发挥。城市森林的植物配置应充分考虑群落的稳定性、植物的多样性、群落生长势、群落外观、群落层次丰富程度、与周围环境功能的协调性以及乡土特色等指标，建立近自然的城市森林植物群落，发挥城市森林在改善城市生态环境，提高人们生活环境空间质量，满足人们身心健康需求的作用。

一、物种丰富度分析

我国城市人口密集，可以说城市生物多样性水平主要体现在占地比例很小的城市森林系统所容纳的生物资源的丰富程度，城市生物多样性的保护与建设主要需通过城市森林的建设来实现，其中丰富城市森林中人工植物群落的物种数量是一个重要的基础。

2000 年，杨学军等通过对上海市植物群落的物种丰富度调查发现，在城市建成区，总的物种数量频率分布情况是低物种数量的群落出现频率高，其中物种数量为 3 的群落出现频率最高，达 16%；而在城郊地带，以物种数量为 10、11、14 的群落出现的频率最高，各为 15%；郊县城镇的植物群落中，低物种数量的群落出现频率高，与建成区一样，物种数量为 3 的群落出现的频率达到 24%；乡镇的群落中物种比较丰富，物种数量为 12、13 的群落出现频率最高，达到 27%。以上数据说明城市、镇建成区的植物群落结构设计和建设中，植物配置存在着更多追求景观效果的倾向，对土地、阳光等资源的利用率相对城郊结合部和城市远郊乡镇的植物群落对资源的利用率要低很多，因此，造成城市人口最为集中的地域(分区)，最需要植物来调节和改善生态环境的城市部位，植物群落所发挥的生态效益却是相对低下的。

2001 年，陈芳清等调查了上海宝钢厂区的道路绿化带的主要 12 种群落类型的群落学特征(表 8-1)。上海宝钢厂区的道路绿化带栽培植物隶属于 38 个科 61 属，共计 65 种种子植物，其中自然分布为 29 种。乔灌木有 28 种，常绿植物 20 种，落叶植物 8 种，藤本植物 6 种，多年生草本植物 17 种，一年生草本植物 14 种。观赏植物在整个绿化带的各种植物群落构建中占绝对优势，反映出绿化带仍保持在典型的人工林状态。在整个道路绿化带中使用频率较高的植物依次为香樟(83.3%)、黄杨(75.0%)、女贞(66.7%)、夹竹桃(58.3%)、珊瑚树(58.3%)和马尼拉草(50.0%)。

从目前来看，其道路绿化带的植物群落是稳定的，表明其群落结构的物种配置基本是合理的。道路绿化植物群落为了尽快产生环保效应，所配置的植物种类大多是一些生长快、覆盖面大的常绿物种。这些物种的生态位相近，在群落中极易产生竞争使群落结构不稳定，但是宝钢厂区道路绿化带将乔木层、灌木层各物种在水平位置上的错位配置，较好地避免了这种现象的发生，形成了一种较复杂的群落三维结构。其种群水平配置的基本格局为：行道树——观赏灌丛——地被植物——环保灌丛——环保绿篱。

海口市结合城市的环境条件特点及人工构筑物的特色，城市绿化以热带代表科之一的棕榈科植物椰子树、大王棕作为街道绿化的主要绿化树种，充分地体现了海口市这座海滨城市的特色，使人首先感受到热带海滨景观的自然美。由于这些树种无分枝、树干挺直、树冠密度小，以此再结合特定的环境条件配置小叶榕、羊蹄甲等热带树种，人行道外侧设花坛绿篱，配置变叶木、三角梅、大红花等树种，使这些街道的绿化基本上实现了在立体

表 8-1　上海宝钢厂区道路绿化带主要植物群落类型的组成概况

群落类型	分布地点	植物种数	栽培植物		自然分布种类	乔灌木		草本植物		藤本
			景观	环保		常绿	落叶	多年生	一年生	
(1)	纬二西路	14		6	8	5		4	5	
(2)	纬一路	16	1	8	7	7		4	4	1
(3)	纬一路	12		7	5	5		3	3	1
(4)	纬三路	14	3	4	7	3	3	3	3	2
(5)	纬三路	16	2	9	5	8	1	4	3	
(6)	纬三路	20	5	8	7	8	1	3	5	3
(7)	纬四路	22	6	9	7	6	4	6	3	3
(8)	纬四路	9	1	5	3	4	1	3	1	
(9)	经五支路	18	1	12	5	10	2	2	3	1
(10)	经五支路	15	3	6	6	7	2	1	3	2
(11)	初二十八路	8	1	5	2	5			2	1
(12)	经五路	19	2	5	12	5		6	8	
合 计		65	17	19	29	20	8	17	14	6

注：群落类型(1)香樟＋夹竹桃＋马尼拉草；(2)香樟＋圆柏－夹竹桃－麦冬；(3)香樟＋珊瑚－海桐－马尼拉草；(4)雪松－木芙蓉－马尼拉草；(5)圆柏＋夹竹桃－木芙蓉－鸢尾；(6)香樟－山茶－马尼拉草；(7)香樟＋夹竹桃－山茶－马尼拉草；(8)香樟＋夹竹桃－麦冬；(9)香樟＋夹竹桃－女贞－麦冬；(10)水杉＋香樟－夹竹桃－乌敛莓；(11)香樟＋蚊母－女贞－常春藤；(12)香樟＋广玉兰－月季－麦冬。

引自陈芳清，2001。

上的形式美、艺术美和景观美，并且这些树种有很强的吸收 SO_2 和抗 SO_2 的能力，因此同时具有良好的净化空气的作用。然而，纵观整个海南岛的街道绿化，却又感到绿化的树种配置方法偏于单一，各个城市的特色趋于类同和单调。调查研究(符气浩等，1996)表明，海南地区各个单位的庭园绿化，在植物布局上呈现出多种形式，而最常采用的有下面几种立体配置的形式：

①棕榈科植物(构成上、中层植物)—地被植物—地毯草；

②棕榈科植物—小乔木、灌木—地被植物—地毯草；

③热带阔叶植物—低矮的棕榈科植物—地被植物。

其中形式①、②构成开敞的立体配置空间，形成疏—密—疏及疏—密—密—疏的立体垂直空间；形式③构成较为隐蔽的立体配置空间，形成密—疏—密的垂直空间。

二、物种关联性分析

关联系数(association coefficients)是根据两个实体出现或不出现某种属性特征的关联关系而设计的相似性系数。通过列出两个实体的 2×2 列联表，就可以定量地表示两个实体的关联关系。关联分析方法在针对自然植物群落的生态学研究中应用比较广泛。以下拟通过关联分析，反映树种间在生境适应上的相似性以及由于生态习性等引起的可能的种间影响。具体方法是，在调查城市人工植物群落中的植物生长状况的基础上，将植物生长状况归并为生长中等以上和生长差两大类型，树种两两间列 2×2 列联表，计算多种关联系数。当两树种间共同出现频次太少时，不作统计计算。

通过对上海市常见树种配置模式生长状况的关联分析，表明种对为：

香樟—银杏、棕榈、小叶黄杨、洒金桃叶珊瑚；

雪松—蜡梅；

棕榈—杜鹃、银杏、龙柏；

罗汉松—构树；

圆柏—洒金桃叶珊瑚；

广玉兰—罗汉松；

红叶李—旱柳；

构树—桂花、罗汉松；

八角金盘—桂花、构骨、女贞、金丝桃；

桂花—蜡梅等，呈现出极显著的正联结。

种对棕榈—香樟、桂花、红叶李、珊瑚树；

雪松—棕榈、火棘；

罗汉松—桂花；

鸡爪槭—黄杨；

桂花—黄杨、石榴，呈显著的正联结；

说明该种群对环境条件的适应和反应具有较高的相似性，几个种群间的相互作用对彼此有利。

树木生长状况受到多因子影响，利用树种间生长状况的关联分析是综合多因子的结果，虽然只是一种模糊的分析手段，但若有足够的调查数量，并在调查中对群落结构因素如密度因子进行良好的控制，在分析时结合主导立地因子和树种习性，可能成为人工群落树种配置量化分析的一种有效手段，对于发展人工植物群落树种配置方法有一定的积极意义。

三、优势种(建群种)分析

城市森林建设不能脱离城市所处的地域环境，因此城市森林的植物配置只有充分考虑地带性植被的特点，遵循自然植被生存、发展的规律，使适地绿化的生态学原理在城市森林建设中得以体现，才能丰富城市绿化的生物多样性，改善城市生态环境。

由优势种决定的不同类型的群落结构组成是不同的，这种结构组成的特点，既反映了地区植被的特点，又受到群落内种间作用与生态因素的影响。

以上海市为例，虽然华东地区是我国植物种类较为丰富的地区之一，但上海市城市绿化植物群落中的建群种与优势种种类不甚丰富，约 12 种(表 8-2)。其中，香樟出现的频率为最高，达到 48.70%；广玉兰为 25.97%；水杉和雪松分别为 20.78% 和 18.83%；其余种类出现频率都很低，都在 10% 左右或以下。根据建群种的性状，可以将上海市城市绿化植物群落划分为落叶阔叶林、落叶针叶林、落叶针阔混交林、常绿阔叶林、常绿针叶林、常绿针阔混交林、阔叶混交林、针阔混交林 8 个自然类。在这 8 类中，以常绿阔叶林出现的比值最高，占 23.03%；落叶阔叶林和常绿阔叶落叶混交林也占有较高的出现比例，分别为 17.53% 和 14.29%。地带性特点不强的类型出现的比例较低，如常绿针叶林、落叶针叶林和落叶针阔混交林，出现的比例分别为 6.49%、5.84% 和 2.60%。

表 8-2　上海城市植物群落主要建群种树种及分布

绿化功能区	公园绿地		街头绿地		庭院绿地		工厂绿地		合　计	
主要建群树种（乔木）	出现次数	频率（%）	出现次数	频率（%）	出现次数	频率（%）	出现次数	频率（%）	出现次数	频率（%）
香樟	10	27.78	9	42.86	27	58.69	29	56.86	75	48.70
广玉兰	5	13.89	6	28.57	17	36.96	12	23.53	40	25.97
雪松	4	11.11	4	19.04	8	17.39	9	17.65	25	16.23
龙柏	2	5.56	0	0.00	4	8.70	10	19.61	16	10.39
榧树（含日本榧树）	4	11.11	1	4.76	2	4.355	2	3.92	9	5.84
悬铃木	1	2.78	2	9.52	5	10.87	7	13.72	15	9.74
榔榆（含白榆）	3	8.33	4	19.04	3	6.52	4	7.84	14	9.10
银杏	3	8.33	3	14.28	4	8.70	3	5.88	13	8.44
枫杨	2	5.56	1	4.76	4	8.70	1	1.96	8	5.19
柳树（含旱柳）	1	2.78	0	0.00	5	10.87	0	0.00	6	3.90
泡桐	1	2.78	0	0.00	1	2.17	3	5.88	5	3.27
水杉	1	2.78	3	14.28	11	23.91	17	33.33	32	20.78

在不同的优势种组成的乔木林下，由于生境的差异，小乔木、灌木层植物种类的分布有着不同之处。在落叶阔叶树种为建群种的植物群落中，物种较之常绿阔叶林为丰富，这主要是由于落叶林下阳光投射较多，有利于灌木层和草本植物的生长；而常绿林下郁闭度较大，故而地被层往往缺失或发育微弱。

四、他感作用分析

具有不同功能、不同外貌特征的植物个体组合在一起，景观效果和生态功能都不一样。进行园林植物栽植模式设计，外观上的一些特征比较容易把握，比如高矮层次、季相变化、花期叶色等搭配，但内部的生态关系如何？是否存在他感作用？这些才是决定配置模式能否形成自我维持机制而保持稳定的关键所在。植物他感作用对自然的、人工的生态系统的结构、功能和发展均有重大的影响。当设计人工植物群落种间组合时，要区别哪些植物之间可以"和平共处"，哪些植物之间"水火不容"，这关系到设计群落的稳定性问题。因此，植物他感作用在植物配置中不容忽视。

1. 相克

研究表明，黑胡桃与松树、苹果树、马铃薯、西红柿、紫花苜蓿及多种草本植物不能栽植在一起，因为黑胡桃的叶子和根能分泌一种物质，这种物质在土壤中通过水解与氧化后，具有极大的毒性，致使其他植物受害。黑胡桃可以与悬钩子共生；而桦木幼苗栽植在黑胡桃旁边，距离越近，生长越差，甚至死亡。在蓝桉或赤桉等林内，草本与木本植物不能生长。因为蓝桉或赤桉产生的萜烯类化合物，能抑制其他植物发根。刺槐、丁香、薄荷、月桂等能分泌大量的芳香物质，对某些邻近植物有抑制作用。刺槐强烈地抑制杂草的生长发育。丁香与铃兰、水仙与铃兰、丁香与紫罗兰不能混种。加拿大在荒地人工营造糖槭林，由于种一枝黄花及伞紫菀，使得糖槭种子难以发芽，幼根不能吸收养分，抑制幼苗的生长。松树不能与接骨木生长在一起，因为接骨木对松树的生长有强烈的抑制作用，甚至落入接骨木林冠下的松籽全部死亡。

2. 相生

科学家经过实践证明：洋葱和胡萝卜混种，它们发出的气味可驱赶相互的害虫；大豆喜欢与蓖麻相处，蓖麻散发出的气味使危害大豆的金龟子望而生畏；皂荚、白蜡槭与七里香在一起可以促进种间结合；葡萄园里种上紫罗兰，能使结出的葡萄香甜味浓；玫瑰和百合种在一起，能促进花繁叶茂；旱金莲单独种植时，花期只有一天，但如果让它与柏树为伴，花期可延长三四天；在月季花的盆土中种几棵大蒜或韭菜，能防止月季得白粉病。英国科学家用根、茎、叶都散发化学物质的莲线草与萝卜混作，半个月内就长出了大萝卜。黄栌与鞑靼槭有相互促进的作用；牡丹与芍药间种，能明显地促进牡丹生长，枝繁叶茂，花大色艳。对于混交林研究一直是林业的一个热门，比如东北林区有关水曲柳和落叶松混交效果的研究，华北地区杨树与刺槐混交模式，南方林区针对杉木林的多种混交模式，这些模式都获得了促进目的树种加速生长的效果，并在一定程度上避免产生地力衰退和病虫害大面积危害等问题。

目前，城市森林建设过程中对于植物间他感作用的研究还很薄弱。以林业为例，从上述这些研究的核心目的和范围来看，主要是以提高林木的生长量收获更多的木材为主要目的，而且主要集中在林区，仍然属于传统的森林永续利用经营体系，对其他指标涉猎甚少，研究范围也没有把城市森林纳入其中。而现代林业的生态系统经营思想则认为森林的价值既包括生产木材和其他林产品，也包括在维持生物多样性和保护生态环境方面的作用，甚至认为，后者的价值要大于前者。因此，研究植物之间的相生相克关系就不能仅仅停留在乔木与乔木、灌木与灌木、草本与草本这样同类植物之间，还必须把它们看成是构成森林生态系统的必要组成成分，是一个不可分割的整体来对待，而这正是我们搞城市林业和城市森林、园林规划的人所缺乏的。通过研究不同生物之间的相互关系，可以指导人们更好地规划城镇绿化、美化环境，合理布局森林植物群落种植模式。

第二节　不同植物组合功能分析

任何城镇的生态环境问题都不是单一的，通常是大气污染、粉尘污染、水体污染、噪声污染等多种因素组合在一起，还要适应盐渍化、干旱等复杂的气候土壤环境，这就要求植物要具有多种生态功能，但任何植物都不是全能冠军，如果把这些污染物都集中作用在同一种植物上，不仅难以达到全面治理的理想效果，而且也会对这种植物的健康生长产生极大的破坏作用，降低这种植物的生长量，改善环境的作用会显著减小。因此，必须通过与其他植物相配合来取长补短，在净化分解吸收污染物的过程中既有按能力大小的分工，又有整体的合作，通过优势互补发挥整体的优势，才能在城镇这种相对“恶劣”的环境条件下保持群落整体生态功能的持续稳定。

一、生态功能差异

1. 固定 CO_2，释放 O_2，吸收热量和蒸腾散水

科学家比较分析了北京市居住区 3 种不同种植结构类型的绿地(乔灌草型、灌草型和草坪型)对环境的降温增湿和 CO_2 节作用，定量评估了 3 种绿地夏季放氧固碳及降温增湿效应。研究表明(表 8-3、表 8-4)，乔灌草型绿地的绿量及各项生态效益最高，绿量、释

氧固碳和吸热放水值分别为灌草型和草坪型绿地的147%和150%、152%和138%、152%和151%。灌草型和草坪型绿地之间的绿量和吸热放水方面差异不大，但在释氧固碳方面草坪型绿地高于灌草型绿地。四年后，随着树龄的增长，绿地内植物绿量增加的速度也存在着差异。其中以乔灌草型绿地的绿量增加最快，为22%，其次是灌草型绿地，为15%，由于草坪绿地以草坪为主，绿量增加最少，仅为3%。因此，以乔木为主的乔灌草多结构复层绿地，不但能够充分有效地利用空间有限的绿地，更大限度地增加单位面积绿地的绿量，进而提高居民居住环境的绿化生态效益，而且以寿命长、绿量增加显著的乔木构成居住区绿地的绿化主体也符合可持续发展的需求。

表8-3　北京市不同类型绿地绿量及生态效益的比较(1994年)

绿地类型	树种	株数	绿地面积(m^2)	释氧量(kg/d)	固碳量(kg/d)	蒸腾放水(kg/d)	蒸腾吸热[$\times10^3$/(kg·d)]
乔灌草型	乔木	45	4324	70.5	51.3	7947.6	19416.3
	灌木	52	559	7.2	5.2	871.0	2127.9
	绿篱(m)	59	303	5.4	3.9	665.1	1624.9
	草坪(m^2)	324	2087	34.5	25.1	3330.3	8136.1
	合计		7273	117.6	85.5	12 814.0	31 305.2
灌草型	乔木	23	916	15.8	11.5	1922.4	4680.5
	灌木	73	1335	17.0	12.4	2061.9	5020.1
	绿篱(m)	59	303	5.4	3.9	665.1	1619.3
	草坪(m^2)	370	2386	39.5	28.7	3806.4	9267.5
	合计		4939	77.7	56.5	8455.8	20 587.4
草坪型绿地	乔木	16	1793	35.8	26.0	3662.3	8913.1
	灌木	50	368	4.9	3.6	560.6	1364.4
	草坪(m^2)	416	2684	44.4	32.3	4282.3	10 422.1
	合计		4845	85.1	61.9	8505.2	20 699.6

表8-4　北京市不同类型绿地绿量及生态效益比较(1998年)

绿地类型	树种	株数	绿地面积(m^2)	释氧量(kg/d)	固碳量(kg/d)	蒸腾放水(kg/d)	蒸腾吸热[$\times10^3$/(kg·d)]
乔灌草型	乔木	45	5849	95.4	69.4	10 749.9	26 262.5
	灌木	45	675	8.6	6.3	1048.4	2561.3
	绿篱(m)	47	241	4.3	3.1	529.0	1292.4
	草坪(m^2)	324	2087	34.5	25.1	3330.3	8136.1
	合计		8852	142.8	103.9	15 657.6	38 252.3
灌草型	乔木	23	1705	29.4	21.4	3578.4	8712.3
	灌木	61	1308	17.1	12.4	2035.2	4955.1
	绿篱(m)	52	267	4.8	3.4	586.2	1427.5
	草坪(m^2)	370	2386	39.5	28.7	3806.4	9267.5
	合计		5666	90.8	65.9	10 006.2	24 362.4

（续）

绿地类型	树种	株数	绿地面积(m^2)	释氧量(kg/d)	固碳量(kg/d)	蒸腾放水(kg/d)	蒸腾吸热[$\times10^3$/(kg·d)]
草坪型绿地	乔木	16	1977	39.5	28.7	4038.0	9827.5
	灌木	40	368	4.6	3.3	530.4	1290.9
	草坪(m^2)	416	2684	44.4	32.3	4282.3	10 422.1
	合计		5009	88.5	64.3	8850.7	21 540.5

注：引自李辉等，1999。

1998年，周道波、王雁等人针对北京市城市隔离片林建设中，植物配置简单，群落结构单一，导致单位面积上生态效益低下等问题，设计提出“林景型”的“春华秋实”，“林生型”的“防护”，“林经型”的“药用”3类3种复层混交种植结构模式，并局部改造了金盏片林，面积为1.5 hm^2，进行了改造前后的林地生态效益比较(表8-5)。改造前后，同面积的示范区植物产生的生态效益大幅度增加，其中吸收CO_2、释放O_2及蒸腾H_2O分别是改造前的1.69倍、1.69倍和1.26倍，并且通过增加植物种类、改善林地的植物群落种植模式，形成复层混交结构，大大提高了林地的景观效果，创造了四季有景可赏的环境，为周围居民提供了良好的休闲娱乐环境空间；由于增加了二月蓝等经济植物，林地具有一定的经济生产能力，为当地农民提供了调整种植结构的植物选择。

其中，“林景型”是为了增加城市隔离片林观赏效果而形成的具有特殊景观的一种模式。运用植物的色、香、姿、韵等各种观赏特性进行合理配置，组成不同季相(春景、夏景、秋景、冬景、四季景)、不同环境(水景、山林)等各具特色的森林景观。春华秋实模式：上层植物有油松、元宝枫、毛叶山桐子，中层植物有天目琼花、金银木、紫珠、连翘、榆叶梅，下层植物有二月蓝、荚果蕨。模式中选择的植物多数为春季观花、秋季观果的种类。

“林生型”是根据城市隔离片林所在的立地条件的生态特殊性(如低洼湿地、大气污染地、贫瘠山地)而设计的一种模式类型。按照不同立地条件，适地适树选择相应的植物种类，组成既生机勃勃又情趣盎然的林地景观。防护模式：上层植物有白皮松、绦柳、刺槐、臭椿，中层植物有小花溲疏、珍珠梅、红瑞木、黄栌、棣棠，下层植物有沙地柏、崂峪薹草。所选择的植物均为耐干旱贫瘠、抗大气污染、适应性强、管理粗放的种类，它们在贫瘠山地，在工矿区作防护隔离林带都适宜。群落在保证植物正常生长的前提下，还创造四季景观变化。

“林经型”是利用植物具有创造经济价值的功能而设计的一种模式类型。植物创造经济价值是多方面的，常见的有果品类、芳香油类、药用类、油脂类、用材类等，只要选择得当，配置得法，就能有一定经济效益。药用模式：上层植物有侧柏、银杏、杜仲、山植，中层植物有连翘、构橘、枸杞、鸡麻，下层植物有金银花、芍药、麦冬。此模式植物均具有药用价值，多数种类果实入药，成熟采收不过分影响群落的稳定和景观效果。

2. 提高人体舒适度

城市森林植物具有多种生态功能，在改善城市小气候方面发挥着重要的作用，对城市居民的身心健康具有极大的影响。环境卫生学指出，气温在24℃、相对湿度为70%、光照强度为30 000lx、风速为2m/s的条件是夏季人体最舒适的小气候条件。据此对四要素建立隶属函数方程。

表 8-5　金盏片林改造前后生态效益比较

<table>
<tr><th colspan="2" rowspan="2">植物种类</th><th rowspan="2">数　量
（株）</th><th rowspan="2">绿　量
（m^2）</th><th colspan="3">生态效益（kg/d）</th></tr>
<tr><th>吸收 CO_2</th><th>释放 O_2</th><th>蒸腾 H_2O</th></tr>
<tr><td rowspan="7">改造前
（1994 年 3 月）</td><td>旱柳</td><td>559</td><td rowspan="4">46 287.99</td><td rowspan="4">923.17</td><td rowspan="4">670.40</td><td rowspan="4">85 472.96</td></tr>
<tr><td>臭椿</td><td>364</td></tr>
<tr><td>毛白杨</td><td>60</td></tr>
<tr><td>元宝枫</td><td>31</td></tr>
<tr><td>木槿</td><td>30</td><td rowspan="2">172.70</td><td rowspan="2">3.31</td><td rowspan="2">2.43</td><td rowspan="2">317.01</td></tr>
<tr><td>其他灌木</td><td>13</td></tr>
<tr><td>总计</td><td></td><td>46 460.69</td><td>926.48</td><td>672.83</td><td>85 789.97</td></tr>
<tr><td rowspan="13">改造后
（1996 年 6 月）</td><td>旱柳</td><td>362</td><td rowspan="5">39 604.37</td><td rowspan="5">751.44</td><td rowspan="5">544.90</td><td rowspan="5">67 522.38</td></tr>
<tr><td>臭椿</td><td>267</td></tr>
<tr><td>毛白杨</td><td>27</td></tr>
<tr><td>元宝枫</td><td>31</td></tr>
<tr><td>栾树</td><td>17</td></tr>
<tr><td>金银木</td><td>186</td><td rowspan="5">3565.51</td><td rowspan="5">40.61</td><td rowspan="5">29.54</td><td rowspan="5">5385.64</td></tr>
<tr><td>天目琼花</td><td>90</td></tr>
<tr><td>珍珠梅</td><td>80</td></tr>
<tr><td>云杉和油松</td><td>96</td></tr>
<tr><td>碧桃等 7 种灌木</td><td>109</td></tr>
<tr><td>崂峪薹草</td><td>10 000m^2</td><td>43 600.00</td><td>772.60</td><td>562.00</td><td>35 573.67</td></tr>
<tr><td>二月蓝</td><td rowspan="2"></td><td rowspan="2">86 769.88</td><td rowspan="2">1564.65</td><td rowspan="2">1136.44</td><td rowspan="2">108 481.69</td></tr>
<tr><td>总计</td></tr>
<tr><td colspan="3">比值</td><td>1.69</td><td>1.69</td><td>1.69</td><td>1.26</td></tr>
</table>

用温度、湿度、照度、风速的 4 个方程，隶属函数值越大，其舒适度越高。因此，将隶属函数值按大小分为 4 级，①舒适 $r \geq 0.85$；②较舒适 $0.85 > r \geq 0.7$；③一般 $0.7 > r \geq 0.6$；④不舒适 $r < 0.6$。

1995 年，李树人等通过选择温度、湿度、光照和风速 4 个因子作为指标，对郑州市不同城市绿地的小气候舒适度进行了综合评判(表 8-6)。舒适度优劣排序为：公园片林 > 悬铃木林荫道 > 毛白杨林荫道 > 泡桐林荫道 > 大同路(绿化少) > 火车站(无绿化)，说明合理的植物配置较单一树种在夏季改善城市小气候方面的作用更大，对人体舒适度的影响最大。

表 8-6　郑州市不同地点的舒适度评判结果

测定地点	综合评判				评语
	温度舒适系数	湿度舒适系数	光照舒适系数	风速舒适系数	
公园片林	0.291 6	0.241 6	0.186 2	0.280 6	舒适
毛白杨林荫道	0.241 6	0.291 6	0.272 0	0.244 1	较舒适
悬铃木林荫道	0.274 9	0.250 0	0.238 9	0.236 1	舒适
泡桐林荫道	0.258 3	0.280 7	0.244 2	0.241 5	较舒适
大同路(绿化少)	0.191 8	0.249 9	0.302 6	0.263 9	一般
火车站(无绿化)	0.169 3	0.216 5	0.269 5	0.394 2	不舒适

二、社会功能差异

1. 保健功能

根据人体器官对植物群落空间环境所产生的不同心理、生理感应，不同的植物配置在人视觉、嗅觉、体疗等方面的功能都是不一样的。有关人士认为如果绿色在人的视野中占25%则能消除眼睛和心理疲劳，对人的精神和心理最适宜，这是城市森林建设追求的目标之一。据美国研究表明，绿色植物与病人的健康恢复快慢有直接的关系。医院或疗养院应该有各类以保健功能为主导功能的植物群落作为辅助的措施。

1993年，许恩珠等在上海市民星新村进行了以提供对居民的保健功能为主导功能的植物群落的配置与改造。设计主题景点植物配置：喜树—月桂+媒人茶—金丝桃—麦冬+石蒜的植物群落；松柏林、银杏丛林、香樟丛林、枇杷丛林、银杏—胡颓子—石蒜、香樟—小叶黄杨—草、白玉兰—茶花—金丝桃、雪松—十大功劳—麦冬、龙柏—红叶李+罗汉松—地柏、湿地松—十大功劳—龙柏球+石蒜等体疗类型的植物配置模式；嗅觉类香花林，如银杏—丁香+木槿—瓜子黄杨球、广玉兰—栀子+蜡梅—月季、白玉兰+银杏—结香+栀子—十姐妹+红花酢浆草、银杏—桂花+含笑—红花酢浆草等嗅觉类植物配置模式。改造初步显示了人类与自然相互作用后的和谐，并突出了不同植物配置的祛病强身保健功能。

2. 文化功能

不同植物种类的配置能够形成不同类型的文化环境，从而使人们加深对文化环境的了解。人们产生的这种主观感情和客观环境之间的景观意识现象，是人们感官接受植物群落传递的文化信息，使人产生感情，引起共鸣。

1993年，谢家芬在上海黄道婆纪念馆的植物配置上，为突出历史人物黄道婆，抓住特定的文化环境，在植物配置上选择与纺织有关的桑、竹、麻、棉等的江南农家特色植物，完美地反映了环境特色，也突出了其环境氛围。在宋庆龄陵园墓地的环境设计上，用植物将墓地分为两个空间，南部空间是以宋庆龄的座像为中心的纪念广场，洁白无瑕的汉白玉座像，在高过6m的深绿色的铅笔柏和龙柏背景的映衬下，显得更加端庄慈祥和鲜明；北部空间是宋庆龄骨灰安葬处小小的墓地，简朴的墓碑在松柏衬托下，如向人们诉说着墓主人从不炫耀的个人品格和她的高风亮节。在陵园的主轴线左右的两个空间，植物选择和配置的方式与轴线上的配置截然不同，树种选择上以宋庆龄生前喜爱的植物为主，如香樟、茶花、杜鹃、桂花等，形成比较活泼的空间序列，体现了宋庆龄热爱祖国、热爱生活、热爱孩子的感情。

为配置有鲜明文化特色、稳定的文化环境的植物群落，除了掌握植物种群的竞争、共生、相克、他感等关系外，还应了解植物所引起人的精神属性——园林意境美的创造，充分应用我国丰富的花卉文化、民族传统文化内涵，形成稳定优美而又具有丰富意境的植物配置。

三、经济功能差异

尽管城市森林建设是以最大限度地获得生态功能为主要目的，城市森林植物配置的首要决定因子是主导生态功能的大小，但在城市中城市森林本身的经济生产功能仍然是不可忽视的，不同植物的组合在经济产出方面的贡献也是不同的。

在城市中，苗圃、花卉基地、草药园、香料园、果园、茶园等就是以生产为主要功能，同时在城市生态环境建设中又发挥着巨大的作用，从中也同样可以享受到植物本身的雄伟和壮观。事实证明，大多数植物同时具有经济价值和观赏价值。过去，一度大力提倡城市绿化结合生产，在城市公园绿地中引进了不少柑橘、枇杷、石榴、杨梅、柿子等果木，也发展了大量中草药，如垂盆草、千日红等。南宁市部分引用杨桃作为行道树；北京市中山公园种植苹果、桃、葡萄；上海市屋顶花园上种植葡萄、草莓、瓜果，结合藤架和篱笆种植扁豆、丝瓜、枸杞和猕猴桃，丰富秋色的消夏蔬菜——菊花脑，以及竹子、柑橘、枇杷、柿子、石榴等，都是城市森林建设中在植物配置中经济价值体现的具体例证。

1993 年，刘本育在上海市真北林带(面积 $12hm^2$)进行了不同生产功能的植物配置，蜡梅是林带的建群种，在如欧美杨和青枫等落叶疏林下间植桃叶珊瑚、八角金盘、金丝桃；香樟林下疏植胡颓子、蚊母、女贞；并在地面大面积种植石蒜、常春藤、南天竹；合欢树下群植栀子花；棕榈林下丛植丝兰。在欧美杨和蜡梅等落叶乔灌木林边缘，有桂花、栀子花、金丝桃。竹林边缘有罗汉松、胡颓子，底层植被为马蹄金和各类草坪植物。

林地进行蜡梅的切花、盆栽和苗木的开发生产。定植 3 年的蜡梅可以开始生产 2 ~ 3 枝切花，以 2 年轮换剪枝计算，万株蜡梅能生产 1 万枝切花，定植 5 年后可获得 2 万~ 3 万枝，定植 8 年的蜡梅进入盛花期，每年可供应切花 5 万枝以上，经济效益十分显著。每年可以根据植株生长状况，培育 3000 ~ 5000 盆盆栽蜡梅，以发展蜡梅桩景或苗木。此外，在林下种植的南天竹、火棘等观叶、观果植物，也与蜡梅同时生长，成为优良的木本插花材料。栀子花是夏季闻香型木本切花，林下的 3000 多株栀子花每年可以生产 3 ~ 4 万枝切花。因此，蜡梅切枝以 1.5 元/枝、栀子花切枝以 0.05 元/枝、盆栽蜡梅以 2 元/盆计算，仅此 3 项的年收入在 5.3 万元以上。

第三节　植物配置原则及方法

一、配置原则

1. 整体优先原则

城市森林建设中植物的配置要遵循自然规律，利用城市所处的环境、地形地貌特征，自然景观，城市性质特点等进行科学建设。要高度重视保护自然景观、历史文化景观，以及物种的多样性，把握好它们与城市森林的关系，使城市建设与自然和谐，在城市建设中可以回味历史，保障历史文脉的延续。充分研究和学习、借鉴城市所处地带的自然植被类型、景观格局和特征特色，在科学合理的基础上，适当增强植物配置的艺术性、趣味性，使之具有人性化和亲近感。

2. 生态优先原则

就是城市森林的规划和植物配置设计中，在植物材料的选择、树种的搭配、草本花卉的点缀，草坪的衬托以及新品种的培育等必须最大限度地以改善生态环境、提高生态质量为出发点。城市森林奉行的是生态美学，推崇的是绿色城市和人居环境，它超越了一般概念上的城市绿化和园林化。在植物种类选择上，也应该尽量多地选择和使用乡土植物，创造出稳定的植物群落；充分应用生态位原理和植物他感作用，合理配置植物，因为只有最适合的才是最好的，才能发挥出最大的生态效益。

3. 可持续发展原则

要以自然环境为出发点，按照生态学的原理，在充分了解各植物种类的生物学、生态学特性的基础上，合理布局、科学搭配，使各植物种和谐共存，群落稳定发展，达到调节自然环境与城市环境关系，在城市中实现社会、经济和环境效益的协调发展。

4. 文化原则（结合园林、传统文化）

在城市森林建设的植物配置中坚持文化原则，可以使城市森林向充满人文内涵的高品位方向发展，使不断演变起伏的城市历史文化脉络在城市森林中得到体现。在城市森林建设过程中，把反映某种人文内涵、象征着某种精神品格、代表着某个历史时期的植物科学合理地进行配置，形成具有特色的城市森林景观。

二、配置方法

1. 近自然式配置

所谓近自然式配置，一方面是指植物材料本身为近自然的状态，尽量避免人工重度修剪（如平茬等）和造型，另一方面是指在配置中要避免植物种类的单一、株行距的整齐划一以及苗木规格的一致。在配置中，尽可能自然，通过不同物种、不同密度、不同规格的适应、竞争实现群落的共生与稳定。目前，城市森林在我国还处于起步阶段，森林绿地的近自然或配置应该大力提倡。首先要以地带性植被为样板进行模拟，选择合适的建群种；同时要减少对树木个体、群落的过度人工干扰。上海在城市森林建设中采用宫胁造林法来模拟地带性森林植被，也是一种有益的尝试。

2. 融合传统园林中的植物配置方法

充分吸收传统园林植物配置中模拟自然的方法，师法自然，经过艺术加工来提升植物景观的观赏价值，在充分发挥群落的生态功能的同时尽可能创造社会效益。

第四节　21世纪城市生态环境建设的发展趋势

人类已经充分认识到后工业社会必须寻求更佳的人居环境，以拯救我们这颗脆弱的星球，以牺牲环境带来的经济发展只能是“悬崖经济”或“自杀经济”。人们痛心疾首地呼唤，并强制性实行禁伐、禁捕、禁牧、休渔、休耕等措施，加大执法力度，同时一股保护环境、倡导绿色的潮流悄然兴起，绿色文化和绿色运动已经成为当今全球最具有影响力的新文化运动。有人指出，21世纪从某种意义上讲是一个“绿色的世纪”，21世纪的理想城市必将是绿色城市。

一、注重城市理念，倡导绿色城市的空间规划

我国2001年的城市化水平是37.7%，城市人口为4.806 4亿。我国在2010年城市化水平达到49.58%，预计2020年城市化水平将达到60%，2010年城市总人口达到6.9亿，预计2020年城市人口将达到预计9.75亿。

都市圈是一种经济组织的创新模式，对区域社会的经济关系的整合具有重要的战略意

义。作为以高密度的城市、一定规模的人口以及巨大的城市体系为特点的空间组织，都市圈内的城市分工与合作非常密切，开放的、综合的、多元的产业结构，较强的创新能力和结构转换能力，使之具有很强的市场竞争力。

南京市规划局在1990年编制的《南京市城市总体规划(1991—2010)》中首次把“都市圈”的概念引入南京城市的圈层结构中；1994—1995年广东省建委编制了《珠江三角洲经济区城市群规划》；江苏省规划院在江苏省城市体系规划中，提出“宁镇扬”“苏锡常”“徐州”三大都市圈的概念。2001年3月杭州市兼并萧山、余杭，余杭、萧山撤市设区，新杭州市成为长江三角洲第二大区域性都市，仅次于上海。

生态及居民健康、舒适成为当今城市建设和发展中重点考虑的问题。“绿色城市及绿色社区”的主旨是“人与自然和谐共生”。首先，在尊重人的基本权利的同时，十分关注人与自然的关系；其次，在关注本城市、本社区人群利益与自然关系的同时，也十分关注更大区域(大到全球)的人群与自然的关系，做到更大区域内人与自然的和谐共生。以营建现代“简朴生活方式”作为绿色城市及绿色社区的生活模式；以“绿色消费观”即适度消费观来确定“绿色城市及绿色社区”的功能定位；以“绿色空间”构筑“绿色城市及绿色社区”的空间网络。“绿色空间”不是传统城市中的绿地系统，而是将人与自然环境、社会环境有机融合，即将亲地空间、亲绿空间、亲水空间、亲子空间、亲和空间、亲动物空间融为一体，构成人与自然亲密无间、和谐共生的绿色空间。

我国大部分城市规划国际招标的方案都明确地体现出对“绿色城市和绿色社区”的追求。在武汉南岸嘴地区规划设计国际咨询创意竞赛中，来自国内外9个设计机构的11个创意方案都对生态和居民生活空间进行了从概念到设计的考虑，有几个方案构思殊途同归。如荷兰高柏伙伴园林规划建筑事务所规划的“冰湖(frozen lake)开敞空间”，规划了五个分别以人的“视觉、嗅觉、味觉、触觉、听觉”为主题的公园；香港陈世民建筑师事务所的创意主题为“将南岸嘴地区建成为武汉市的一个共生性标志，城市中心的一块生态性绿洲，市民共享的一组公共性活动空间，旅游观光的一片典型性乐土”；日本都市计划研究所的创意是以服务现代生态型国际大都市为目标，力图在都市中形成“第二生态空间”，提供一个丰富多彩、舒适宜人的现代都市空间。丘陵状人工提升地坪，创造地形变化，形成开敞空间，把江—岸—山联成一体。

郑州市城市规划局2001年公开向国际征集郑东新区总体发展的概念规划。在日本黑川纪章建筑、都市设计事务所的方案中，应用共生城市、新陈代谢城市以及环形城市理念，将“龙脉”水系(金水河、熊耳河、龙湖)的构想与郑州城市现状、中原文化相结合，提出了西南—东北向城市历史文化生态发展轴；新加坡PWD工程集团的规划方案，将水域系统与绿色通道有机结合，按照“国家级森林公园—博览园—体育运动公园—地区性主题公园—城市级公园—社区公园—绿色走廊”的等级结构，建立起统一有序的城市开放空间系统；法国夏氏建筑设计与城市规划事务所的方案，对水系进行整治和发展，灵活布置丰富的绿化空间，体现绿色与蓝色交织的景观特色。

二、重视水体景观要素，提高城市生态环境品位

对于一个城市来说，森林是“城市之肺”，而河流、湖泊等各种湿地则是“城市之肾”，它维持着一个环境的健康但也需要一个环境来维持其本身的健康。前者是因为水系如与土

地及其生物环境结合将具有极强的自净能力，同时对沿岸的小气候产生影响，它可使周围地面的平均气温降低4～7℃，加快空气的流动，对人体健康有良好的作用，也可为城市中多种生物提供栖息地，并净化水质，更为重要的是生态功能健全的水系构成绿色通道网络，最具有蓄洪、缓解旱涝灾害的能力；后者，是指水系与其他生态系统之间有着密切的联系，如果把它们隔离起来进行水泥硬化，河道岸坡等在失去生态系统之间交流的情况下，水体的自净能力就大大下降，结果有可能成为死亡的水面。城市因为有了森林和流动的水体而风景优美，空气清新，环境宜人。同时，水系也是最重要的景观廊道，水体本身以及河岸带的植被是动植物的重要通道，也是城市与外部生态系统的主要交流通道。因此，城市林业建设规划中应充分重视沿河道的森林景观设计与建设。

随着社会经济的发展、改革开放进程的不断加深和全面建设小康社会，我国城市居民对环境建设的要求会越来越高，城市森林建设也将在提高城市形象、改善投资环境等方面发挥越来越重要的作用。林水结合的城市森林建设，将构建"林荫气爽，鸟语花香；清水长流，鱼跃草茂"的良好生态环境，从而保障城市生态环境和人民安居乐业，促进社会文明进步。

上海市、深圳市和浙江省苍南市开展的城市水体景观的规划工作，为全国城市水体景观建设提供了良好的借鉴。

"上海现代城市森林规划研究"项目由中国林业科学研究院、华东师范大学牵头，上海市农林局组织进行的，并于2003年1月通过专家评审。项目组在整个上海市6340km^{2}面积上规划城市森林，提出了"林网化—水网化"规划理念，规划设计"三网、一区、多核"的城市森林生态网络体系的布局。其中，三网为水系林网、道路林网和农田林网；一区为环淀山湖、沿黄浦江上游两岸以及黄浦江上游支流水系两岸的重点生态建设区；多核为在林网、水网中构建结构稳定、达到一定规模的各种功能林，使其成为城市森林系统中的核心林地。

深圳市将"绿色走廊"和"蓝色走廊"作为沙头角海滨区规划的重要空间景观(方爆等，2001)。"绿色走廊"是通过林荫大道—海山路将山、城、海联成一体，全长800m，是城市结构性空间走廊。"蓝色走廊"沿海岸线，全长1700m，是城市景观性空间走廊，使海滨区沿蓝色走廊形成亲水空间，建设"山海相融的绿色生态城市园区"。

浙江省苍南市在2001年的城市中心区设计方案国际征集中，所有的投标方案均充分重视利用苍南市的优越自然地域条件，组织亲水步行和绿化系统，并与毗邻的公共设施、旅游景点形成网络。其中，香港华艺设计顾问(深圳)有限公司提出"未来城市中心是市民的家园、步行者的天堂；是阳光明媚、空气清新、水碧草青的生态城市中心；是联系东西、承接南北、气象万千的城市中心；是刚柔相济、优美大方、引人入胜的城市中心；是催人奋进、迈向未来、充满时代气息的城市中心。"提出了"山、水、城共生共融"的城市设计理念。以塑造绿色城市中心、生态化空间环境为切入点，最大限度发挥环境优势，保持主要交通干线及萧江塘河、横阳支江两大水系景观由西向东伸展的大趋势，在两河之间，描绘出具有水体、绿地、广场的生态化核心空间(图8-1、图8-2)。

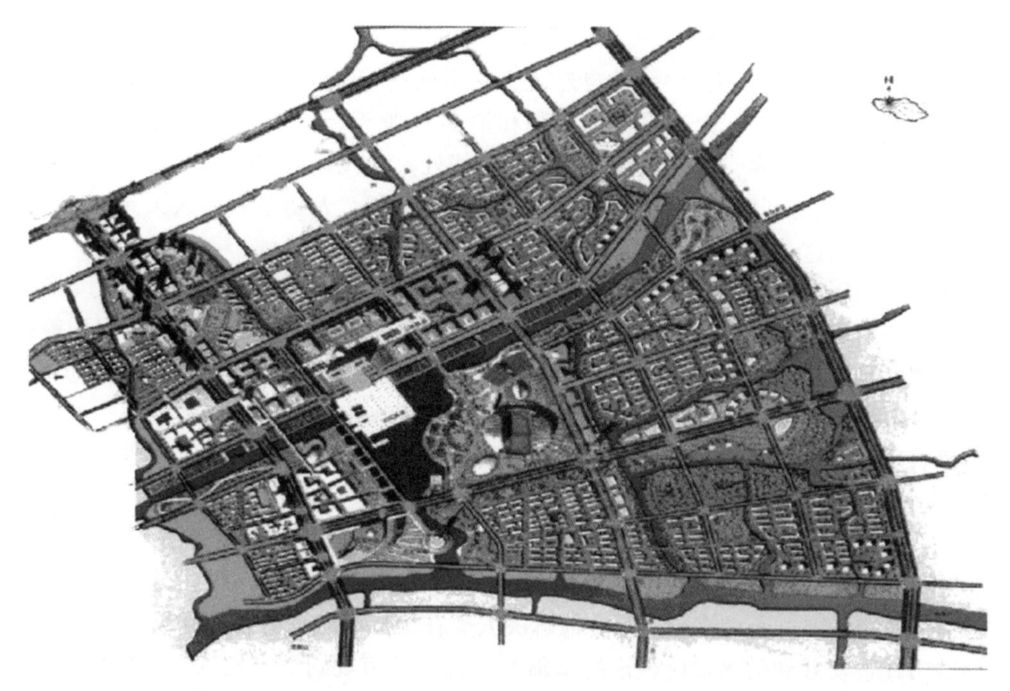

图 8-1 香港华艺设计(深圳)有限公司“山、水、城共生共融”
苍南市城市中心区城市设计方案

图 8-2 苍南市“山、水、城共生共融”城市中心区城市
设计方案鸟图及局部效果图

三、加强文化生态内涵，重塑城市文脉特征

早在 20 世纪 20 年代，芝加哥学派首先在城市研究中引入文化生态学，强调人际关系以及由此形成的城市社会文化对于城市空间的影响。1977 年，《马丘比丘宪章》进一步指出，人的相互作用和交往是城市存在的基本根据，城市规划应按照可能的经济条件和文化意义提供与人们需求相适应的城市服务设施和城市形态。

城市文脉是城市在长期发展过程中，自然要素和历史文化要素相互融合的结果。城市绿色廊道应该成为构筑城市历史文化氛围的桥梁和展示城市文脉的风景线，起到保护城市历史景观地带、构造城市景观特色、营建纪念性场所和体现现代城市文化氛围和文明程度的作用。不同时间、不同地点的城市，不同园林艺术手法的应用，以及市民在活动中所形成的城市人文环境，反映了一个城市的生产力发展水平、市民的审美意识、生活习俗、精神面貌、文化修养和道德水准。

我们祖先积极倡导“天人合一”的自然观，它指的是“天道”“人道”的结合。天道是指自然界的变化法则、规律；人道是道德准则和治国原则。“天人合一”观把天道、人道的协调视为人生的最高境界，强调人与自然的和谐相处。现代社会的高速发展越来越重视植物保护、生态平衡和回归自然，这与我们祖先“人人亲和、人物亲和、人天亲和”的处事法则是一致的。从这个角度切入有助于构建绿色文化的体系。

在城市生态环境建设中，将越来越重视城乡结合部绿带、郊区森林公园、风景名胜区、动植物园的旅游功能，充分考虑城市居民的游憩需求，满足人们的休闲、娱乐等精神文化需求。立足于绿色文化的建设，引导和发挥国民的生态意识、环境意识和保护意识，必将促进城市生态环境建设的速度和质量的提高，对于国家实施科教兴国战略和可持续发展战略也有所贡献。

四、遵循人居环境科学，创造人类理想家园

20 世纪 50～60 年代，希腊学者道萨迪亚斯(C. A. Doxiadias)提出建立“人类聚居学”(Ekistics)，以求全面、综合、系统地解决人类在聚居状态下的各种问题。在研究大量的中国城市建设实践和借鉴道氏理论的基础上，我国城市规划学家吴良镛先生提出“人居环境科学”(The Sciences of Human Settlements)，把人居环境内容分为 5 个大系统，包括人、自然、居住、社会和其他支撑系统等(图 8-3)。根据中国的实践把人居环境分为 5 个层次，即建筑、社区、城市、区域、全球 5 个层次。他还明确了处理这些问题的 5 大原则，包括生态、经济、科技、社会和文化艺术。认为人居环境科学主导的专业是广义建筑学，包括传统的建筑学、城市学和风景园林。根据中国传统城市的特点，有 3 个重点研究层次，即家庭层次、城市层次、区域层次。城市层次包括建筑、园林、街道广场及其他城市设施等元素；区域层次包括城市本身及周边的自然、乡村等元素。

创造好的居住环境是人类发展中最基本的课题，也可以说是“永恒的主题”。古希腊哲学家亚里士多德说过，“人们来到城市是为了生活，人们居住在城市是为了生活得更好。”人类的一切活动：经济的、政治的、文化的、科学的……最终目的都是为了提高最广大人民的生活质量。“居住”不仅意味着住房本身，而几乎包含着人类生活的各个方面。“可居性”(liveable)是人类最基本的要求，不仅现在，直至永远。环境是人类生存最本原的基础和条件。人必须生活在一定的环境之中。环境质量(从微观到宏观)是保证“可居性”最重要的条件。环境各因素之间相互联系，相互影响是一条客观规律。近几年来，来自千里之外的沙尘暴对我国北部城市的“袭击”，使我们得到很大的启示。

吴良镛先生在《人居环境科学导论》中所归纳的“融贯综合”的方法，是研究和解决像城市这样复杂的巨大系统问题的有效方法。整体观、战略观也都是研究城市和区域问题的重要方法。著名科学家李政道先生说过，“20 世纪的文明是微观的，21 世纪微观与宏观应结合在一起。”人居环境科学是 21 世纪的科学，是为了解决 21 世纪的人类聚居问题，因此是一门宏观与微观相结合的科学，一门从整体上来研究人居问题的科学。在其思想和理论指导下的城市规划和城市生态环境建设必将创造出人类理想的家园。

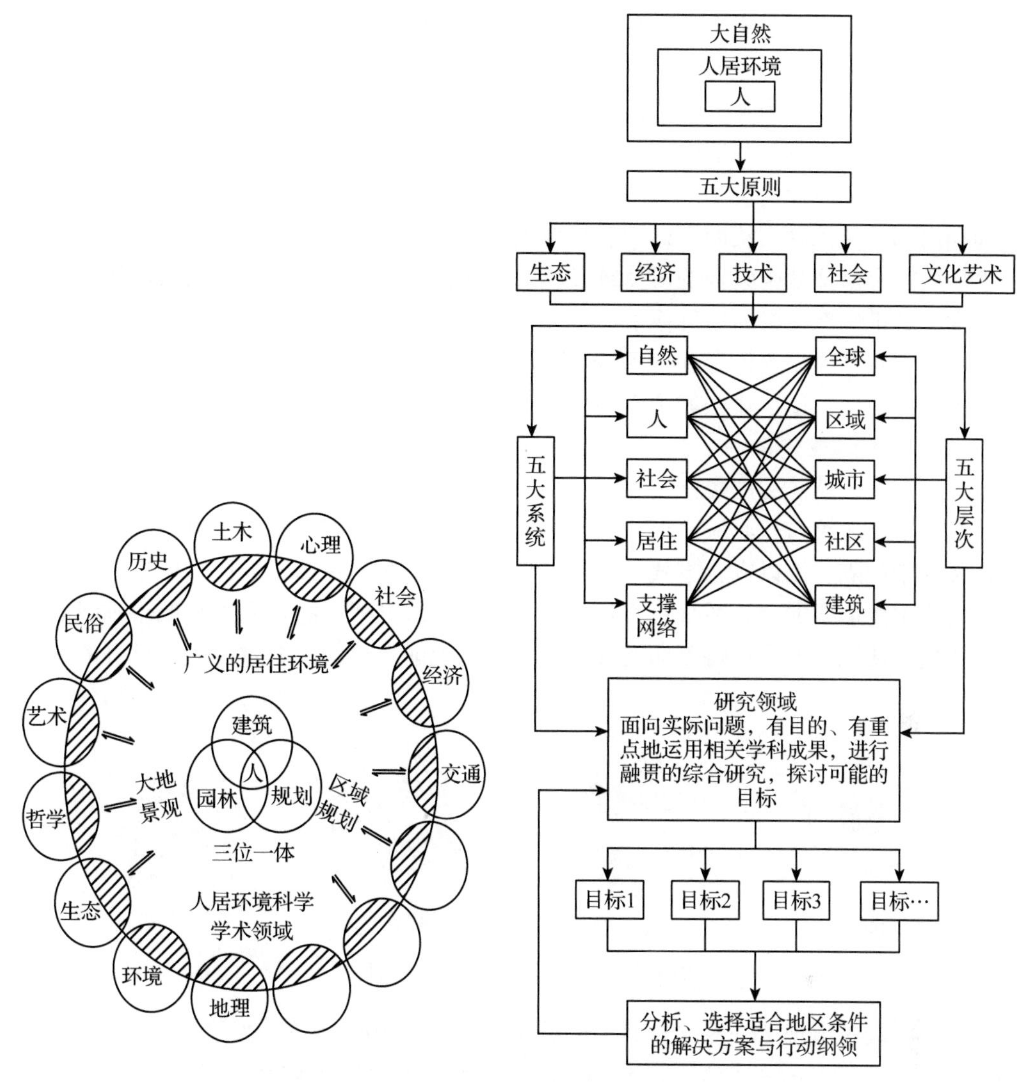

图 8-3　人居环境科学框架图

（引自吴良镛，2001）

五、开展城市林业建设，完善城市森林生态系统

森林作为生态系统中的第一性生产者，不仅具有生产功能，还具有调节气候、改善水文循环、防止土壤侵蚀、吸收和转化各种污染物质、保护生物多样性等多种生态服务功能，因此，在维持区域乃至全球生态平衡中都具有无可替代的重要作用，在城市生态环境建设与保护中占据关键地位。由于森林生态系统体量庞大、结构完备，其生态环境调节功能最大，是城市生态建设的主体。据美国林业和其他研究团体对数十座城市最近 5 年的城市树木的合作研究认为，在一个人口约 200 万的大城市，多种植树木则意味着每年可节省 20 多亿美元的预防暴风雨的费用。森林建设可以大大减少灾害天气，保证城市正常运转，减少经济损失。森林在涵养水源方面，具有其他城市生态建设不可比拟的优越性，巴西圣保罗市周围营造 5000hm^2水土保持林，10 年后，解决该市饮用水的 40%。由于森林不仅

具有多方面的生态服务功能，而且具有景观游憩、经济生产以及教育文化等多种功能，因此森林的作用越来越受到人们的青睐，一个城市不能没有森林。

开展以林木为主体的森林生态系统建设，充分发挥森林的净化大气、土壤和水体污染的功能，兼顾减少噪声、调节区域气候、生态保健、环境教育等多种功能，探索与农业、牧业和居民点生态环境建设相统一的，结构优化、功能最佳的城市森林生态网络体系的配置格局和内部运转机制，从而更好地发挥对促进城市经济发展、改善城市自然环境、提高居民生活质量及保证社会经济的可持续发展等方面的重要作用，越来越被人们所认识，已成为新世纪城市生态建设的主旋律。

现代城市森林建设要借鉴生态系统经营的理论，实行相对粗放式的近自然设计和管护，减少人为干扰，逐步建立城市森林生态系统的自我维持机制。

1. 提倡绿色廊道建设

城市在一定区域范围内集中发展，绿地系统或呈环状围绕城市中心，限制城市的扩展蔓延，周边卫星城镇与核心城市保持一定的距离；或为核心方式为城市群围绕，城镇之间以绿色缓冲带相隔；或以嵌合方式与城镇群体在空间上相互穿插，形成以楔形、带形、环形、片状为主要形式的绿地系统；或带形相接的形式或方式，绿地系统在城市轴线的侧面与城市相接，使城市群体保持侧面的开敞，绿地系统能发挥较大的效能并有良好的可达性(图 8-4)。

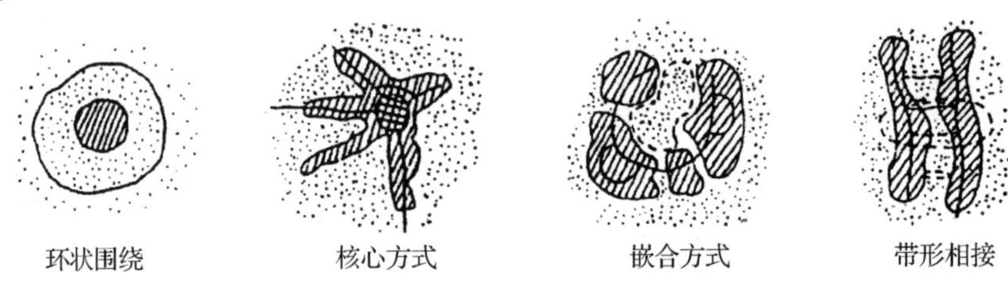

图 8-4 城市绿地系统的形态布局

国外在实践中出现了一些比较典型的例子，如英国 1994 年的“大伦敦规划”，把从市中心 48km，约 6700km^2 的地区划分为 4 个同心圆，包括城市内环、郊区环带、一条约 16km 的绿化带、农村环带。绿带的设置成功地控制了中心城区的扩展，成为发展新城的模式。丹麦哥本哈根指状规划、莫斯科的楔状绿带、按照“有机疏散理论”而定的大赫尔辛基规划方案都是典型的绿带嵌合模式的典型例子。荷兰的兰斯塔德地区(鹿特丹、阿姆斯特丹、海牙等城市)的“绿心”(绿带核心式)与建成区之间建设绿色缓冲地带以保护绿心。而在 1965 年的巴黎城市规划，沿塞纳河两侧建设了 8 个新城，在塞纳河两岸形成了平行轴线，是绿带系统带形相接方式的代表。

我国的具体实践突出的是广州市，广州市重视北部山区、南部珠江口地区生态维育及城市组团间绿化隔离带的建设。2001 年提出了创造性的重建，营造“六脉皆通海，青山半入城”的诗情画意，形成“一山一水三轴线”的空间格局。在大广州地区自北向南形成了山、城、田、海四个层次的地域类型，塑造了“山水城市”的生态格局，构筑“一环两楔”“三纵四横”的主骨架，打通多条“生态廊道”，与区内密布的河网水系形成网状“蓝道”系统、城市基础设施廊道等线状和点块状的生态绿带，共同构成了多层次、多功能、立体化复合型网络式生态结构体系。

2. 强化城市绿化网络建设

城市的生态环境建设着眼于21世纪的长远发展趋势，创造清新、优美、舒适的居住空间，紧扣“回归自然”的主题和时代特征，寻求生态、社会、经济三大效益的最佳结合点，城市的森林绿化建设将致力于维护生态系统平衡、近自然特色鲜明、集园林外面农林业内容于一体的生态网络，达到以林养林、以林养人的目标，实现生态、生活、生产功能三者效益的最大化。

郭恩章等(2001)在邯郸市主城区总体规划设计中，将城市设计与城市生态规划结合起来，遵循自然规律，加强生态绿化系统建设，积极推进沁河、滏阳河的污染治理，力求建立起城市整体自然生态环境结构和覆盖全城的多类型、多层次、多功能的绿色空间——绿网系统。以大环境自然生态为背景，建设环城生态林带和穿越城区的生态廊道，沿公路、铁路、高压走廊、街道的绿化，滨河绿化，大型块状公共绿地及广场绿化、生产绿地、工业区防护林带以及遍布全城的“袖珍绿地”等，这些呈点、线、面分布的绿地相互交织成网，使整个市区生存在这一巨大的生态网络中。设计中对袖珍绿地的建设还提出了一些具体的要求，如服务距离按照步行时间计算，距人们居住与工作地点应保持在6～8min为宜，即按60m/min的步行速度计算，其服务半径为350～400m。

六、强调以人为本原则，满足居民身心健康需求

伴随人类文明的进步，城市的发展带来了诸多优势和方便，使得城市人口高度密集，高楼林立、道路纵横交错、工商企业集中、交通工具多种多样，与此同时也使人类远离了自然，城市成为一个特殊的生态环境，城市居民回归自然环境的要求越来越迫切，望拥有“蓝天—青山—碧水”般和谐的居住环境。生态及居民健康、舒适成为当今城市建设和发展中重点考虑的问题。因此，在城市生态环境建设中要强调以人为本、以人为核心的建设原则，以达到“天人合一”的人与自然和谐的新型生活空间。

在城市景观设计中要求具有亲和性、富有人情味、文化教育性和舒适性，使城市景观能够激起人们亲近的愿望，增加城市景观的吸引力。在城市景观设计时兼顾居民的娱乐、健身、社会交际活动场所等，设计残疾人专用的安全通道和便于使用的活动设施，均能增强城市景观的亲和性。同时城市景观设计还要求的自然化，即尊重自然，以“自然为宗”，依托城市自然地形地貌，结合城市风貌、结构特征、空间属性等进行科学规划，最大程度地发挥植物的生态、组景和美学作用，使城市景观达到“虽由人作，宛自天开”的水平。在设计的过程中强调公众的参与性，让这些设计对象的使用者参与设计过程，这也是人本主义理念的要求。通过“以人为本”的城市生态环境建设，创造出优美宜人城市环境，高雅的文化环境氛围和祥和温馨的人居空间。

当前，城市内部的园林、绿地已经难以满足人们身心健康需求，城市森林在改善人类聚居环境及提供野外游憩、娱乐等方面的社会功能越来越引起人们的重视。估计在瑞典每年有200万人到森林中去活动，几乎每个人在一年中都要去森林住一夜，其中55%的人主要去城市森林。80%的瑞典人一年至少会去森林拾一次野果，这已成为瑞典的一种文化，因此法律容许人们可自由地进入私人林地。由于城市森林提供了野生动物的栖息环境，瑞典城市地区鹿已成为常见的动物，动物在城市森林中繁殖，其他如野兔、豪猪、松鼠、狐狸等动物也会季节性地光顾，为城市带来无穷的野趣。

改善城市环境是城市森林建设的宗旨，为居民提供舒适健康的生产生活环境是城市森林建设的目标，因此，有利于人体的健康是第一位的。在城市生态环境建设中，越来越重视城乡结合部绿带、郊区森林公园、风景名胜区、动植物园的旅游功能，充分考虑城市居民的游憩需求，满足人们的休闲、娱乐等精神文化需求。

复习题

1. 如何理解低物种数量的群落出现频率高。
2. 请用业余时间分析校园的物种丰富度。
3. 上海市常见树种配置模式呈现出极显著的正联结有哪些？
4. 简述植物间的他感作用。
5. 简述上海市城市绿化植物群落8个自然类别。
6. 简述北京市不同类型绿地绿量及生态效益的比较。
7. 一般情况舒适度优劣排序是怎样？
8. 简述绿色植物保健功能。
9. 简述绿色植物文化功能。
10. 如何看待城市森林的经济功能？
11. 简述21世纪城市生态环境建设的发展趋势。
12. 举例说明重视水体景观要素，提高城市生态环境品位。
13. 举例说明强调以人为本原则，满足居民身心健康需求。

参考文献

梁星权. 2001. 城市林业[M]. 北京：中国林业出版社.

张鼎华. 2001. 城市林业[M]. 北京：中国环境科学出版社.

彭镇华. 2003. 中国城市森林[M]. 北京：中国林业出版社.

薛建辉. 2006. 森林生态学[M]. 北京：中国林业出版社.

傅伯杰，等. 2001. 景观生态学原理及应用[M]. 北京：科学出版社.

李丽萍. 2001. 城市人居环境[M]. 北京：中国轻工业出版社.

彭镇华. 2006. 中国城市森林建设理论与实践[M]. 北京：中国林业出版社.

韩铁，等. 2005. 城市森林综合评价体系与案例研究[M]. 北京：中国环境科学出版社.

王海明. 2008. 新伦理学(上册)[M]. 北京：商务印书馆.

沈国舫. 2011. 森林培育学[M]. 2版. 北京：中国林业出版社.

于志熙. 1992. 城市生态学[M]. 北京：中国林业出版社.

李博. 2000. 生态学[M]. 北京：高等教育出版社.

赵廷宁，等. 2004. 生态环境建设与管理[M]. 北京：中国环境科学出版社.

苏雪痕. 1994. 植物造景[M]. 北京：中国林业出版社.

李俊清，等. 2006. 保护生物学[M]. 北京：中国林业出版社.

周鸿. 2001. 人类生态学[M]. 北京：高等教育出版社.

冯仲科. 2000. “3S”技术及其应用[M]. 北京：中国林业出版社.

张合平，等. 2002. 环境生态学[M]. 北京：中国林业出版社.

陆书玉. 2001. 环境影响评价[M]. 北京：高等教育出版社.

贺庆棠. 2000. 森林环境学[M]. 北京：高等教育出版社.

丁桑岚. 2001. 环境评价概论[M]. 北京：化学工业出版社.

唐广仪. 1992. 人与森林[M]. 北京：中国林业出版社.

张正春. 2003. 中国生态学[M]. 兰州：兰州大学出版社.

王瑞辉. 2004. 城市森林培育[M]. 哈尔滨：东北林业大学出版社.